DIE
KEGELSCHNITTE DES
APOLLONIOS

ÜBERSETZT

VON

DR. ARTHUR CZWALINA
OBERSTUDIENDIREKTOR IN GUMBINNEN

VERLAG VON R. OLDENBOURG · MÜNCHEN UND BERLIN 1926

Vorwort.

Die vorliegende Übertragung des Apollonios ist zunächst ohne die Absicht der Publikation entstanden. Der lebhafte Wunsch, sich in die Gedankengänge des ersten Analytikers der Kegelschnitte einzufühlen, drängte zu schriftlicher Niederlegung. Als sich im Laufe der Arbeit zeigte, daß manches der von Apollonios angewandten Schlußverfahren uns so fremdartig ist, daß es erhebliche Zeit zur Erfassung erforderte, ergab sich, daß es doch wünschenswert erscheint, die einmal aufgewandte Arbeit auch weiteren Kreisen zugute kommen zu lassen. Und so entstand diese Arbeit. Die Anmerkungen sollen über manche Schwierigkeiten hinweghelfen.

Das vorliegende Werk umfaßt die ersten vier Bücher, d. h. diejenigen, die uns griechisch erhalten sind. Es fällt auf, daß, während die ersten drei Bücher mit großer Sorgfalt gearbeitet sind, im vierten Buch manche groben Fahrlässigkeiten enthalten sind. Hier ist augenscheinlich nicht die letzte Feile angelegt worden.

Gumbinnen, den 15. Februar 1926.

Dr. Arthur Czwalina.

I. Buch.

Apollonius grüßt Eudemus. Wenn es dir gesundheitlich gut und auch im übrigen nach Wunsch geht, so freue ich mich. Mir geht es zur Zufriedenheit. Als ich mit dir in Pergamon zusammen war, erfuhr ich von dir, daß du sehr gespannt seist, meine Forschungen über die Kegelschnitte kennen zu lernen. Daher sende ich dir hiermit das erste Buch, das ich beendigt habe; die übrigen Bücher werde ich dir, sobald ich sie zu meiner Zufriedenheit beendet habe, zustellen. Denn ich möchte glauben, daß du dich noch wohl erinnerst, von mir gehört zu haben, daß ich auf die Bitte des Geometers Naukrates ans Werk gegangen war, der seinerzeit nach Alexandria gekommen war und sich bei mir aufhielt. Ich hatte dir erzählt, daß ich die »Kegelschnitte«, die ich in acht Büchern behandelt hatte, ihm, weil er sich eiligst einschiffen wollte, sogleich mitgegeben habe, ohne sie einer eingehenden Durchsicht zu unterziehen, indem ich mir alles aufschrieb, wie es mir gerade in den Sinn kam, und in der Absicht, später daran zu feilen. Nun gebe ich sie, nachdem ich Muße bekommen habe, nach und nach heraus. Da nun auch einige andere, welche damals dabei waren, das erste und zweite Buch vor deren gründlicher Durchsicht erhalten haben, so wundere dich nicht, wenn du diese Bücher in anderer Fassung findest. Von den acht Büchern enthalten die ersten vier die Elemente. Das erste enthält die Erzeugung der verschiedenen Kegelschnitte und die Haupteigenschaften derselben, und zwar vollständiger und allgemeiner behandelt, als es von früheren Mathematikern geschehen ist. Das zweite Buch enthält die Lehre von den Durchmessern, den Achsen, den Asymptoten und einige Dinge, die für die Determinationen von Bedeutung sind. Was ich aber Durchmesser und Achsen nenne, wirst du aus diesem Buche ersehen. Das dritte Buch enthält viele merkwürdige Lehrsätze, die von Bedeutung sind für die Konstruktion räumlicher, geometrischer Örter und für deren Determinationen und die meist sehr schön und neu sind. Nachdem ich diese entdeckt hatte, sah ich, daß Euklid die Konstruktion der Örter zu drei und vier Geraden nicht gefunden hatte, sondern nur einen Teil derselben und zudem nicht glücklich; denn es war nicht möglich, ohne die von mir gefundenen Sätze die Konstruktion zu Ende zu führen. Das vierte Buch zeigt, auf wie viele Arten Kegelschnitte einander und eine Kreisperipherie schneiden können und noch manches andere, was von früheren Mathematikern nicht behandelt worden ist, nämlich in wie vielen Punkten Kegelschnitte oder Kreise einander schneiden können. Die übrigen Bücher enthalten weitergehende Überlegungen, nämlich das fünfte über kleinste und größte Werte, das sechste über gleiche und ähnliche Kegelschnitte, das siebente über Lehrsätze, die auf Determinationen Bezug haben, das achte handelt über durch Determinationen begrenzte Probleme der Kegelschnittslehre. Aber, wenn alles das hinausgegeben ist, so möge jeder Leser nach eigenem Ermessen darüber urteilen.

Definitionen.

1. Wenn ein Punkt mit einem Punkte der Peripherie eines Kreises, welcher mit jenem Punkt nicht in einer Ebene liegt, geradlinig verbunden wird, die Verbindungslinie nach beiden Seiten verlängert und unter Beibehaltung jenes ersten Punktes längs der Kreisperipherie bewegt wird, bis sie in ihre ursprüngliche Lage zurückkehrt, so nenne ich die durch die Gerade beschriebene Fläche, die aus zwei im Scheitel aneinander grenzenden Flächen zusammengesetzt ist, deren jede bei Verlängerung der erzeugenden Geraden ins Unendliche reicht, eine Kegelfläche. Den festen Punkt nenne ich Scheitel. Als Achse bezeichne ich die Gerade, die durch den festen Punkt und den Mittelpunkt des Kreises geht.[1])

2. Als Kegel bezeichne ich das Volumen, das von dem Kreise und dem von diesem und dem Scheitel der Kegelfläche begrenzten Teil der Kegelfläche umschlossen wird. Als Scheitel des Kegels bezeichne ich denselben Punkt, der auch der Scheitel der Kegelfläche ist, als Achse die Verbindungsstrecke des Scheitels mit dem Mittelpunkt des Kreises, als Grundfläche den Kreis.

3. Als geraden Kegel bezeichne ich solchen, dessen Achse auf der Grundfläche senkrecht steht, als schiefen Kegel solchen, bei dem dies nicht der Fall ist.

4. Als Durchmesser einer ebenen Kurve bezeichne ich eine Gerade, die irgendeine Schar paralleler Sehnen halbiert, als Scheitel der Kurve bezeichne ich den auf der Kurve liegenden Endpunkt des Durchmessers; jede der Parallelen aber bezeichne ich als zum Durchmesser geordnet gezogen.[2])

5. Wenn zwei Kurven in einer Ebene liegen, so bezeichne ich als eigentlichen Durchmesser eine Gerade, die beide Kurven schneidet und die Eigenschaft hat, eine Schar paralleler Sehnen der einen Kurve zu halbieren, als Scheitel bezeichne ich die Endpunkte des Durchmessers, als uneigentlichen Durchmesser bezeichne ich eine Gerade, die zwischen den

beiden Kurven, ohne sie zu schneiden, hindurchgeht und eine Schar paralleler Geraden, welche die eine Kurve mit der anderen verbinden, halbiert. Als zum Durchmesser geordnet gezogen bezeichne ich jede einzelne der genannten Parallelen.[3])

6. Wenn eine oder zwei Kurven[3]) vorliegen, so bezeichne ich zwei Gerade als konjugierte Durchmesser, wenn jede derselben die der anderen parallelen Sehnen halbiert.

7. Wenn eine oder zwei Kurven vorliegen, so bezeichne ich als Achse einen Durchmesser, der die zu ihm parallelen Sehnen halbiert.

8. Wenn eine oder zwei Kurven vorliegen, so bezeichne ich zwei Gerade als konjugierte Achsen, wenn sie konjugierte Durchmesser sind und aufeinander senkrecht stehen.

§ 1.

Eine gerade Linie, die den Scheitel einer Kegelfläche mit einem Punkt der Kegelfläche verbindet, liegt ganz in der Kegelfläche (Fig. 1).

A sei der Scheitelpunkt einer Kegelfläche, B irgendein Punkt der Kegelfläche. Es werde die Verbindungsgerade, ACB gezogen. Ich behaupte daß sie in der Kegelfläche liegt.

Sie liege, wenn es möglich ist, nicht in der Kegelfläche, und es sei DE die Erzeugende der Kegelfläche und EZ der Kreis, längs dessen die Erzeugende geführt wird. Wenn aber unter Beibehaltung des Punktes A die Gerade DE längs des Kreises EZ geführt wird, so wird sie auch bis zum Punkt B kommen. Dann würden zwei Geraden dieselben Endpunkte haben. Das ist unmöglich.

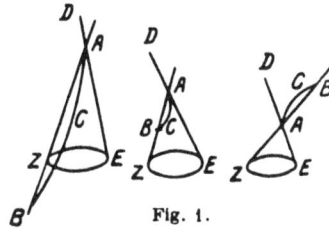
Fig. 1.

Es ist also unmöglich, daß die Verbindungsgerade AB nicht in der Kegelfläche liegt. Sie liegt also in der Kegelfläche.

Zusatz.

Und es ist auch klar, daß, wenn der Scheitel mit einem Punkt innerhalb der Kegelfläche geradlinig verbunden wird, die Verbindungslinie innerhalb der Kegelfläche fällt, und daß, wenn er mit einem Punkt außerhalb der Kegelfläche verbunden wird, die Verbindungslinie außerhalb der Kegelfläche fällt.

§ 2.

Wenn auf einer der beiden Kegelflächen, die in ihrem Scheitel zusammenstoßen, zwei Punkte gewählt werden, deren Verbindungslinie

1*

nicht durch den Scheitel geht, so wird die Verbindungslinie innerhalb der Kegelfläche, ihre Verlängerung außerhalb derselben fallen (Fig. 2).

A sei der Scheitel einer Kegelfläche, BC der Kreis, längs dessen die Erzeugende geführt wird, und es mögen auf einer der beiden im Scheitel zusammentreffenden Kegelflächen zwei Punkte D und E gewählt werden. Die Verbindungslinie DE gehe nicht durch den Punkt A. Ich behaupte, daß DE innerhalb der Kegelfläche fällt, die Verlängerung von DE dagegen außerhalb.

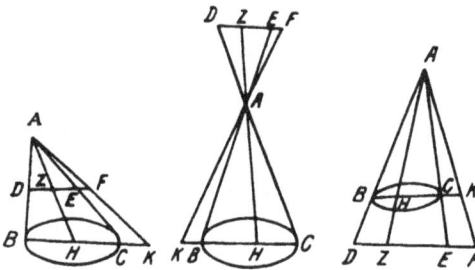

Fig. 2.

Es mögen AE und AD gezogen und verlängert werden. Sie werden die Kreisperipherie treffen, und zwar in den Punkten B und C. Es möge BC gezogen werden. BC wird innerhalb des Kreises fallen, also auch innerhalb der Kegelfläche. Auf DE werde ein beliebiger Punkt Z angenommen. AZ werde gezogen und verlängert. Diese Gerade wird die Gerade BC schneiden; denn das ganze Dreieck BCA liegt in einer Ebene. Der Schnittpunkt sei H. Da nun der Punkt H innerhalb der Kegelfläche liegt, so wird noch AH innerhalb der Kegelfläche fallen. Daher fällt auch AH innerhalb der Kegelfläche (§ 1 Zusatz). In derselben Weise kann gezeigt werden, daß alle Punkte auf DF innerhalb der Kegelfläche fallen, daß also die ganze Strecke DE innerhalb der Kegelfläche fällt.

DE werde nun bis zu einem Punkt F verlängert. Ich behaupte, daß dieser außerhalb der Kegelfläche fällt. Wenn möglich, so sei irgendein Punkt F der Verlängerung von DE innerhalb der Kegelfläche. Es werde die Verbindungslinie AF gezogen und verlängert. Diese wird entweder die Kreislinie treffen oder einen Punkt im Innern des Kreises (§ 1 Zusatz). Dies aber ist unmöglich. Denn die Gerade wird durch einen Punkt K der Verlängerung von BC gehen. EF liegt also außerhalb der Kegelfläche.

DE liegt also im Innern, die Verlängerung von DE außerhalb der Kegelfläche.

§ 3.

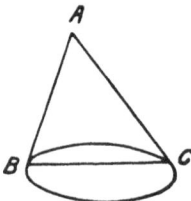

Fig. 3.

Wenn ein Kegel durch eine Ebene geschnitten wird, die durch den Scheitelpunkt geht, so ist die Schnittfigur ein Dreieck (Fig. 3).

A sei der Scheitelpunkt eines Kegels, BC sei der Grundkreis. Der Kegel werde durch eine durch den Punkt A gehende Ebene geschnitten. Die Ebene schneide die Kegelfläche in den Linien AB und AC, die

Grundfläche in der Geraden BC. Ich behaupte, daß ABC ein Dreieck ist.

Da nämlich die Verbindungslinie AB gemeinsamer Schnitt der schneidenden Ebene und der Kegelfläche ist, so ist AB eine Gerade. In gleicher Weise ist AC eine Gerade. Es ist aber auch BC eine Gerade. Also ist ABC ein Dreieck.

Wenn also ein Kegel durch eine Ebene geschnitten wird, die durch den Scheitel des Kegels geht, so ist die Schnittfigur ein Dreieck.

§ 4.

Wenn eine der beiden im Scheitelpunkt zusammenstoßenden Kegelflächen durch eine Ebene geschnitten wird, die parallel der Ebene des Kreises ist, längs dessen die Erzeugende geführt wird, so wird das in der Schnittebene gelegene, von der Kegelfläche begrenzte Flächenstück ein Kreis sein, und zwar wird der Mittelpunkt des Kreises auf der Achse des Kegels liegen. Das vom Kegel durch die Schnittebene abgeschnittene beim Scheitel liegende Stück aber wird ein Kegel sein (Fig. 4).

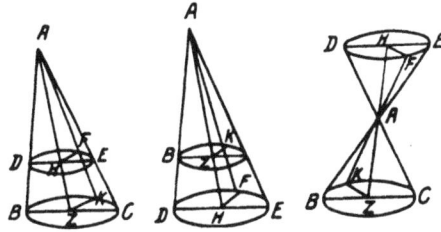

Fig. 4.

A sei der Scheitel einer Kegelfläche, BC der Kreis, längs dessen die Erzeugende geführt wird. Die Kegelfläche werde durch eine der Ebene des Kreises BC parallele Ebene geschnitten, die Schnittkurve sei die Linie DE. Ich behaupte, daß die Linie DE ein Kreis ist, dessen Mittelpunkt auf der Achse des Kegels liegt.

Z sei nämlich der Mittelpunkt des Kreises BC. Es werde A mit Z verbunden. AZ ist die Achse der Kegelfläche und schneidet die schneidende Ebene. Der Schnittpunkt sei H. Es möge durch die Gerade AZ eine Ebene gelegt werden. Die Schnittfigur ist das Dreieck ABC (§ 3). Da nun die Punkte D, H, E in dieser schneidenden Ebene liegen, aber auch in der Ebene ABC, so liegen die Punkte D, H, E in einer Geraden. F sei ein Punkt der Linie DE. AF werde gezogen und verlängert. AF trifft die Kreisperipherie in einem Punkte K. Es mögen HF und ZK gezogen werden. Da nun zwei parallele Ebenen DE und BC von einer Ebene ABC geschnitten werden, so sind die Schnittgeraden, nämlich DE und BC, parallel. Deswegen sind auch die Geraden HF und KZ parallel. Es ist daher $ZA:AH = ZB:DH = ZC:HE = ZK:HF$. Da aber $BZ = KZ = ZC$, so ist auch $DH = HF = HE$. In gleicher Weise werden wir beweisen können, daß die Verbindungslinien aller Punkte der Kurve DE mit dem Punkte H einander gleich sind.

6

Es ist also die Kurve *DE* ein Kreis, dessen Mittelpunkt auf der Achse
des Kegels liegt.

Es ist aber auch ersichtlich, daß das vom Kegel durch die Ebene abgeschnittene, beim Scheitel liegende Stück ein Kegel ist.

Gleichzeitig ist damit bewiesen, daß der Schnitt dieser Ebene mit dem
durch die Achse gelegten Dreieck ein Durchmesser des Kreises ist.

§ 5.

Ein schiefer Kegel möge durch die axiale Ebene, die auf der Grundfläche senkrecht steht, geschnitten werden und außerdem durch eine zweite
Ebene, die auf der ersten senkrecht steht und am Scheitel von dem in der
ersten Ebene gebildeten Dreieck ein diesem ähnliches, aber nicht ähnlich
liegendes Dreieck abschneidet. Der Schnitt dieser zweiten
Ebene mit der Kegelfläche ist ein Kreis, und zwar werde
er als Gegenkreis bezeichnet (Fig. 5).

A sei die Spitze eines schiefen Kegels, *BC* der Grundkreis. Es werde der Kegel durch eine zur Grundkreis-
Ebene senkrechte, die Achse in sich aufnehmende Ebene G_1
geschnitten. Diese schneide den Kegel im Dreieck *ABC*.
Es werde aber auch der Kegel durch eine Ebene G_2 geschnitten, die senkrecht steht auf der Ebene *ABC* und
von dem Dreieck *ABC* ein diesem ähnliches, aber nicht
ähnlich liegendes Dreieck *AKH* abschneidet, derart also,
daß der Winkel *AKH* gleich dem Winkel *ABC* ist. Die Ebene G_2 möge die
Kegelfläche in der Linie *HFK* schneiden. Ich behaupte, daß die Linie
HFK ein Kreis ist.

Es mögen nämlich auf den Kurven *HFK* und *BC* zwei Punkte *F*
und *L* liegen. Von diesen beiden Punkten mögen auf die Ebene *ABC* Lote
gefällt werden. Die Lote werden die Ebene in deren Schnittgeraden mit
den Kurvenebenen treffen. Die Lote seien *FZ* und *LM*, sie sind einander
parallel. Es möge nun durch *Z* parallel zu *BC* die Gerade *DZE* gezogen
werden. Es waren nun auch *FZ* und *LM* einander parallel. Also ist die
durch *ZF* und *DE* gelegte Ebene der Ebene des Grundkreises parallel,
sie schneidet also die Kegelfläche in einem Kreise (§ 4) mit dem Durchmesser *DE*. Daher ist $DZ \cdot ZE = ZF^2$. Da nun *ED* und *BC* parallel sind,
so ist auch $\angle ADE = \angle ABC$. Nach der Voraussetzung war aber $\angle ABC$
$= \angle AKH$. Demnach ist $\angle AKH = \angle ADE$. Da $\angle HZD = \angle KZE$,
so sind die Dreiecke *DZH* und *KZE* ähnlich. Demnach ist:

$$EZ : ZK = HZ : ZD, \text{ also}$$
$$EZ \cdot ZD = KZ \cdot ZH. \text{ Es war aber}$$
$$EZ \cdot ZD = ZF^2, \text{ also ist}$$
$$KZ \cdot ZH = ZF^2.$$

Fig. 5.

In gleicher Weise wird gezeigt werden, daß diese Gleichung für jeden Punkt der Kurve HFK gilt. Die Kurve ist also ein Kreis mit dem Durchmesser HK.

§ 6.

Ein Kegel möge durch eine axiale Ebene G geschnitten werden. Auf dem Kegelmantel, jedoch nicht in dieser Ebene, werde ein Punkt gewählt und durch ihn die Parallele gezogen zu einem von einem Punkt des Grundkreises auf die Basis des in G gebildeten Dreiecks gefällten Lot. Diese Parallele trifft die Ebene G und wird, wenn sie bis zum abermaligen Schnitt mit der Kegelfläche verlängert wird, durch die Ebene G halbiert (Fig. 6).

A sei die Spitze eines Kegels, BC sein Grundkreis. Eine axiale Ebene G schneide den Kegel im Dreieck ABC. Von einem Punkte M des Grundkreises werde auf BC das Lot MN gefällt. Auf der Kegelfläche werde ein Punkt D gewählt und durch

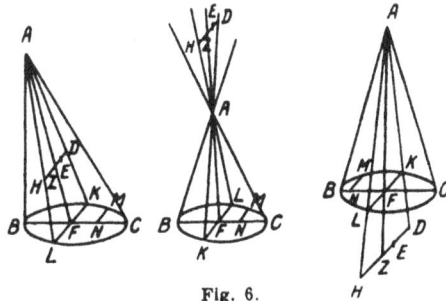

Fig. 6.

D werde DE parallel zu MN gezogen. Ich behaupte, daß DE, verlängert, die Ebene G des Dreiecks ABC schneidet und, wenn sie bis zum abermaligen Schnitt mit der Kegelfläche verlängert wird, durch die Ebene G halbiert wird.

Es werde AD gezogen und verlängert. Es wird AD die Kreisperipherie BC schneiden. Der Schnittpunkt sei K. Es werde von K auf BC das Lot KFL gefällt. Dann ist $KF/MN/DE$. Nun werde AF gezogen. Da nun im Dreieck AFK die Geraden FK und DE parallel sind, so wird DE verlängert AF schneiden. AF liegt aber in der Ebene des Dreiecks ABC. Es schneidet also DE die Ebene des Dreiecks ABC. Zugleich haben wir gezeigt, daß DE die Gerade AF schneidet. Der Schnittpunkt sei Z. Es werde DZ bis zur Kegelfläche verlängert. DZ schneide die Kegelfläche in H. Ich behaupte, daß $DZ = ZH$ ist.

Da nämlich die Punkte A, H, L auf der Kegelfläche liegen und gleichzeitig in der Ebene, in der die Geraden AF, AK, DH, KL liegen, d. h. einer Ebene, die durch die Spitze des Kegels geht, so liegen also die Punkte A, H, L auf der Schnittkurve der Kegelfläche mit einer axialen Ebene, d. h. auf einer Geraden. Da nun im Dreieck ALK die Gerade DH parallel der Basis FKL gezogen ist und durch A die Gerade AZF gezogen ist, so ist

$$KF:FL = DZ:ZH.$$

Es ist aber $KF = FL$, da in dem Kreise BC die Gerade KL senkrecht auf dem Durchmesser steht. Es ist also $DZ = ZH$.

§ 7.

Ein Kegel werde durch eine axiale Ebene (1) geschnitten und außerdem durch eine zweite (2), welche die Grundebene (3) des Kegels in einer Geraden schneide, welche auf der Basis des axialen Dreiecks senkrecht steht. Dann werden die zu dieser Geraden durch irgendeinen Punkt des durch die zweite Ebene bestimmten Kegelschnitts gezogenen Parallelen die Schnittgerade der beiden Ebenen 1 und 2 schneiden und, wenn sie bis zum abermaligen Schnitt mit der Kegelfläche verlängert werden, so werden sie durch diese Schnittgerade halbiert werden. Wenn der Kegel gerade ist, so wird die Gerade, in der die zweite Ebene die Grundebene schneidet, auf der Schnittgeraden der ersten und zweiten Ebene senkrecht stehen, dagegen wird dies bei einem schiefen Kegel im allgemeinen nicht der Fall sein, sondern nur dann, wenn die axiale Ebene auf der Grundebene des Kegels senkrecht steht.

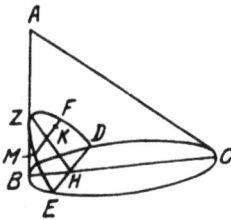

Fig. 7.

Es sei A die Spitze eines Kegels (Fig. 7), BC der Grundkreis. Der Kegel werde durch eine axiale Ebene im Dreieck ABC geschnitten. Es werde die Grundkreisebene BC aber ferner durch eine weitere Ebene in den Geraden DE geschnitten, die senkrecht auf BC steht. Diese Ebene erzeuge auf der Kegelfläche den Schnitt DZE. ZH sei die Schnittgerade der beiden Ebenen DZE und ABC. Auf DZE werde ein Punkt F gewählt, und durch F die Gerade FK parallel zu DE gezogen. Ich behaupte, daß FK die Gerade ZH schneidet und daß FK bis zum abermaligen Schnitt mit der Kegelfläche verlängert durch die Gerade ZH halbiert wird.

Da nämlich der Kegel mit der Spitze A und dem Grundkreise BC durch eine axiale Ebene geschnitten wird in einem Dreieck ABC und auf der Oberfläche ein Punkt F gewählt ist, der nicht auf einer Seite des Dreiecks ABC liegt, ferner DH senkrecht auf BC steht, so trifft die durch F zu DH gezogene Parallele, nämlich FK, die Ebene des Dreiecks ABC, und wird, wenn sie bis zum abermaligen Schnitt mit der Kegelfläche verlängert wird, durch die Ebene des Dreiecks ABC halbiert (§ 6). Da nun die durch F zu DE gezogene Parallele die Ebene des Dreiecks ABC schneidet und selbst in der Ebene der Kurve DZE liegt, so wird sie die Schnittgerade ZH dieser beiden Ebenen schneiden. Und, wenn die Parallele bis zum abermaligen Schnitt mit der Kegelfläche verlängert wird, so wird die so entstehende Strecke durch ZH halbiert werden.

Entweder ist nun der Kegel gerade oder die axiale Ebene steht senkrecht auf der Grundkreisebene, oder keines von beiden ist der Fall.

Es sei zunächst der Kegel gerade. Dann stünde auch die Ebene des Dreiecks ABC senkrecht auf der Grundkreisebene. Da nun die Ebene ABC senkrecht auf der Ebene BDC steht und parallel zur Schnittgeraden

BC der beiden Ebenen in der einen der beiden Ebenen, nämlich der Ebene *BDC* die Gerade *DE* senkrecht gezogen ist, so steht demnach *DE* senkrecht auf der Ebene des Dreiecks *ABC*, demnach also auch auf allen in ihr liegenden Geraden, mithin auch auf *ZH*.

Nunmehr sei ein schiefer Kegel vorausgesetzt. Wenn nun die axiale Ebene auf der Grundebene *BDC* senkrecht steht, so werden wir in gleicher Weise zeigen, daß auch jetzt *DE* auf *ZH* senkrecht steht.

Endlich sei die axiale Ebene nicht senkrecht zur Grundkreisebene. Ich behaupte, daß *DE* auf *ZH* nicht senkrecht steht. Angenommen nämlich, es sei der Fall. Es steht *DE* auf *BC* senkrecht. *DE* steht also auf beiden Geraden *BC* und *ZH* senkrecht, also steht *DH* auch auf der durch *BC* und *ZH* bestimmten Ebene senkrecht, d. h. auf der Ebene *ABC*. Daher stehen alle durch *DH* gelegten Ebenen auf der Ebene des Dreiecks *ABC* senkrecht. Eine dieser Ebenen ist aber die Ebene des Kreises *ABC*. Daher stünde die Ebene des Dreiecks *ABC* auf der Grundkreisebene senkrecht. Dies steht aber zur Voraussetzung im Widerspruch. Es kann also *DE* auf *ZH* nicht senkrecht stehen.

Zusatz

Hieraus ist ersichtlich, daß *ZH* der Durchmesser des Kegelschnitts *DZH* ist, da *ZH* sämtliche, einer gewissen Geraden parallel gezogenen Sehnen halbiert. Und es ist bewiesen, daß es geschehen kann, daß eine solche Schar von Parallelen auf dem ihnen zugeordneten Durchmesser nicht senkrecht steht.

§ 8.

Wenn ein Kegel durch eine axiale Ebene (1) geschnitten wird und außerdem durch eine andere Ebene (2), welche die Grundkreisebene in einer Geraden schneidet, die senkrecht steht auf der Basis des Achsendreiecks, ferner der Durchmesser des durch diese zweite Ebene gebildeten Kegelschnitts entweder einer der Seiten des Achsenschnittes parallel ist oder sie jenseits des Scheitels des Kegels trifft, wenn dann weiter die Oberfläche des Kegels und die schneidende Ebene ins Unendliche verlängert wird, so wird auch der Kegelschnitt ins Unendliche wachsen, und es ist möglich, einen Punkt des Kegelschnittes so zu wählen, daß die durch ihn zu der Geraden, in der die Ebene 2 die Grundkreisebene schneidet, parallel gezogene Gerade vom Durchmesser ein beliebig großes Stück abschneidet. (Fig. 8).

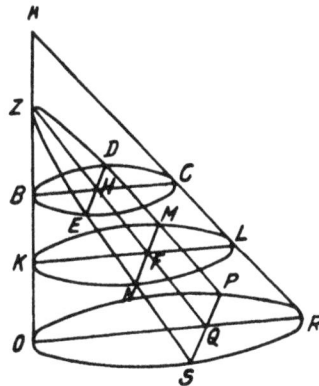

Fig. 8.

A sei die Spitze eines Kegels, *BC* der Grundkreis. Eine axiale Ebene schneide den Kegel im Dreieck *ABC*. Eine zweite Ebene schneide den Grundkreis *BC* in einer Geraden *DE*, die auf der Geraden *BC* senkrecht steht, und bilde den Kegelschnitt *DZE*. Der Durchmesser *ZH* des Kegelschnitts sei entweder *AC* parallel oder treffe die Gerade *AC* in ihrer Verlängerung über *A* hinaus. Ich behaupte, daß, wenn die Ebene *EZD* und die Kegelfläche ins Unendliche verlängert wird, auch der Kegelschnitt *DZE* ins Unendliche wächst.

Es werde nämlich die Kegelfläche und die Ebene *DZE* verlängert. Es ist klar, daß damit auch *AB*, *AC*, *ZH* mit verlängert werden. Da nun *ZH* entweder der Geraden *AC* parallel ist oder *AC* in der Verlängerung über *A* hinaus schneidet, so werden *ZH* und *AC*, über *H* und *C* hinaus verlängert, einander niemals schneiden. Sie mögen verlängert werden. Es werde auf *ZH* ein beliebiger Punkt *F* gewählt, und durch *F* werde *KFL* parallel zu *BC* gezogen, zu *DE* werde parallel *MFN* gezogen. Dann ist die durch *KL* und *MN* gelegte Ebene parallel der durch *BC* und *DE* gelegten Ebene. Die Linie *KLMN* ist also ein Kreis (§ 4). Da nun *D*, *E*, *M*, *N* Punkte der Ebene *EZD* sind, gleichzeitig aber auch Punkte der Kegelfläche, so liegen sie auf dem Kegelschnitt. Es ist also die Kurve *DZE* bis *M* und *N* gewachsen. In gleicher Weise können wir zeigen, daß wenn die schneidende Ebene und die Kegelfläche ins Unendliche verlängert werden, auch der Kegelschnitt *MDZEN* bis ins Unendliche wächst.

Es ist dadurch aber auch klar, daß vom Durchmesser *ZF* am Punkte *Z* eine beliebig große Strecke abgeschnitten werden kann. Wenn z. B. *ZQ* dieser beliebig großen Strecke gleich ist und wir ziehen durch *Q* die Parallele *PS* zur Geraden *DE*, so wird sie den Kegelschnitt schneiden, so, wie dies ja bei der durch *F* gelegten Geraden gezeigt wurde. Daher gibt es eine zu *DE* gezogene Parallele, die den Kegelschnitt schneidet und vom Durchmesser ein beliebig großes Stück abschneidet.

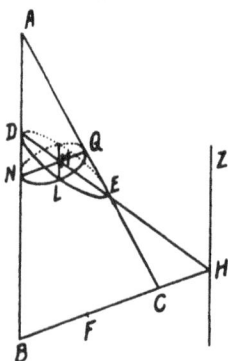

Fig. 9.

§ 9.

Wenn ein Kegel durch eine Ebene geschnitten wird, die beide Seiten des Achsendreiecks schneidet, aber weder dem Grundkreise parallel ist, noch einen Gegenkreis bildet (§ 5), so ist der Kegelschnitt kein Kreis (Fig. 9).

A sei die Spitze eines Kegels, *BC* sein Grundkreis. Der Kegel werde durch eine Ebene geschnitten, die weder parallel zur Grundkreisebene gelegen ist, noch einen Gegenkreis bildet. Diese Ebene bilde mit der Kegelfläche die Linie *DKE*. Ich behaupte, daß *DKE* kein Kreis ist.

Es sei, wenn möglich, DKE ein Kreis. Die schneidende Ebene schneide die Grundkreisebene in ZH. Der Mittelpunkt des Grundkreises BC sei F. Von F werde auf ZH das Lot FH gefällt. Es werde durch FH und die Achse des Kegels eine Ebene gelegt, die den Kegel im Dreieck ABC schneide. Da nun D, E, H Punkte der Ebene DKE, gleichzeitig aber auch Punkte der Ebene ABC sind, so liegen sie auf dem Schnitt der beiden Ebenen, also in einer Geraden. Es werde nun auf der Linie DKE ein Punkt K gewählt und durch ihn KL parallel zu ZH gezogen. Es ist nun $KM = ML$ (§ 7). DE ist demnach ein Durchmesser des Kreises $DKLE$. Es werde weiter durch M die Parallele NMQ zu BC gezogen. Es war weiter KL parallel zu ZH. Daher ist die durch NQ und KM gelegte Ebene parallel der durch BC und ZH gelegten Ebene, d. h. der Ebene des Grundkreises. Daher ist die Linie $NKQL$ ein Kreis (§ 4). Da nun ZH auf BH senkrecht steht, so steht auch KM auf NQ senkrecht. Daher ist $NM \cdot MQ = KM^2$. Es ist aber auch $DM \cdot ME = KM^2$, da ja unserer Voraussetzung nach $DKEL$ ein Kreis und DE sein Durchmesser ist. Es ist demnach das Dreieck DMN dem Dreieck QME ähnlich, es ist also der Winkel DNM gleich dem Winkel MEQ. Aber der Winkel DNM ist gleich dem Winkel ABC, denn NQ und BC sindpa rallel. Der Winkel ABC ist also dem Winkel MEQ gleich. Dies aber würde bedeuten, daß der Schnitt DKE der Gegenkreis (§ 5) wäre. Dies widerspricht der Voraussetzung. Daher ist die Kurve DKE kein Kreis.

§ 10.

Wenn auf einem Kegelschnitt zwei Punkte gewählt werden[3]), so fällt die Verbindungslinie der beiden Punkte innerhalb des Kegelschnitts, die Verlängerung außerhalb (Fig. 10).

A sei die Spitze eines Kegels, BC der Grundkreis. Der Kegel werde durch eine axiale Ebene im Dreieck ABC geschnitten. Es werde der Kegel durch eine zweite Ebene geschnitten, die den Kegelschnitt DEZ erzeuge. Es mögen auf dieser Kurve zwei Punkte H und F gewählt werden. Ich behaupte, daß HF selbst innerhalb der Kurve DEZ, die Verlängerung von HF außerhalb fällt.

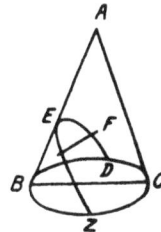

Fig. 10.

Da nämlich der Kegel mit der Spitze A und dem Grundkreis BC durch eine axiale Ebene geschnitten wird und auf der Kegelfläche zwei Punkte H und F gewählt sind, die nicht auf der Seite des axialen Dreiecks liegen und die Gerade HF nicht durch den Punkt A geht, so fällt (nach § 2) die Strecke HF innerhalb der Kegelfläche, ihre Verlängerung außerhalb, demnach auch HF selbst innerhalb der Kurve DEZ, die Verlängerung von HF außerhalb.

§ 11.

Es werde ein Kegel durch eine axiale Ebene geschnitten (*1*), außerdem durch eine zweite (*2*), die die Grundfläche des Kegels in einer Geraden schneidet, die senkrecht stehe auf der Grundlinie des auch die erste Ebene erzeugten axialen Dreiecks. Es sei ferner der Durchmesser des Kegelschnitts der einen Seite des axialen Dreiecks parallel. Dann wird das Quadrat jeder von einem Punkt des Kegelschnitts bis zum Durchmesser gezogenen Parallelen zu der Geraden, in welcher die schneidende Ebene (*2*) die Grundebene schneidet, gleich sein einem Rechteck, dessen eine Seite gleich der durch diese Parallele vom Durchmesser abgeschnittenen Strecke ist, und dessen andere Seite eine konstante Strecke *q* ist, wobei *q* dadurch bestimmt ist, daß es sich zu der Entfernung zwischen der Spitze des Kegels und dem Scheitel des Kegelschnitts verhält wie das Quadrat über der Basis des Grundkreises zum Rechteck, das aus den beiden anderen Seiten des Achsendreiecks gebildet ist. Ein solcher Kegelschnitt werde eine Parabel genannt (Fig. 11).

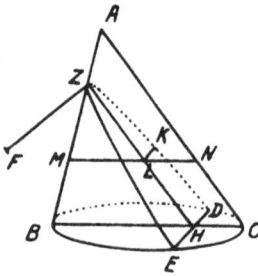

Fig. 11.

A sei die Spitze eines Kegels, *BC* der Grundkreis. Ein axialer Schnitt erzeuge das Dreieck *ABC*. Der Kegel werde ferner durch eine Ebene geschnitten, welche die Grundebene in der auf *BC* senkrechten Geraden *DE* schneide. Diese Ebene erzeuge den Kegelschnitt *DZE*. Der Durchmesser des Kegelschnitts *ZH* sei der einen Seite *AC* des axialen Dreiecks parallel. Von *Z* aus werde die Strecke *ZF* gezogen, deren Länge bestimmt sei durch die Proportion

$$BC^2 : BA \cdot AC = ZF : ZA.$$

Es werde ein beliebiger *K* auf dem Kegelschnitt gewählt, und es werde durch *K*, *KL* parallel zu *DE* gezogen. Ich behaupte, daß

$$KL^2 = FZ \cdot ZL \text{ ist.}$$

Es werde nämlich durch *L* die Gerade *MN* parallel zu *BC* gezogen. Es ist aber auch *KL* parallel zu *DE*. Es ist also die durch *KL* und *MN* gelegte Ebene parallel der durch *BC* und *DE* gelegten Ebene, d. h. also der Ebene des Grundkreises. Es ist also der durch *KL* und *MN* gelegte Schnitt ein Kreis mit dem Durchmesser *MN* (§ 4). *MN* aber steht auf *KL* senkrecht, da auch *DE* auf *BC* senkrecht steht. Es ist demnach

$$ML \cdot LN = KL^2. \text{ Da nun weiter}$$
$$BC^2 : BA \cdot AC = ZF : ZA \text{ ist und}$$
$$BC^2 : BA \cdot AC = (BC : CA) \cdot (BC : BA). \text{ so ist}$$
$$ZF : ZA = (BC : CA) \cdot (BC : BA). \text{ Weiter ist}$$

$$BC : CA = MN : NA = ML : LZ \text{ und}$$
$$BC : BA = MN : MA = ML : MZ = NL : ZA.$$

Daher ist: $ZF : ZA = (ML : LZ) \cdot (NL : ZA)$ oder

$$ZF : ZA = ML \cdot NL : LZ \cdot ZA. \text{ Anderseits ist}$$
$$ZF : ZA = ZF \cdot ZL : ZA \cdot ZL. \text{ Also ist}$$
$$ML \cdot NL : LZ \cdot ZA = ZF \cdot ZL : ZA \cdot ZL. \text{ Es ist also}$$
$$ML \cdot NL = ZF \cdot ZL. \text{ Anderseits war}$$
$$ML \cdot NL = KL^2. \text{ Also ist}$$
$$KL^2 = ZF \cdot ZL.$$

Es soll nun ein solcher Kegelschnitt eine „Parabel" genannt werden. Die Strecke FZ aber soll „Parameter" genannt werden.

§ 12.

Ein Kegel werde durch eine axiale Ebene geschnitten (*1*), außerdem durch eine zweite (*2*), die die Grundfläche des Kegels in einer Geraden schneidet, die senkrecht stehe auf der Grundlinie des durch die erste Ebene erzeugten axialen Dreiecks. Der Durchmesser des Kegelschnitts möge in seiner Verlängerung die über die Spitze des Kegels verlängerte eine Seite des Achsendreiecks treffen. Dann wird das Quadrat jeder von einem Punkt des Kegelschnitts bis zum Durchmesser gezogenen Parallelen zu der Geraden, in welcher die schneidende Ebene (*2*) die Grundebene schneidet, gleich der Summe zweier Flächen sein. Von diesen Flächen ist die eine ein Rechteck, zu dessen Länge sich das Stück des verlängerten Kegelschnittdurchmessers, das zwischen den Seiten des Achsendreiecks außerhalb des Kegels liegt, verhält, wie das Quadrat der durch die Spitze des Kegels zum Durchmesser gezogenen und von der Grundfläche des Kegels begrenzten Parallelen zu dem Rechteck aus den beiden durch diese Parallele gebildeten Abschnitten der Grundlinie des Achsendreiecks und dessen Breite gleich dem Stück ist, das auf dem Durchmesser der Kurve von der durch den Kurvenpunkt gezogenen, oben erwähnten Parallelen abgeschnitten wird. Die andere Fläche ist ein Rechteck, dessen Breite mit der Breite der ersten Fläche übereinstimmt, und das ähnlich ist einem Rechteck von der Länge des ersten Rechtecks und einer Breite, die die Breite des ersten Rechtecks um jene zwischen den Seiten des Achsendreiecks liegende Strecke übertrifft[5]) (Fig. 12).

Es sei A die Spitze eines Kegels, BC der Grundkreis. Der Kegel werde durch eine axiale Ebene geschnitten, und zwar im Dreieck ABC.

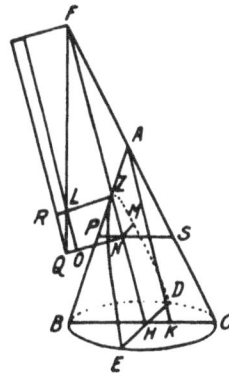

Fig. 12.

Er werde außerdem durch eine zweite Ebene geschnitten, welche die Grundfläche des Kegels in einer zur Geraden BC senkrechten Geraden DE schneide. Diese Ebene erzeuge auf der Kegelfläche die Kurve DZE. Der Durchmesser ZH der Kurve schneide, über Z verlängert, die über A verlängerte Seite CA jenseits der Kegelspitze in F. Durch A werde parallel zum Durchmesser ZH die Gerade AK gezogen, die BC in K schneidet. Durch Z werde senkrecht zu ZH die Strecke ZL gezogen, deren Länge bestimmt ist durch die Proportion $KA^2 : BK \cdot KC = ZF : ZL$. Es werde ein beliebiger Punkt M des Kegelschnitts gewählt und durch M die Parallele MN zu DE gezogen. Durch N werde parallel zu ZL die Gerade NOQ gezogen. FL werde bis Q verlängert. Durch L, Q seien zu ZN parallel die Geraden LO und QR gezogen. Ich behaupte, daß

$$MN^2 = ZQ \text{ (d. h. Rechteck } ZRQN) \text{ ist,}$$

also gleich der Summe der Fläche $ZLON$ und der Fläche $LOQR$, die dem Rechteck FL ähnlich ist.

Es werde nämlich durch N zu BC parallel PNS gezogen. Dann ist die durch MN und PS gelegte Ebene parallel zu der durch BC und DE gelegten Ebene, d. h. parallel der Grundebene des Kegels. Die durch MN und PS gelegte Ebene schneidet also den Kegel in einem Kreise mit dem Durchmesser PS. MN steht auf diesem Durchmesser senkrecht. Es ist also $PN \cdot NS = MN^2$. Da nun

$$AK^2 : BK \cdot KC = ZF : ZL \text{ ist und}$$
$$AK^2 : BK \cdot KC = (AK : KC) \cdot (AK \cdot KB), \text{ so ist}$$
$$ZF : ZL = (AK : KC) \cdot (AK : KB).$$

Es ist aber $\quad AK : KC = FH : HC = FN : NS$ und

$$AK : KB = ZH : HB = ZN : NP. \text{ Also ist}$$
$$ZF : ZL = (FN : NS) \cdot (ZN : NP) \text{ oder}$$
$$ZF : ZL = FN \cdot ZN : NS \cdot NP. \text{ Aber}$$
$$ZF : ZL = FN : NQ. \text{ Also ist}$$
$$FN \cdot ZN : NS \cdot NP = FN : NQ. \text{ Aber}$$
$$FN : NQ = FN \cdot NZ : NQ \cdot NZ. \text{ Also ist}$$
$$FN \cdot ZN : NS \cdot NP = FN \cdot NZ : NQ \cdot NZ. \text{ Also ist}$$
$$NS \cdot NP = NQ \cdot NZ. \text{ Es war aber gezeigt worden, daß}$$
$$MN^2 = PN \cdot NS. \text{ Also ist}$$
$$MN^2 = NQ \cdot NZ = QZ.$$

Es ist also MN^2 gleich der Summe aus dem Rechteck mit der Länge ZL und der Breite ZN und dem Rechteck LQ, welches dem Rechteck FZL ähnlich ist. Ein solcher Kegelschnitt soll eine Hyperbel heißen, LZ soll Parameter, ZF der Durchmesser heißen.

§ 13.

Ein Kegel werde durch eine axiale Ebene geschnitten (*1*), außerdem durch eine zweite (*2*), die beide Schenkel des durch die erste Ebene erzeugten axialen Dreiecks schneidet, aber weder der Grundebene des Kegels parallel ist, noch so gelegen ist, daß sie einen Gegenkreis bildet. Die Grundfläche des Kegels und die zweite Ebene sollen sich in einer Geraden schneiden, die senkrecht steht auf der Grundlinie des axialen Dreiecks. Dann wird das Quadrat jeder von einem Punkt des Kegelschnitts bis zum Durchmesser gezogenen Parallelen zu der Geraden, in welcher die schneidende Ebene (*2*) die Grundebene schneidet, gleich der Differenz zweier Flächen sein. Von diesen beiden Flächen ist der Minuendus ein Rechteck, zu dessen Länge sich der Durchmesser des Kegelschnitts verhält, wie das Quadrat der durch die Spitze des Kegels zum Durchmesser bis zur Basis des axialen Dreiecks gezogenen Parallelen zu dem Rechteck aus den beiden durch diese Parallele gebildeten Abschnitten der Dreiecksbasis, und dessen Breite gleich ist dem Stück, das auf dem Durchmesser der Kurve am Scheitel der Kurve von der durch den Kurvenpunkt gezogenen oben erwähnten Parallellen abgeschnitten wird. Der Subtrahendus ist ein Rechteck, dessen Breite mit der Breite des ersten Rechtecks übereinstimmt und das ähnlich ist einem Rechteck von der Länge des ersten (Minuendus-) Rechtecks und der Breite des Durchmessers des Kegelschnitts. Ein solcher Kegelschnitt werde eine Ellipse genannt[6]) (Fig. 13).

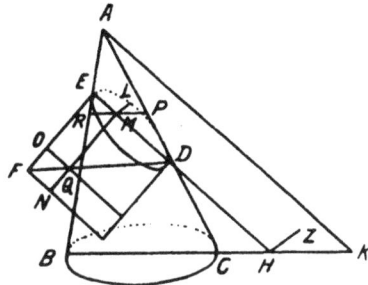

Fig. 13.

A sei die Spitze eines Kegels, *BC* sein Grundkreis. Der Kegel werde durch eine axiale Ebene geschnitten, die das Dreieck *ABC* erzeuge, er werde ferner durch eine zweite Ebene geschnitten, die beide Schenkel des Achsendreiecks schneidet, aber weder der Grundkreisebene parallel ist, noch so gelegen ist, daß sie einen Gegenkreis erzeugt. Diese Ebene erzeuge auf der Kegelfläche die Kurve *DE*. Die Gerade, in der diese Ebene die Ebene des Grundkreises schneidet, *ZH* stehe senkrecht auf *BC*. *ED* sei der Durchmesser der Kurve. Durch E werde senkrecht zu *DE* die Strecke *EF* gezogen. Durch A werde parallel zu *ED* die Gerade *AK* gezogen. *EF* sei durch die Proportion bestimmt:

$$AK^2 : BK \cdot KC = DE : EF.$$

Auf der Kurve werde irgendein Punkt *L* gewählt und durch *L* werde parallel zu *ZH* die Gerade *LM* gezogen. Ich behaupte, daß *LM*² gleich der Differenz aus dem Rechteck *EFNM* und einem Rechteck (*OFNQ*) ist, welches dem Rechteck mit den Seiten *ED* und *EF* ähnlich ist.

Es werde nämlich *DF* gezogen. Durch *M* werde *MQN* parallel zu *FE* gezogen, ebenso durch *F* und *Q* parallel zu *EM* die Geraden *FN* und *QO* und durch *M* zu *BC* die Gerade *RMP*. Da nun *RP* zu *BC* parallel ist, ferner *LM* zu *ZH* parallel ist, so ist auch die durch *LM* und *RP* gelegte Ebene parallel zu der durch *ZH* und *BC* gelegten Ebene, d. h. parallel zu der Grundebene des Kegels. Die durch *LM* und *RP* gelegte Ebene schneidet also den Kegel in einem Kreise mit dem Durchmesser *RP*. Auf diesem Durchmesser steht *LM* senkrecht. Es ist also

$$RM \cdot MP = LM^2. \text{ Da nun}$$
$$AK^2 : BK \cdot KC = DE : EF \text{ und}$$
$$AK^2 : BK \cdot KC = (AK : BK) \cdot (AK : KC) \text{ ferner aber}$$
$$AK : BK = EH : HB = EM : MR \text{ und}$$
$$AK : KC = DH : HC = DM : MP, \text{ so folgt}$$
$$DE : EF = (EM : MR) \cdot (DM : MP) \text{ oder}$$
$$DE : EF = EM \cdot DM : MR \cdot MP. \text{ Es ist aber}$$
$$DE : EF = DM : MQ. \text{ Es ist also}$$
$$EM \cdot DM : MR \cdot MP = DM : MQ \text{ oder auch}$$
$$EM \cdot DM : MR \cdot MP = EM \cdot DM : EM \cdot MQ.$$

Es ist demnach

$$MR \cdot MP = EM \cdot MQ. \text{ Ferner von}$$
$$MR \cdot MP = LM^2. \text{ Es ist also}$$
$$LM^2 = EM \cdot MQ.$$

Es ist also LM^2 gleich dem Rechteck *MF*, vermindert um das Rechteck *FQ*, das dem Rechteck *FD* ähnlich ist.

Eine solche Kurve also soll Ellipse genannt werden. Dabei soll *EF* als Parameter, *ED* als Durchmesser bezeichnet werden[7]).

§ 14.

Wenn die beiden zusammengehörigen Kegelflächen durch eine Ebene, die nicht durch die Spitze des Kegels geht, geschnitten werden, so entsteht auf jeder der beiden Kegelflächen eine Hyperbel. Der Durchmesser der beiden Hyperbeln ist der Richtung und der Lage nach der gleiche, die Parameter haben dieselbe Länge. Zwei solche Hyperbeln sollen „zugehörig" heißen (Fig. 14).

A sei die Spitze der beiden Kegelflächen. Die nicht durch die Spitze gelegte Ebene schneide die Kegelflächen in den Kurven *DEZ* und *HFK*. Ich behaupte, daß beide Kurven Hyperbeln sind.

BDCZ sei der den Kegel erzeugende Kreis. Parallel zu seiner Ebene werde die Ebene *QHOK* gelegt. Die Schnittkurven seien *HFK* und *ZED*. Die Ebene möge die Ebenen der Kreise in den Geraden *ZD* und *HK* schneiden. Diese Geraden sind parallel. *LAY* sei die gemeinsame Achse der beiden Kegel, *L* und *Y* die Kreismittelpunkte. Von *L* werde auf *ZD* das Lot gefällt, das hurch *B* und *C* gehe. Durch *BC* und die Kegelachse werde die Ebene gelegt. Sie wird die Kreisebene in *QO* und *BC*, die Kegelflächen in *BAO* und *CAQ* schneiden. Es wird nun *QO* auf *HK* senkrecht stehen, da ja auch *BC* auf *ZD* senkrecht steht und *QO* parallel *BC* sowie *HK* parallel *ZD* ist. Da nun die durch die Achse gelegte Ebene die Ebene der Kurven in *MN* schneidet, die Punkte *M* und *N* aber innerhalb der Kurven liegen, so ist klar, daß die Ebene auch die Kurven schneidet. Sie schneide die Kurven in *F* und *E*. Die Punkte *M, E, F, N* liegen also sowohl in der axialen Ebene als auch in der Kurvenebene. *MEFN* ist demnach eine gerade Linie. Offenbar liegen auch *QFAC* und *BEAO* in einer geraden Linie, denn diese Punkte liegen ja sowohl in der Kegelfläche als auch in der axialen Ebene. Es mögen nun durch *F* und *E* senkrecht zu *FE* die Geraden *FP* und *ER* gezogen werden, durch *A* werde zwar *SAT* parallel zu *MEFN* gezogen. Die Größe der Strecken *FP* und *ER* sei durch die Proportionen bestimmt:

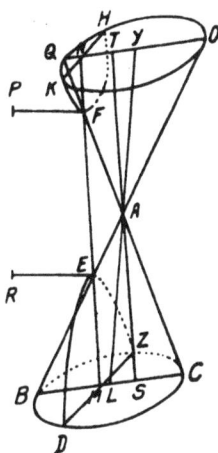

Fig. 14.

$$AS^2 : BS \cdot SC = FE : ER$$
$$AT^2 : OT \cdot TQ = EF : FP$$

Da nun der Kegel mit der Spitze *A* und dem Grundkreise *BC* durch eine axiale Ebene im Dreieck *ABC* geschnitten wird, außerdem aber auch durch eine andere Ebene, welche die Grundfläche des Kegels in der Geraden *DMC*, die auf *BC* senkrecht steht, schneidet, da weiter diese Ebene den Schnitt *DEZ* auf der Kegelfläche erzeugt, dessen Durchmesser *ME* verlängert den einen Schenkel des Achsendreiecks in seiner Verlängerung über die Spitze des Kegels hinaus schneidet, da weiterhin durch den Punkt *A* parallel zum Durchmesser *EM* des Kegelschnitts die Gerade *AS* gezogen ist, *ER* durch *E* senkrecht zu *EM* gezogen ist und $AS^2 : BS \cdot SC = EF : ER$ ist, so ist *DEZ* also (§ 12) eine Hyperbel, *ER* ihr Parameter bezüglich des Durchmessers *MN* und *FE* die dazu gehörige Durchmesserlänge. In gleicher Weise ist auch *HFK* eine Hyperbel mit dem Durchmesser *FN*, dem Parameter *FP* bezüglich des Durchmessers *FN* und der dazu gehörigen Durchmesserlänge *FE*.

Ich behaupte, daß $FP = ER$ ist. Denn da BC und OQ parallel sind, so ist:

$$AS:SC = AT:TQ \text{ und}$$
$$AS:SB = AT:TO. \text{ Durch Multiplikation folgt}$$
$$AS^2:SC \cdot SB = AT^2:TQ \cdot TO. \text{ Da aber}$$
$$AS^2:SC \cdot SB = FE:ER \text{ und}$$
$$AT^2:TQ \cdot TO = EF:FP \text{ ist, so folgt}$$
$$FE:ER = EF:FP. \text{ Also ist}$$
$$ER = FP.$$

§ 15.

In einer Ellipse werde durch den Mittelpunkt des Durchmessers[8]) zu diesem geordnet eine Sehne gezogen. Zur Sehne und zum Durchmesser werde die dritte Proportionale konstruiert. Alsdann wird das Quadrat jeder von einem Kurvenpunkt bis zur Sehne gezogenen Parallelen des Durchmessers gleich sein einer Differenz von zwei Rechtecken. Die Länge des Minuendus-Rechtecks ist gleich jener dritten Proportionale, die Breite gleich der Strecke, die die Parallele von der Sehne abschneidet. Das Subtrahendus-Rechteck hat die gleiche Breite und ist ähnlich dem Rechteck, das von der dritten Proportionale und der Sehne gebildet wird. Die zum Durchmesser gezogene Parallele wird von der zum Durchmesser durch dessen Mittelpunkt geordnet gezogenen Sehne halbiert (Fig. 15).

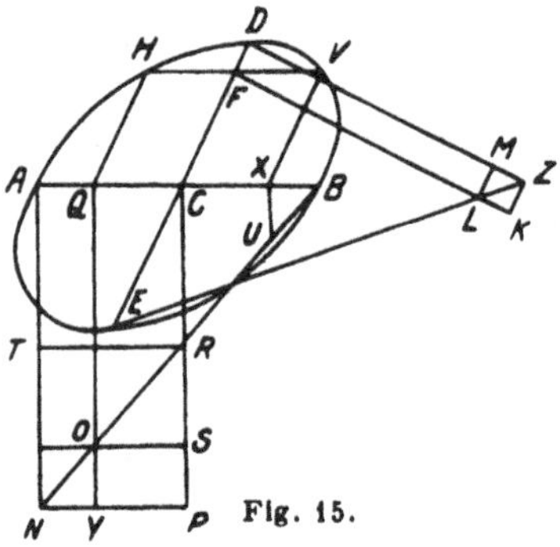

Fig. 15.

AB sei Durchmesser einer Ellipse, der Mittelpunkt von AB sei C. Durch C werde zum Durchmesser geordnet die Sehne DCE gezogen. In D werde auf DE das Lot DZ errichtet und es sei

$$DE:AB = AB:DZ.$$

H sei ein Punkt der Ellipse. Durch H werde HF parallel zu AB gezogen, E werde mit Z verbunden, und durch F werde parallel zu DZ die Gerade FL gezogen. Durch Z und L werden parallel zu FD die Geraden ZK und LM gezogen. Ich behaupte, daß HF^2 gleich ist der Differenz des Rechtecks aus den Seiten DZ und DF und des Rechtecks LZ, das dem Rechteck EDZ ähnlich ist.

Der Parameter bezüglich des Durchmessers AB sei AN. Es werde BN gezogen durch H werde HQ parallel DE gezogen, durch Q und C

werden parallel zu AN, QO und CR gezogen, durch N, O, R werden parallel zu AB die Geraden NY, OS und RT gezogen. Nun ist (§ 13):

$DC^2 = AR$ und $HQ^2 = AO$. Da ferner

$BA:AN = BC:CR = RT:TN$ und

$BC = CA = TR$ und $CR = TA$, so ist

$AR = TP$ und $QT = TY$. Da nun

$OT = OP$ (Ergänzungsparallelogramme), so folgt

$TY = NS$. Es war aber

$TY = QT$, also ist

$NS = QT$. Es werde addiert

$TS = TS$. Es folgt dann

$NR = QT + TS$ oder auch

$RA = AO + RO$. Es ist demnach

$RA - AO = RO$. Es war nun

$RA = DC^2$ und $AO = HQ^2$ sowie $RO = OS \cdot SR$.   Es ist also

$DC^2 - HQ^2 = OS \cdot SR$.

Nun ist $EF \cdot FD = (EC + CF)(CD - CF)$ oder auch

$EF \cdot FD = (CD + CF)(CD - CF)$, daher

$EF \cdot FD + CF^2 = CD^2$. Aber

$CF^2 = HQ^2$, also

$EF \cdot FD + HQ^2 = CD^2$ oder auch

$CD^2 - HQ^2 = EF \cdot FD$. Anderseits war

$CD^2 - HQ^2 = OS \cdot SR$, also ist

$EF \cdot FD = OS \cdot SR$. Es war weiter

$DE:AB = AB:DZ$, also

$DE:DZ = DE^2:AB^2 = CD^2:CB^2$. Es war jedoch

$CD^2 = RC \cdot CA = RC \cdot CB$. Nun ist

$ED:DZ = EF:FL = EF \cdot FD:FL \cdot FD$. Also

$EF \cdot FD : FL \cdot FD = RC \cdot CB:CB^2$.

Auf Grund ähnlicher Dreiecke ist nun

$RC \cdot CB:CB^2 = RS \cdot SO:SO^2$, also

$EF \cdot FD:FL \cdot FD = RS \cdot SO:SO^2$.

Da nun $EF \cdot FD = RS \cdot SO$ war, so ist

$FL \cdot FD = SO^2 = HF^2$.

Das Quadrat von HT ist also gleich der Differenz des Rechtecks FZ und des Rechtecks LZ, das dem Rechteck aus den Seiten DE und DZ ähnlich ist.

Ich behaupte aber weiter, daß wenn HF über F hinaus bis zum Schnitt mit der Ellipse verlängert wird, die so entstehende Sehne durch F halbiert wird.

Es treffe die Verlängerung von HF die Ellipse in V, und es werde durch V zu HQ die Parallele VX gezogen. Durch X werde zu AN die Parallele XU gezogen. Da nun $HQ^2 = VX^2$ und $HQ^2 = AQ \cdot QO$ sowie $VX^2 = AX \cdot XU$, so ist

$$OQ : XU = AX : AQ. \text{ Anderseits ist}$$
$$OQ : XU = BQ : BX, \text{ daher}$$
$$AX : AQ = BQ : BX.$$

Durch Subtraktion von *1* beiderseits folgt

$$QX : AQ = QX : BX. \text{ Daraus folgt}$$
$$AQ = BX. \text{ Da weiter auch}$$
$$AC = CB \text{ ist, so ergibt sich}$$
$$QC = CX. \text{ Daher ist auch}$$
$$HF = FV.$$

Die Sehne HV wird also durch den Punkt F halbiert.

§ 16.

Wenn durch den Halbierungspunkt des Durchmessers zweier zugehöriger Hyperbeln eine Parallele geordnet zum Durchmesser gezogen wird, so wird diese Parallele ein dem Durchmesser konjugierter Durchmesser sein (Def. 6).

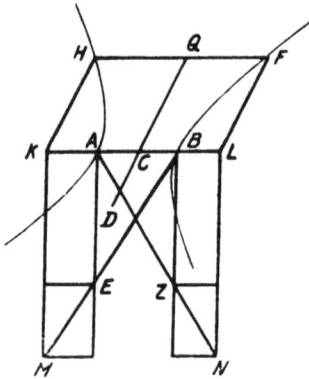

Fig. 16.

AB sei der Durchmesser zweier zugehöriger Hyperbeln und es werde AB in C halbiert. Durch C werde CD geordnet gezogen. Ich behaupte, daß CD dem Durchmesser AB konjugiert ist (Fig. 16).

AE und BC seien die senkrecht zu AB gezogenen Parameter, AZ und BE mögen verlängert werden. Es werde auf einem der beiden Hyperbeln nach Belieben der Punkt H gewählt, und durch H werde zu AB parallel HF gezogen. Durch H und F mögen HK und FL geordnet gezogen werden und durch K und L parallel zu AE und BZ die Geraden KM und LN. Da nun $HK = FL$, so ist $HK^2 = FL^2$. Aber

$$HK^2 = AK \cdot KM \text{ und}$$
$$FL^2 = BL \cdot LN \text{ (§ 12). Da nun}$$

$$AE = BZ, \text{ so ist}$$

$$AE : AB = BZ : BA. \text{ Es ist aber}$$

$$AE : AB = MK : KB \text{ und}$$

$$BZ : BA = LN : LA. \text{ Daher ist}$$

$$MK : KB = LN : LA. \text{ Anderseits ist}$$

$$MK \cdot KA : KB \cdot KA = LN \cdot LB : LA \cdot LB.$$

Durch Vertauschung der Innenglieder folgt

$$MK \cdot KA : LN \cdot LB = KB \cdot KA : LA \cdot LB. \text{ Es war aber}$$

$$MK \cdot KA = LN \cdot LB. \text{ Daher ist}$$

$$KB \cdot KA = LA \cdot LB. \text{ Daher ist}[9]$$

$$KA = LB. \text{ Es ist aber auch}$$

$$AC = CB. \text{ Durch Addition folgt}$$

$$KC = CL \text{ oder auch}$$

$$HQ = QF. \text{ Also wird } HF \text{ durch } QCD \text{ halbiert.}$$

Aber HF ist der Geraden AB parallel. Daher ist also der Durchmesser QCD dem Durchmesser AB konjugiert (Def. 6).

Weitere Definitionen.

1. Sowohl bei der Hyperbel als auch bei der Ellipse soll der Mittelpunkt eines Durchmessers Zentrum der Kurve genannt werden, die Verbindungslinie eines Kurvenpunktes mit dem Zentrum soll ein Halbmesser der Kurve genannt werden.

2. In gleicher Weise soll bei zwei zugehörigen Hyperbeln der Mittelpunkt eines eigentlichen Durchmessers Zentrum genannt werden.

3. Eine Gerade aber, die durch das Zentrum geordnet zum Durchmesser gezogen wird und vom Zentrum halbiert wird, soll als „zweiter Durchmesser" bezeichnet werden.

§ 17.

Wenn bei einem Kegelschnitt durch den Scheitel[4]) eine Gerade zum Durchmesser geordnet gezogen wird, so wird sie außerhalb des Kegelschnitts fallen.

Es sei AB Durchmesser eines Kegelschnittes. Ich behaupte, daß eine durch den Scheitel, also durch den Punkt A geordnet gezogene Gerade außerhalb des Kegelschnitts fällt (Fig. 17).

Wenn möglich, so falle AC innerhalb. Da nun auf dem Kegelschnitt ein Punkt C liegt, so wird also die durch C gehende Sehne den Durchmesser AB schneiden

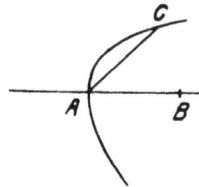

Fig. 17.

und von ihm halbiert werden. *AC* wird also, verlängert, durch *AB* halbiert werden. Dies ist unmöglich, denn wenn *AC* verlängert wird, so fällt die Verlängerung außerhalb des Kegelschnitts (§ 10). Es wird also eine durch *A* geordnet gezogene Gerade nicht innerhalb des Kegelschnitts fallen, sondern außerhalb desselben. Sie ist also eine Tangente an den Kegelschnitt.

§ 18.

Wenn eine den Kegelschnitt treffende (d. h. schneidende oder berührende) Gerade nach beiden Seiten verlängert außerhalb des Kegelschnitts fällt, so wird eine durch einen Punkt im Innern des Kegelschnitts zu den Geraden gezogene Parallele auf beiden Seiten den Kegelschnitt schneiden (Fig. 18).

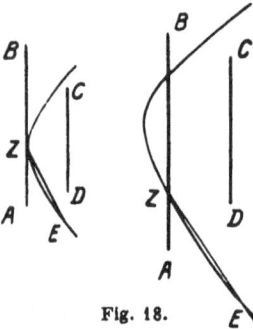

Fig. 18.

Es sei *AZB* eine Gerade, die den Kegelschnitt trifft und die nach beiden Seiten verlängert, außerhalb des Kegelschnitts fällt. Es werde ein Punkt *C* im Innern des Kegelschnitts gewählt und durch *C* die Parallele *CD* zu *AB* gezogen. Ich behaupte, daß *CD*, nach beiden Seiten verlängert, den Kegelschnitt schneidet.

Es möge ein Punkt *E* auf dem Kegelschnitt gewählt werden. *EZ* werde gezogen. Da *AB* parallel zu *CD* ist und *AB* die Gerade *EZ* trifft, so wird *EZ* auch die Gerade *AB* schneiden. *CD* wird also verlängert die Gerade *EZ* schneiden. Geschieht dies zwischen *E* und *Z*, so ist klar, daß *CD* auch den Kegelschnitt schneidet, geschieht dies dagegen außerhalb der Strecke *ZE*, so wird *CD* den Kegelschnitt sogar schon dem Schnitt mit *ZE* schneiden. *CD* wird also nach der Seite *D*, *E* verlängert, den Kegelschnitt schneiden. Ebenso werden wir beweisen können, daß *CD* auch über *C* hinaus verlängert, den Kegelschnitt schneidet. *CD* wird also nach beiden Seiten hin den Kegelschnitt schneiden.

§ 19.

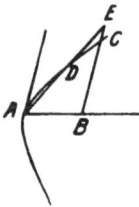

Fig. 19.

Wenn man bei einem Kegelschnitt durch einen (inneren) Punkt des Durchmessers eine Gerade geordnet zieht, so wird diese Gerade den Kegelschnitt schneiden.

AB sei Durchmesser eines Kegelschnitts, *B* ein (innerer) Punkt des Durchmessers. Durch *B* werde *BC* geordnet gezogen. Ich behaupte, daß *BC* verlängert den Kegelschnitt schneidet (Fig. 19).

Es werde ein Punkt *D* auf dem Kegelschnitt angenommen. *A* liegt auch auf dem Kegelschnitt. Also wird die Strecke *AD* innerhalb des Kegelschnitts fallen (§ 10). Und da die durch *A* geordnet gezogene Gerade außerhalb des Kegelschnitts fällt (§ 17), AD den Kegelschnitt schneidet und BC der geordnet gezogenen Geraden parallel ist, so wird auch BC die Gerade AD schneiden. Wenn dies zwischen den Punkten A und D geschieht, so ist klar, daß BC auch den Kegelschnitt schneidet, im anderen Fall wird BC den Kegelschnitt schneiden schon, bevor es die Gerade AD schneidet. Die durch B geordnet gezogene Gerade schneidet also den Kegelschnitt.

§ 20.

Wenn bei einer Parabel durch zwei Punkte des Durchmessers Sehnen zum Durchmesser geordnet gezogen werden, so werden sich die Quadrate der Sehnen zueinander verhalten wie die durch sie vom Durchmesser abgeschnittenen Strecken.

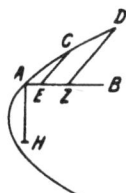

Fig. 20.

AB sei der Durchmesser einer Parabel, C und D seien zwei Punkte der Parabel. Durch C und D mögen CE und DZ geordnet gezogen werden. Ich behaupte, daß $DZ^2:CE^2 = ZA:EA$ ist (Fig. 20).

Es sei AH der Parameter bezüglich des Durchmessers AB. Dann ist

$$DZ^2 = ZA \cdot AH \text{ und}$$
$$CE^2 = EA \cdot AH \text{ (§ 11). Es ist also}$$
$$DZ^2:CE^2 = ZA:EA.$$

§ 21.

Wenn bei einer Hyperbel, Ellipse oder einem Kreise von Kurvenpunkten aus Geraden zum Durchmesser geordnet bis zu diesem gezogen werden, so werden sich die Quadrate dieser Strecken zu den Rechtecken, die gebildet werden von den Abschnitten des Durchmessers, verhalten wie der Parameter zum Durchmesser, und die Quadrate dieser Strecken werden sich zueinander verhalten wie die aus den Abschnitten des Durchmessers gebildeten Rechtecke (Fig. 21).

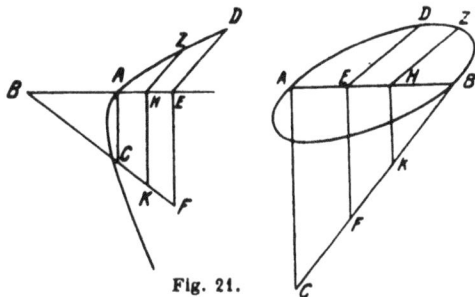

Fig. 21.

AB sei der Durchmesser einer Hyperbel, einer Ellipse oder eines Kreises, AC der Parameter bezüglich dieses Durchmessers. DE und ZH mögen geordnet zum Durchmesser gezogen sein. Ich behaupte, daß die Gleichungen bestehen

$$ZH^2:AH \cdot HB = AC:AB \text{ und}$$
$$ZH^2:DE^2 = AH \cdot HB:AE \cdot EB.$$

Es möge nämlich B mit C verbunden werden und durch E und H mögen zu AC parallel EF und HK gezogen werden. Dann ist

$$ZH^2 = HK \cdot HA \ \text{(§§ 12, 13) und}$$
$$DE^2 = EF \cdot EA. \ \text{Da nun}$$
$$HK{:}HB = CA{:}AB \ \text{und}$$
$$HK{:}HB = HK \cdot HA{:}HB \cdot HA, \ \text{so ist}$$
$$CA{:}AB = HK \cdot HA{:}HB \cdot HA. \ \text{Daher ist}$$
$$CA{:}AB = ZH^2{:}HB \cdot HA. \ \text{Aus gleichen Gründen ist}$$
$$CA{:}AB = DE^2{:}EB \cdot EA. \ \text{Daher ist}$$
$$ZH^2{:}HB \cdot HA = DE^2{:}EB \cdot EA \ \text{oder auch}$$
$$ZH^2{:}DE^2 = AH \cdot HB{:}AE \cdot EB.$$

§ 22.

Wenn eine Gerade, die den Durchmesser einer Parabel oder Hyperbel nicht im Innern der Kurve schneidet, die Kurve in zwei Punkten schneidet, so wird sie den Durchmesser außerhalb der Kurve schneiden.

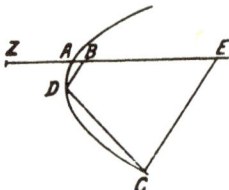

AB sei Durchmesser einer Parabel oder Hyperbel. CD sei eine Sehne der Kurve. Ich behaupte, daß diese Sehne, verlängert, AB außerhalb der Kurve schneidet (Fig. 22).

Es mögen nämlich durch C und D die Geraden CE und DB geordnet gezogen werden. Sei zunächst die Kurve eine Parabel. Da nun bei der Parabel $CE^2 : DB^2 = EA : AB$ (§ 20) ist und $AE > AB$, so ist auch $CE^2 > DB^2$, daher auch $CE > DB$. Es ist aber $CE \| DB$. Daher schneidet die Verlängerung von CD den Durchmesser AB außerhalb der Kurve.

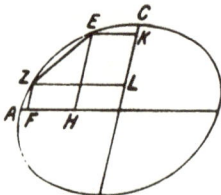

Fig. 22.

Es sei ferner die Kurve eine Hyperbel. Da nun bei der Hyperbel $CE^2 : BD^2 = ZE \cdot EA : ZB \cdot BA$, so ist $CE^2 > BD^2$, also $CE > BD$. Da aber $CE \| BD$, so schneidet die Verlängerung von CD den Durchmesser AB außerhalb der Kurve.

§ 23.

Wenn eine Gerade eine Ellipse innerhalb eines von zwei Durchmessern begrenzten Ellipsenbogens schneidet, so wird sie, verlängert, beide Durchmesser außerhalb der Kurve schneiden (Fig. 23).

Fig. 23.

AB und CD seien Durchmesser einer Ellipse. Eine Sehne EZ schneide die Ellipse innerhalb AB und CD. Ich behaupte, daß EZ verlängert die beiden Durchmesser AB und CD außerhalb des Kegelschnitts schneidet.

Es mögen nämlich durch E und Z geordnet zu AB die Geraden HE und ZF gezogen werden und geordnet zu DC die Geraden EK und ZL. Dann ist also (§ 21)

$$EH^2 : ZF^2 = BH \cdot HA : BF \cdot FA \text{ und}$$
$$ZL^2 : EK^2 = DL \cdot LC : DK \cdot KC. \text{ Es ist aber}$$

$BH \cdot HA > BF \cdot FA$, da H der Mitte von AB näher ist und $DL \cdot LC > DK \cdot KC$ aus gleichem Grunde. Daher ist

$$EH^2 > ZF^2 \text{ und } ZL^2 > EK^2 \text{ und somit}$$
$$EH > ZF \text{ und } ZL > EK.$$

Es ist aber $HE\|ZF$ und $ZL\|EK$. Also muß die Verlängerung von EZ sowohl AB als auch DC außerhalb der Kurve schneiden[10]).

§ 24.

Wenn eine Gerade mit einer Parabel oder Hyperbel einen Punkt gemeinsam hat und nach beiden Seiten verlängert, außerhalb der Kurve fällt (m. a. W.: eine Tangente ist), so wird sie den Durchmesser schneiden (Fig. 24).

AB sei Durchmesser einer Parabel oder Hyperbel. Die Gerade CDE habe mit der Kurve den Punkt D gemeinsam. Die Gerade falle auf beiden Seiten von D außerhalb der Kurve. Ich behaupte, daß die Gerade den Durchmesser AB schneidet.

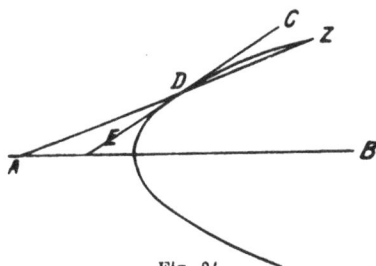

Fig. 24.

Es möge ein Punkt Z auf der Kurve angenommen werden und es möge ZD gezogen werden. DZ wird, verlängert, den Durchmesser außerhalb der Kurve schneiden (§ 22), der Schnittpunkt sei A. Es liegt aber DE zwischen DA und der Kurve, also muß CDE den Durchmesser außerhalb der Kurve schneiden.

§ 25.

Wenn eine Gerade die Ellipse zwischen zwei Durchmessern berührt, so wird diese Gerade beide Durchmesser schneiden (Fig. 25).

AB und CD seien Durchmesser einer Ellipse. EZ sei Tangente der Ellipse, der Berührungspunkt sei H. Er liege zwischen A und C. Ich behaupte, daß EZ sowohl AB als auch CD schneidet.

Es mögen durch H geordnet zu AB und CD die Geraden HF und HK gezogen werden. Da $HK\|AB$

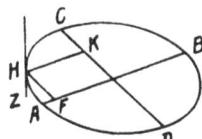

Fig. 25.

und die Gerade *ZE* die Gerade *HK* trifft, so muß sie auch die Gerade *HB* treffen. In gleicher Weise werden wir zeigen, daß *EZ* auch die Gerade *CD* schneidet.[11])

§ 26.

Eine zu einem Durchmesser einer Parabel oder Hyperbel gezogene Parallele schneidet die Kurve nur in einem Punkt.

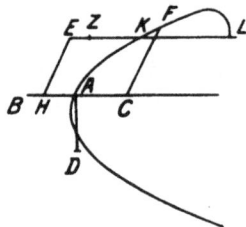

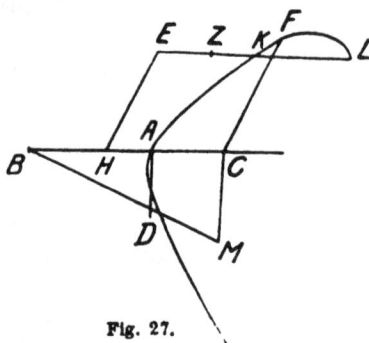

Fig. 26. Fig. 27.

Es sei *ABC* zunächst Durchmesser einer Parabel (Fig. 26 und 27), *AD* der Parameter. *EZ* sei parallel *AB*. Ich behaupte, daß *EZ* den Kegelschnitt schneidet.

Es möge auf *EZ* irgendein Punkt *E* gewählt werden. Von *E* aus werde *EH* geordnet gezogen. *C* werde auf dem Durchmesser so gewählt, daß $AC \cdot AD > HE^2$ ist. Durch *C* werde *CF* geordnet gezogen. Dann ist

$$CF^2 = DA \cdot AC \text{ (§ 11). Es ist aber}$$
$$DA \cdot AC > HE^2. \text{ Also ist}$$
$$CF^2 > HE^2, \text{ also auch}$$
$$CF > HE. \text{ Es ist anderseits } CF \| HE.$$

Demnach muß die Verlängerung von *EZ* die Strecke *CF* schneiden und daher auch die Kurve. Der Schnittpunkt sei *K*.

Ich behaupte weiter, daß *EZ* die Kurve nur in dem einen Punkte *K* schneidet. Wenn es möglich ist, so möge *EZ* außerdem die Kurve auch in *L* schneiden. Da nun die Gerade *KL* die Parabel in zwei Punkten schneidet, so muß sie (§ 22) den Durchmesser der Kurve schneiden. Dies ist aber unmöglich, denn es ist ja *EZ* dem Durchmesser parallel. Die Verlängerung von *EZ* schneidet also die Kurve nur in einem Punkte.

Es sei weiter die Kurve eine Hyperbel, *AB* die Länge des Durchmessers, *AD* der zum Durchmesser gehörige Parameter. Es werde *DB* gezogen und über *D* verlängert. Nachdem im übrigen die gleichen Linien wie bei der

Parabel gezogen worden sind, werde durch C die Gerade CM parallel zu AD gezogen. Da nun

$$MC \cdot CA > DA \cdot AC \text{ und}$$
$$MC \cdot CA = CF^2 \text{ (§ 12) und}$$
$$DA \cdot AC > HE^2, \text{ so ist}$$
$$CF^2 > HE^2, \text{ also}$$
$$CF > HE,$$

so daß nunmehr wie oben weiter geschlossen werden kann.

§ 27.

Wenn eine Gerade den Durchmesser einer Parabel (im Innern der Parabel) schneidet, so wird sie beiderseits auch die Parabel schneiden.

AB sei der Durchmesser einer Parabel. Die Gerade CD schneide ihn innerhalb der Parabel. Ich behaupte, daß CD beiderseits die Parabel schneidet (Fig. 28).

Durch E möge AE geordnet gezogen werden. AE fällt also außerhalb der Parabel (§ 17). Entweder ist nun CD der Geraden parallel oder nicht.

Wenn Parallelismus besteht, so ist CD geordnet gezogen und muß daher beiderseits die Parabel schneiden (§ 19). Es sei ferner CD der Geraden AE nicht parallel, sondern es schneide CD die Gerade AE in E. Daß dann CD die Parabel nach der Seite, auf der E liegt, schneidet, ist klar, denn wenn CD die Gerade AE schneidet, so muß CD vor dem die Parabel schneiden (in H).

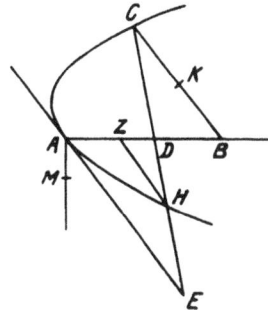

Fig. 28.

Ich behaupte aber, daß CD auch auf der anderen Seite die Parabel schneidet. MA sei der Parameter der Parabel bezüglich des Durchmessers AB. HZ werde geordnet gezogen. B sei bestimmt durch die Gleichung

$$AD^2 = BA \cdot AZ.$$

Durch B werde BK geordnet gezogen. BK treffe CD in C. Da nun

$$BA \cdot AZ = AD^2, \text{ so ist}$$
$$AB : AD = AD : AZ. \text{ Durch Subtraktion von } 1 \text{ folgt}$$
$$BD : AD = DZ : AZ \text{ oder auch}$$
$$BD : DZ = AB : AD, \text{ also}$$
$$BD^2 : DZ^2 = AB^2 : AD^2. \text{ Da nun}$$
$$AD^2 = BA \cdot AZ \text{ ist, so folgt}$$
$$BA : AZ = BA^2 : AD^2, \text{ d.h.}$$

$$BA:AZ = BD^2:DZ^2. \text{ Es ist aber}$$
$$BD^2:DZ^2 = BC^2:ZH^2 \text{ und}$$
$$BA \ : \ AZ = BA \cdot AM:AZ \cdot AM. \text{ Daher ist}$$
$$BC^2:ZH^2 = BA \cdot AM:AZ \cdot AM \text{ oder}$$
$$BC^2:BA \cdot AM = ZH^2:AZ \cdot AM. \text{ Weil aber } H$$

ein Punkt der Parabel ist, so ist

$$ZH^2 = ZA \cdot AM \ (\S \ 11). \text{ Daher ist auch}$$
$$BC^2 = BA \cdot AM.$$

Es ist aber AM der Parameter der Parabel und BC ist geordnet gezogen. Daher ist C ein Punkt der Parabel und CD trifft die Parabel im Punkte C.

§ 28.

Wenn eine Gerade eine von zwei zugehörigen Hyperbeln berührt und es wird im Innern der anderen Hyperbel ein Punkt angenommen und durch diesen die Parallele zu der Geraden gezogen, so wird diese Parallele beiderseits die Hyperbel schneiden (Fig. 29).

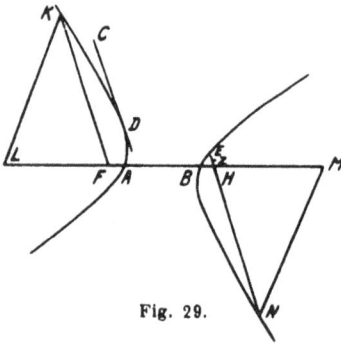

Fig. 29.

Es sei AB Durchmesser zweier zugehöriger Hyperbeln. Die Hyperbel A berühre die Gerade CD. Innerhalb der anderen Hyperbel werde ein Punkt E gewählt und durch E die Parallele EZ zu CD gezogen. Ich behaupte, daß EZ beiderseits die Hyperbel schneidet.

Da nämlich bewiesen worden ist, daß CD den Durchmesser AB schneidet (§ 24), und da EZ der Geraden CD parallel ist, so wird also auch EZ den Durchmesser schneiden. Der Schnittpunkt sei H. Der Strecke HB werde die Strecke AF gleich gemacht und durch F werde zu ZE parallel FK gezogen, durch K werde KL geordnet gezogen. LF sei gleich HM, MN werde geordnet gezogen und ZH über H hinaus bis zum Schnitt N mit MN verlängert. Da nun $KL \,\| \, MN$ und $KF \,\| \, MN$ und L, F, H, M in einer Geraden liegen, so ist das Dreieck KFL dem Dreieck HMN ähnlich. Es ist aber $LF = HM$. Also ist auch $KL = MN$, daher auch

$$KL^2 = MN^2. \text{ Da weiter}$$
$$LF = HM \text{ und}$$
$$AF = BH, \text{ sowie}$$
$$AB = AB, \text{ so folgt durch Addition}$$

$$BL = AM \text{ und daher}$$
$$BL \cdot LA = AM \cdot MB. \text{ Folglich ist}$$
$$BL \cdot LA : KL^2 = AM \cdot MB : MN^2.$$

Die linke Seite ist aber gleich dem Verhältnis von AB zu dem Parameter bezüglich des Durchmessers AB (§ 21), daher hat auch die rechte Seite diesen Wert, und daher ist N ein Punkt der Hyperbel. EZ schneidet also, verlängert, die Hyperbel. Ebenso kann gezeigt werden, daß EZ auch nach der anderen Seite hin verlängert die Hyperbel schneidet.

§ 29.

Wenn zwei zugehörige Hyperbeln gegeben sind und eine durch den Mittelpunkt gehende Gerade schneidet die eine Hyperbel, so schneidet sie auch die andere Hyperbel (Fig. 30).

Es sei AB der Durchmesser zweier zugehöriger Hyperbeln, C der Mittelpunkt, die Gerade CD schneide die Hyperbel AD. Ich behaupte, daß CD auch die andere Hyperbel schneidet.

Es werde nämlich ED geordnet gezogen, es sei $BZ = AE$ und es werde ZH geordnet gezogen. Da nun $EA = BZ$, $AB = AB$, so ist $BE \cdot EA = AZ \cdot ZB$.

Fig. 30.

Da nun $BE \cdot EA : DE^2$ sich verhält wie AB zu dem Parameter bezüglich des Durchmessers AB (§ 21), anderseits auch

$$AZ \cdot ZB : ZH^2 \text{ ein gleiches Verhältnis hat, so ist}$$
$$BE \cdot EA : DE^2 = AZ \cdot ZB : ZH^2. \text{ Es war aber}$$
$$BE \cdot EA = AZ \cdot ZB. \text{ Also ist}$$
$$DE^2 = ZH^2.$$

Da also $DE = ZH$ und $EC = CZ$ und EZ eine Gerade, ferner $ED \,\|\, ZH$, so ist auch DCH eine gerade Linie. Daher schneidet CD auch die andere Hyperbel.

§ 30.

Jede durch das Zentrum einer Ellipse oder zweier zugehöriger Hyperbeln gezogene Gerade, die den Kegelschnitt schneidet, wird durch das Zentrum halbiert (Fig. 31).

AB sei Durchmesser einer Ellipse oder zweier zugehöriger Hyperbeln, C sein Mittelpunkt. Durch C werde eine Gerade DCE gezogen. Ich behaupte, daß $CD = CE$ ist. Es mögen nämlich DZ und EH geordnet gezogen werden. Da nun

$$BZ \cdot ZA : ZD^2 = AB : p,$$

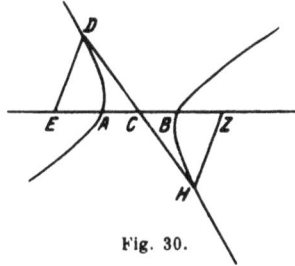

wo p der Parameter bezüglich des Durchmessers AB ist (§ 21), aber auch

$$AH \cdot HB : HE^2 = AB : p, \text{ so ist auch}$$
$$BZ \cdot ZA : ZD^2 = AH \cdot HB : HE^2 \text{ oder auch}$$
$$BZ \cdot ZA : AH \cdot HB = ZD^2 : HE^2. \text{ Es ist aber}$$
$$ZD^2 : HE^2 = ZC^2 : CH^2. \text{ Es ist demnach}$$
$$BZ \cdot ZA : ZC^2 = AH \cdot HB : CH^2.$$

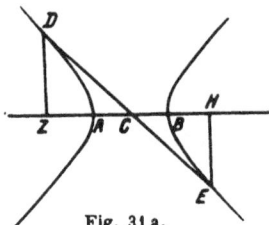 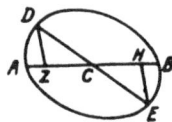

Fig. 31 a.   Fig. 31 b.

Daraus folgt bei der Ellipse durch Addition, bei der Hyperbel durch Subtraktion von *1*:

$$AC^2 : ZC^2 = BC^2 : CH^2 \text{ oder auch}$$
$$AC^2 : BC^2 = ZC^2 : CH^2. \text{ Es ist aber}$$
$$AC^2 = BC^2, \text{ also auch}$$
$$ZC^2 = CH^2 \text{ oder}$$
$$ZC = CH. \text{ Es ist aber auch } DZ \parallel HE.$$

Also ist $DC = CE.$

§ 31.

Wenn bei einer Hyperbel auf deren Durchmesser außerhalb der Hyperbel ein Punkt angenommen wird, der vom Scheitel nicht um weniger als um die halbe Durchmesserlänge entfernt ist, und von diesem Punkt aus eine gerade Linie zu einem Punkte der Hyperbel hin gezogen und über diesen hinaus verlängert wird, so wird diese Verlängerung innerhalb der Hyperbel fallen (Fig. 32).

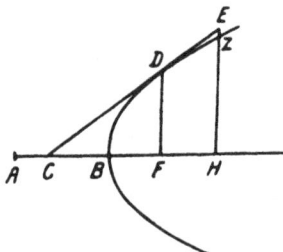

Fig. 32.

AB sei Durchmesser einer Hyperbel. C sei ein Punkt des Durchmessers. BC sei nicht kleiner als AB. D sei ein Punkt der Hyperbel, CD sei gezogen. Ich behaupte, daß CD über D hinaus verlängert innerhalb der Kurve fällt.

Wenn es nämlich möglich ist, so falle CDE außerhalb der Kurve. Dann werde von einem beliebigen Punkt E die Gerade EH geordnet gezogen und ebenso DF. Zunächst sei $AC = CB$ vorausgesetzt. Da nun

$$EH^2 : DF^2 > ZH^2 : DF^2, \text{ anderseits}$$
$$EH^2 : DF^2 = HC^2 : CF^2, \text{ weil } EH \parallel DF \text{ und}$$
$$ZH^2 : DF^2 = AH \cdot HB : AF \cdot FB \ (\S\,21), \text{ so folgt}$$
$$HC^2 : CF^2 > AH \cdot HB : AF \cdot FB.$$

Durch Vertauschung der Innenglieder folgt

$$HC^2 : AH \cdot HB > CF^2 : AF \cdot FB.$$

Durch Subtraktion von 1 beiderseits folgt

$$CB^2 : AH \cdot HB > CB^2 : AF \cdot FB^{12}).$$

Dies ist aber unmöglich. Es fällt also DE nicht außerhalb der Kurve, sondern innerhalb. Und aus demselben Grunde fällt also um so mehr die Verlängerung der Verbindungslinie eines zwischen A und C gelegenen Punktes mit D über D hinaus innerhalb der Kurve.

§ 32.

Wenn durch den Scheitel eines Kegelschnitts[4]) eine Gerade geordnet gezogen wird, so berührt sie den Kegelschnitt, und in die Fläche zwischen ihr und dem Kegelschnitt fällt keine weitere Gerade.

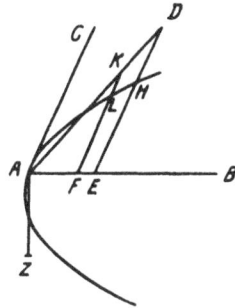

Fig. 33.

Es sei zunächst eine Parabel gegeben, AB sei Durchmesser. Durch A werde AC geordnet gezogen (Fig. 33).

Daß AC außerhalb der Kurve fällt, wurde bereits bewiesen (§ 17). Ich behaupte aber, daß in die Fläche zwischen der Geraden AC und der Kurve keine weitere Gerade fällt.

Wenn es möglich ist, so falle AD in diese Fläche. D sei ein beliebiger Punkt dieser Geraden. AZ sei der Parameter bezüglich des Durchmessers AB. DE werde geordnet gezogen. Da nun

$$DE^2 : EA^2 > HE^2 : EA^2, \text{ anderseits}$$
$$HE^2 = ZA \cdot AE \ (\S\,11), \text{ so ist}$$
$$DE^2 : EA^2 > ZA \cdot AE : EA^2, \text{ also}$$
$$DE^2 : EA^2 > ZA : AE.$$

Es sei nun F bestimmt durch die Gleichung

$$DE^2 : EA^2 = ZA : AF.$$

Durch F werde parallel zu ED die Gerade FLK gezogen. Da nun

$$DE^2 : EA^2 = ZA \cdot AF : AF^2 \text{ und anderseits}$$
$$DE^2 : EA^2 = KF^2 : AF^2, \text{ ferner aber}$$
$$ZA \cdot AF = FL^2 \ (\S\,11), \text{ so folgt}$$
$$KF^2 : AF^2 = FL^2 : AF^2. \text{ Also wäre}$$
$$KF = FL.$$

Das aber ist unmöglich. Es fällt also keine weitere Gerade in die Fläche AC und der Kurve.

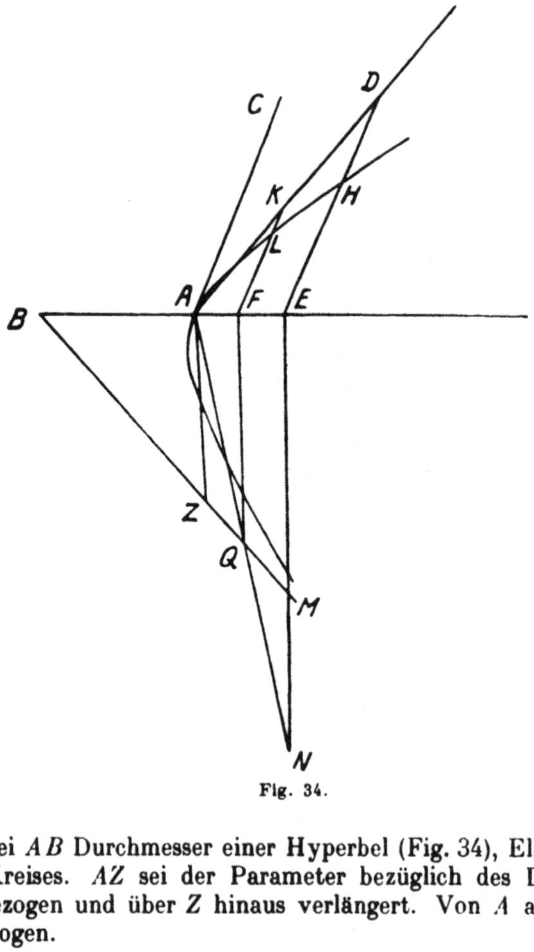

Fig. 34.

Ferner sei AB Durchmesser einer Hyperbel (Fig. 34), Ellipse (Fig. 35) oder eines Kreises. AZ sei der Parameter bezüglich des Durchmessers. BZ werde gezogen und über Z hinaus verlängert. Von A aus werde AC geordnet gezogen.

Daß nun *AC* außerhalb der Kurve fällt, ist bewiesen worden (§ 17). Ich behaupte aber weiter, daß keine weitere Gerade in die Fläche zwischen *AC* und der Kurve fällt.

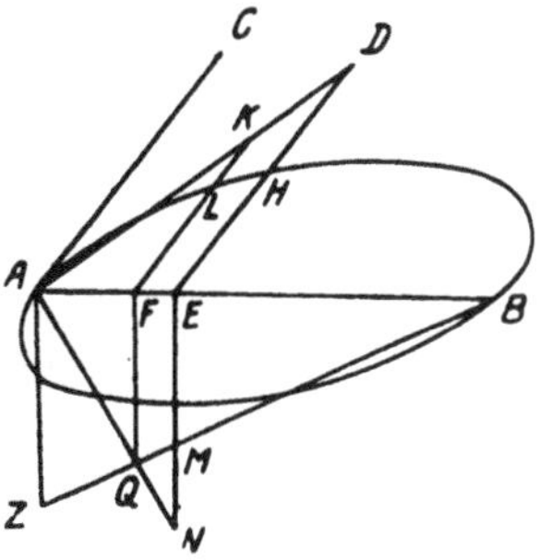

Wenn es nämlich möglich ist, so falle *AD* in diese Fläche. Auf *AD* werde irgendein Punkt *D* gewählt. *DE* werde geordnet gezogen. Durch *E* werde parallel zu *AZ* die Gerade *EM* gezogen. Es ist nun

$$HE^2 = AE \cdot EM \quad (\S\S\ 12, 13).$$

N werde gemäß der Gleichung

$$DE^2 = AE \cdot EN\ \text{bestimmt.}$$

Es werde *A* mit *N* verbunden, die Verbindungslinie schneide *ZM* in *Q*, durch *Q* werde *QF* parallel zu *ZA* gezogen. Durch *F* werde *FLK* parallel zu *AC* gezogen. Aus der letzten Gleichung folgt:

Fig. 35.

$$NE : EA = DE^2 : EA^2. \text{ Es ist aber}$$
$$DE^2 : EA^2 = KF^2 : FA^2 \text{ und}$$
$$NE : EA = QF : FA. \text{ Also ist}$$
$$QF : FA = KF^2 : FA^2 \text{ oder auch}$$
$$KF^2 = QF \cdot FA. \text{ Es ist aber auch}$$
$$LF^2 = QF \cdot FA \quad (\S\S\ 12, 13). \text{ Daher ist}$$
$$KF = LF.$$

Dies ist unmöglich. Also fällt in die Fläche zwischen *AC* und der Kurve keine weitere Gerade.

§ 33.

Wenn von einem Parabelpunkt eine Sehne zum Durchmesser geordnet gezogen wird und der auf dem Durchmesser gebildete Abschnitt über die Parabel hinaus um sich selbst verlängert wird, so wird die Verbindungslinie des so gewonnenen Punktes mit dem auf der Parabel gewählten Punkt die Parabel berühren.

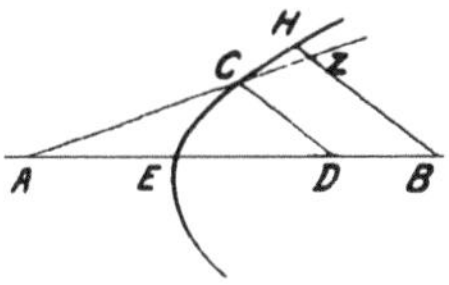

AB sei Durchmesser einer Parabel, *CD* sei geordnet gezogen, *AE* sei gleich *ED* gemacht, *AC* sei gezogen.

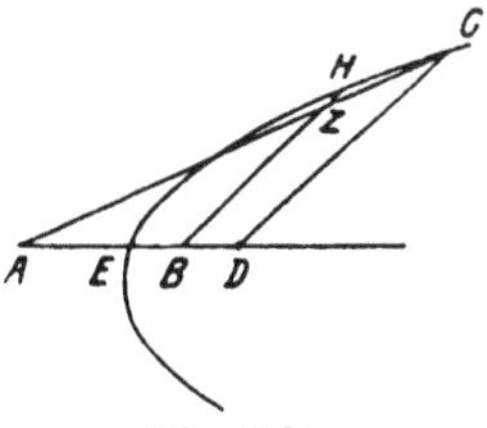

Fig. 36 a.

Fig. 36 b.

Ich behaupte, daß *AC* über *C* hinaus verlängert, außerhalb der Parabel fällt (Fig. 36 a und b).

Wenn möglich, so falle CZ innerhalb, HB werde geordnet gezogen. Da nun

$$BH : CD^2 > BZ^2 : CD^2 \text{ und}$$
$$BZ^2 : CD^2 = BA^2 : AD^2 \text{ sowie}$$
$$BH^2 : CD^2 = BE : DE \text{ (§ 20), so folgt}$$
$$BE : DE > BA^2 : AD^2. \text{ Es ist aber}$$
$$BE : DE = 4 \cdot BE \cdot EA : 4 DE \cdot EA. \text{ Also ist}$$
$$4 BE \cdot EA : 4 DE \cdot EA > BA^2 : AD^2 \text{ oder auch}$$
$$4 BE \cdot EA : BA^2 > 4 DE \cdot EA : AD^2.$$

Dies aber ist unmöglich, denn es ist $EA = ED$, daher $4 DE \cdot EA = AD^2$ und $4 BE \cdot EA > BA^2$, denn E ist nicht der Mittelpunkt von AB. AC fällt also nicht innerhalb der Kurve, AC berührt demnach die Kurve.

§ 34.

Es werde auf einer Hyperbel, Ellipse oder einem Kreise ein Punkt angenommen und durch ihn eine Sehne geordnet zum Durchmesser gezogen. Sie teilt den Durchmesser nach einem gewissen Verhältnis außen oder

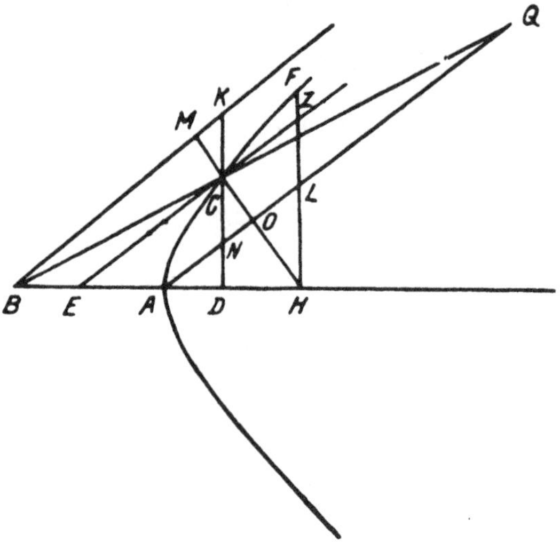

Fig. 37a.

innen. Wenn nun der Durchmesser nach dem gleichen Verhältnis innen oder außen (also harmonisch) geteilt wird und durch diesen Teilpunkt die Verbindungslinie mit dem Kurvenpunkt gezogen wird, so berührt diese Verbindungslinie die Kurve (Fig. 37a und b).

AB sei Durchmesser einer Hyperbel, einer Ellipse oder eines Kreises C ein Punkt der Kurve. Durch C werde CD geordnet gezogen. E sei bestimmt durch die Proportion

$$BD:DA = BE:EA.$$

Es werde EC gezogen. Ich behaupte, daß EC die Kurve berührt.

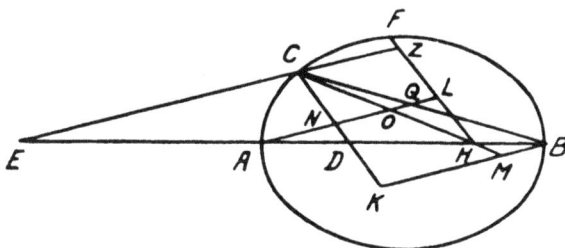

Fig. 37 b.

Wenn es möglich ist, so schneide ECZ die Kurve. Auf der Geraden werde ein Punkt Z gewählt, und es werde HZF geordnet gezogen. Durch A und B mögen zu EC parallel AL und BK gezogen werden. DC, BC, HC sollen bis zu den Punkten K, Q, M verlängert werden. Da nun

$BD:DA = BE:EA$, anderseits

$BD:DA = BK:AN$ (Strahlen von D aus) und

$BE:EA = BC:CQ$ (Strahlen von B aus), d. h.

$BE:EA = BK:QN$ (Strahlen von C aus), so ist

$AN = QN$. Also ist

$AN \cdot NQ > AO \cdot OQ$ und demnach

$NQ:QO > AO:AN$. Es ist aber

$NQ:QO = KB:BM$ (Strahlen von C aus). Also ist

$KB:BM > AO:AN$ und somit

$KB \cdot AN > BM \cdot AO$ oder auch

$KB \cdot AN:CE^2 > BM \cdot AO:CE^2$. Es ist aber

$KB \cdot AN:CE^2 = BD \cdot DA:DE^2$ (Strahlen von D aus)

und $BM \cdot AO:CE^2 = BH \cdot HA:HE^2$ (Strahlen von H aus).

Also ist $\quad BD \cdot DA:DE^2 > BH \cdot HA:HE^2$ oder

$BD \cdot DA:BH \cdot HA > DE^2:HE^2$. Es ist aber

$BD \cdot DA:BH \cdot NA = CD^2:HF^2$ (§ 21) und

$DE^2:HE^2 = CD^2:ZH^2$. Also ist

3*

$$CD^2 : HF^2 > CD^2 : ZH^2, \text{ also}$$
$$HF > ZH.$$

Dies aber ist unmöglich. Also schneidet EC die Kurve nicht, sondern berührt sie.

§ 35.

Wenn eine Parabeltangente den Durchmesser schneidet, so wird die durch den Berührungspunkt zum Durchmesser geordnet gezogene Gerade vom Durchmesser eine Strecke abschneiden, die gleich der auf dem Durchmesser durch die Tangente gebildeten Strecke ist. In die Fläche zwischen der Tangente und der Kurve fällt keine weitere Gerade (Fig. 38).

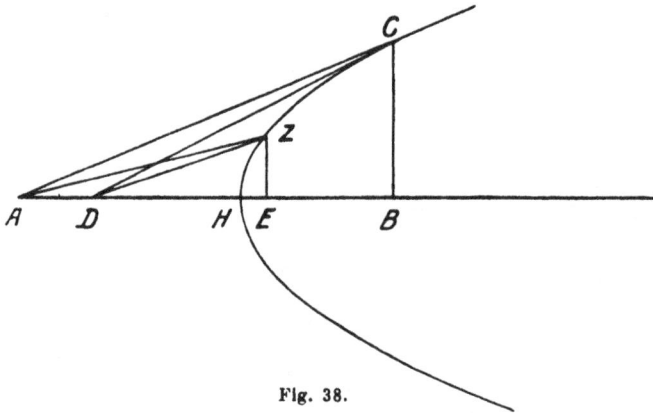

Fig. 38.

AB sei Durchmesser einer Parabel, BC sei geordnet gezogen, AC sei Tangente der Parabel. Ich behaupte, daß $AH = HB$ ist.

Wenn es möglich ist, so seien AH und HB verschieden, es sei $AH = HE$ und EZ werde geordnet gezogen, A werde mit Z verbunden. Dann müßte AZ, verlängert, die Gerade AC schneiden (§ 33)[13]). Dies ist aber unmöglich, denn dann hätten zwei verschiedene Geraden die gleichen Endpunkte. Es ist also $AH = HB$.

Ich behaupte aber weiter, daß in die Fläche zwischen AC und die Kurve keine weitere Gerade fällt.

Wenn es möglich ist, so falle die Gerade CD in diese Fläche und HD sei gleich HE. EZ werde geordnet gezogen. Dann berührt DZ die Parabel (§ 33), fällt also, verlängert, außerhalb der Parabel. Deshalb müßte die Verlängerung von DZ die Gerade AC schneiden, und zwei Geraden hätten dieselben Endpunkte. Dies ist unmöglich. Es fällt also in die Fläche zwischen AC und der Kurve keine weitere Gerade.

§ 36.

Wenn in einem Punkte einer Hyperbel, einer Ellipse oder eines Kreises die Tangente konstruiert wird und durch den Punkt eine zum Durchmesser geordnet gezogene Gerade gelegt wird, so werden die Tangente und die geordnet gezogene Gerade den Durchmesser harmonisch teilen. In die Fläche zwischen der Tangente und der Kurve fällt keine weitere Gerade (Fig. 39a und 39b).

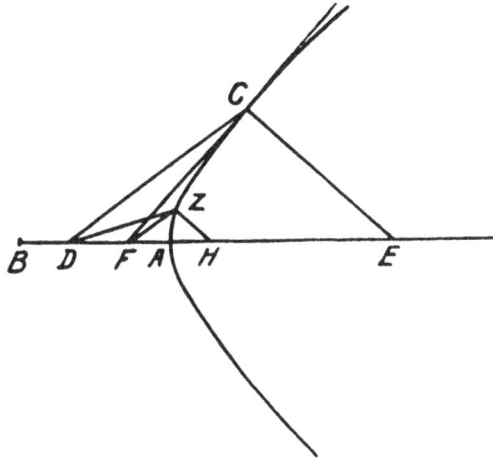

AB sei Durchmesser einer Hyperbel, Ellipse oder eines Kreises, CD sei eine Tangente der Kurve, CE sei geordnet gezogen. Ich behaupte, daß

$$BE:EA = BD:DA \text{ ist.}$$

Wenn es nicht der Fall wäre, so sei

$$BH:HA = BD:DA$$

Fig. 39a.

und es werde HZ geordnet gezogen. Dann berührt die gerade Linie DZ die Kurve (§ 34). DZ wird demnach verlängert DC schneiden. Dann

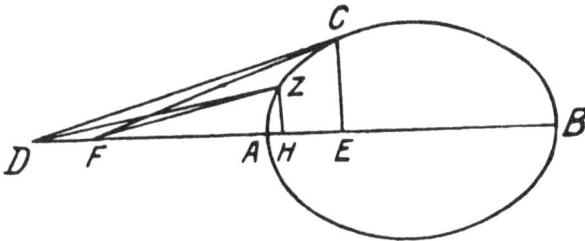

Fig. 39b.

würden zwei gerade Linien sich zweimal schneiden. Das ist aber unmöglich.

Ich behaupte, daß in die Fläche zwischen der Geraden CD und der Kurve keine weitere Gerade fällt.

Wenn es nämlich möglich ist, so falle CF in diese Fläche. H sei bestimmt durch die Gleichung

$$BF:FA = BH:HA.$$

HZ werde geordnet gezogen. Die Gerade *FZ* (berührt dann nach § 34 die Kurve und) schneidet also verlängert *FC*. Das ist unmöglich. Es fällt also in die Fläche zwischen *CD* und der Kurve keine weitere Gerade.

§ 37.

Eine Tangente einer Hyperbel, Ellipse oder eines Kreises schneide den Durchmesser. Wenn vom Berührungspunkt aus eine Gerade geordnet zum Durchmesser gezogen wird, so wird das Rechteck aus den beiden Strecken, die diese Geraden auf dem Durchmesser gemeinsam mit dem Mittelpunkt des Durchmessers begrenzen, gleich sei dem Quadrat des halben Durchmessers, und das Rechteck gebildet aus der Strecke, die die beiden Geraden auf dem Durchmesser uegrenzen, und derjenigen, die die geordnet gezogene Strecke auf dem Durchmesser mit dessen Mittelpunkt begrenzt, wird sich zum Quadrat über der geordnet gezogenen Strecke verhalten wie der Durchmesser zum Parameter (Fig. 40a und b).

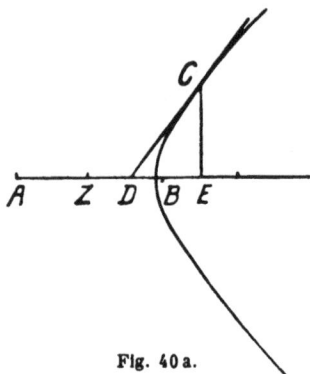

Fig. 40a.

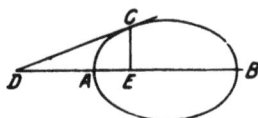

Fig. 40b.

AB sei Durchmesser einer Hyperbel, Ellipse oder eines Kreises, *CD* sei eine Tangente, *CE* sei geordnet gezogen, *Z* sei der Mittelpunkt des Durchmessers. Ich behaupte, daß

$$DZ \cdot ZE = ZB^2 \text{ und}$$
$$DE \cdot EZ : EC^2 = AB : p \text{ ist,}$$

wenn *p* den Parameter bezüglich des Durchmesser *AB* bedeutet.

Da nämlich *CD* die Kurve berührt und *CE* geordnet gezogen ist, so ist (§ 36)

$$AD : DB = AE : EB.$$

Durch Addition von *1* folgt

$$AD + DB : DB = AE + EB : EB$$

oder

$$\frac{AD + DB}{2} : DB = \frac{AE + EB}{2} : EB.$$

Wenn nun eine Hyperbel vorliegt, so folgern wir

$$\tfrac{1}{2}(AE + EB) = ZE$$
$$\tfrac{1}{2}(AD + DB) = ZB. \text{ Es ist also}$$

$ZE : EB = ZB : DB.$ Hieraus folgt

$EZ : ZB = ZB : ZD,$ also

$EZ \cdot ZD = ZB^2.$ Da weiter

$ZE : EB = ZB : DB$ und da $ZB = AZ$ is, so folgt

$ZE : EB = AZ : DB.$ Vertauschung der Außenglieder

ergibt $AZ : ZE = DB : EB.$ Durch Addition von 1 ergibt sich

$AE : ZE = DE : EB.$ Daher ist

$AE \cdot EB = ZE \cdot DE.$

Es ist aber $AE \cdot EB : CE^2 = AB : p$ (§ 21), also ist auch

$ZE \cdot DE : CE^2 = AB : p$

Wenn aber eine Ellipse oder ein Kreis vorliegt, so folgern wir:

$\frac{1}{2}(AD + DB) = DZ$

$\frac{1}{2}(AE + EB) = AZ.$ Es ist also

$DZ : DB = ZB : EB.$ Hieraus folgt

$DZ : BZ = ZB : ZE,$ also

$EZ \cdot ZD = ZB^2.$ Es ist nun aber identisch

$DZ \cdot ZE = DE \cdot ZE + ZE^2$ und

$BZ^2 = AE \cdot EB + ZE^2.$ Also ist

$DE \cdot EZ = AE \cdot EB.$ Also ist

$DE \cdot EZ : CE^2 = AE \cdot EB : CE^2.$ Es ist aber

$AE \cdot EB : CE^2 = AB : p.$ Also ist auch

$DE \cdot EZ : CE^2 = AB : p.$[14]

§ 38.

Wenn eine Tangente einer Hyperbel, einer Ellipse oder eines Kreises den zweiten Durchmesser schneidet und durch den Berührungspunkt bis zu diesem zweiten Durchmesser hin eine Parallele zum ersten Durchmesser gezogen wird, so wird das Produkt aus der Strecke, die durch diese Gerade auf dem zweiten Durchmesser vom Zentrum abgeschnitten wird und der Strecke, die auf dem zweiten Durchmesser durch die Tangente und das Zentrum des Kegelschnitts begrenzt wird, dem Quadrat über dem halben zweiten Durchmesser gleich sein. Das Produkt aber der erstgenannten Strecke und der Strecke, die auf dem zweiten Durchmesser durch die Parallele und die Tangente abgegrenzt wird, wird sich zum Quadrat der Parallelen verhalten, wie der zum Durchmesser des Kegelschnitts gehörige Parameter zu diesem Durchmesser (Fig. 41a und b).

AHB sei Durchmesser einer Hyperbel, einer Ellipse oder eines Kreises, CHD sei der zweite Durchmesser. Die Tangente ELZ schneide den Durchmesser CD in Z. FE sei parallel zu AB gezogen. Ich behaupte, daß

$$ZH \cdot HF = HC^2 \text{ und}$$
$$HF \cdot FZ : FE^2 = p : AB,$$

wobei p der Parameter des Kegelschnitts ist.

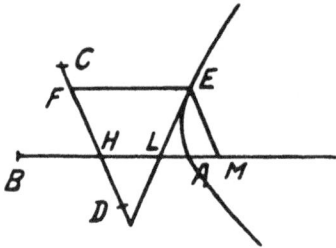
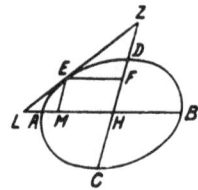

Fig. 41 a.   Fig. 41 b.

Es werde nämlich ME geordnet gezogen. Dann ist

$HM \cdot ML : ME^2 = AB : p$ (§ 37). Es ist aber

$\quad AB : CD = CD : p$ (Def. 3 hinter § 16). Daher ist

$\quad AB : p = AB^2 : CD^2$ oder auch

$\quad AB : p = HA^2 : HC^2$. Es war aber

$HM \cdot ML : ME^2 = AB : p$. Also ist

$HM \cdot ML : ME^2 = HA^2 : HC^2$. Es ist nun

$HM \cdot ML : ME^2 = (HM : ME)(ML : ME)$ oder

$HM \cdot ML : ME^2 = (HM : HF)(ML : ME)$. Demnach ist

$\quad CH^2 : HA^2 = (EM : MH) \cdot (EM : ML)$ oder

$\quad CH^2 : HA^2 = (FH : MH) \cdot (ZH : HL)$ oder

$\quad CH^2 : HA^2 = FH \cdot ZH : MH \cdot HL$, daher

$ZH \cdot FH : CH^2 = MH \cdot HL : HA^2$. Nun ist aber

$\quad MH \cdot HL = HA^2$ (§ 37). Daher folgt

$\quad ZH \cdot FH = CH^2$.

Ich behaupte weiter, daß $HF \cdot FZ : FE^2 = p : AB$ ist.

Es werde ME geordnet gezogen. Es ist dann (§ 37)

$\quad HM \cdot ML : ME^2 = AB : p$. Es ist aber

$\quad\quad AB : CD = CD : p$ (Defin. 3 nach § 16).

Daher ist auch $AB : p = AB^2 : CD^2$ oder auch

$\quad\quad\quad AB : p = HA^2 : HC^2$. Daher ist nunmehr

$$HM \cdot ML : ME^2 = HA^2 : HC^2.$$ Nun ist aber

$$\frac{HM \cdot ML}{ME^2} = \frac{HM}{ME} \cdot \frac{ML}{ME}$$ oder auch

$$\frac{HM \cdot ML}{ME^2} = \frac{HM}{HF} \cdot \frac{ML}{ME}$$ oder weiter

$$\frac{HM \cdot ML}{ME^2} = \frac{HM}{HF} \cdot \frac{HL}{ZH}.$$ Daher ist

$$HC^2 : HA^2 = HF \cdot ZH : HM \cdot HL$$ oder
$$HF \cdot ZH : HM \cdot HL = CH^2 : HA^2$$
$$HF \cdot ZH : CH^2 = HM \cdot HL : HA^2.$$ Es ist aber
$$HM \cdot HL = HA^2 \,(\S\,37),$$ daher ist
$$HF \cdot ZH = HC^2.$$

Da nun weiter $p : AB = EM^2 : HM \cdot ML$ und
$$EM^2 : HM \cdot ML = (EM : HM) \cdot (EM : ML) = (FH : FE) \cdot (ZH : HL)$$
oder $EM^2 : HM \cdot ML = (FH : FE) \cdot (ZF : FE) = ZF \cdot FH : FE^2$, so folgt
$$HF \cdot FZ : FE^2 = p : AB.$$

Hieraus folgt nun aber weiter, daß der zweite Durchmesser durch eine Tangente und die durch den Berührungspunkt zum ersten Durchmesser gezogene Parallele harmonisch geteilt wird.

Denn da $ZH \cdot HF = HC^2$, d. h.
$$ZH \cdot HF = HC \cdot HD \,(\text{da ja } HC = HD),$$ so folgt
$$ZH : HD = HC : HF.$$
Daraus folgt $ZH : (ZH - HD) = HC : (HC - HF)$
oder $ZH : ZD = HC : CF^{15})$
$$2ZH : ZD = 2HC : CF.$$

Nun ist aber $2ZH = CZ + ZD$, weil $CH = HD$ und da $CD = 2HC$, so ist $CZ + ZD : ZD = DC : CF$. Durch Subtraktion von 1 folgt
$$CZ : ZD = CF : DF.$$

Zusatz.

Hieraus ist auch ersichtlich, daß EZ die Kurve berührt, wenn entweder $ZH \cdot HF = HC^2$ oder wenn $ZF \cdot FH : FE^2 = p : AB$ ist, denn dies kann nun unmittelbar durch indirekten Beweis erschlossen werden.

§ 39.

Wenn die Tangente einer Hyperbel, einer Ellipse oder eines Kreises den Durchmesser schneidet und vom Berührungspunkt eine Gerade geordnet bis zu diesem Durchmesser gezogen wird, so hat die geordnet gezogene Strecke zu der auf dem Durchmesser durch sie und die Tangente begrenzten Strecke dasselbe Verhältnis wie das Produkt aus dem zum

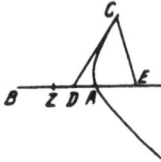

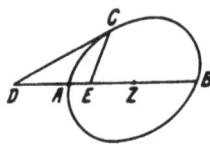

Durchmesser gehörigen Parameter und der Entfernung des Schnittpunktes der geordnet gezogenen Geraden mit dem Durchmesser vom Mittelpunkt des Kegelschnittes zu dem Produkt aus dem Durchmesser und der geordnet gezogenen Strecke (Fig. 42a, b).

Fig. 42a.   Fig. 42b.

AB sei Durchmesser einer Hyperbel, einer Ellipse oder eines Kreises, Z sei der Mittelpunkt des Kegelschnitts. CD sei Tangente, CE werde geordnet gezogen. Ich behaupte, daß

$$CE:ED = p \cdot ZE : AB \cdot CE.$$

Es sei nämlich H bestimmt durch die Gleichung

$ZE \cdot ED = EC \cdot H.$ Da nun

$ZE \cdot ED : CE^2 = AB : p$ (§ 37), so folgt

$H : CE = AB : p.$

Aus der Definitionsgleichung für H folgt aber

$EZ : CE = H : ED.$ Daher ist

$$\frac{CE}{ED} = \frac{CE}{H} \cdot \frac{H}{ED} = \frac{p}{AB} \cdot \frac{EZ}{CE} \quad \text{oder}$$

$$CE : ED = p \cdot ZE : AB \cdot ZE.$$

§ 40.

Wenn die Tangente einer Hyperbel, einer Ellipse oder eines Kreises den zweiten Durchmesser schneidet und vom Berührungspunkt aus wird bis zu diesem Durchmesser eine Parallele zum ersten Durchmesser gezogen, so verhält sich die Tangente, gerechnet bis zum zweiten Durchmesser, zu dem Stück des zweiten Durchmessers, das zwischen der Tangente und der Parallele liegt, wie das Produkt aus dem ersten Durchmesser und der Entfernung des Schnittpunktes der Parallele mit dem zweiten Durchmesser

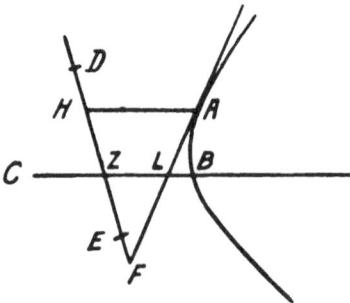

Fig. 43a.

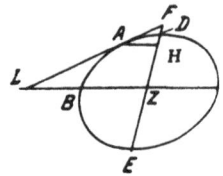

Fig. 43b.

vom Mittelpunkt des Kegelschnitts zu dem Produkt aus dem zum ersten Durchmesser gehörigen Parameter und der Parallele (Fig. 43a, b).

E sei BZC der Durchmesser einer Hyperbel, einer Ellipse oder eines Kreises. DZE sei der zweite Durchmesser. FLA sei eine Tangente, AH sei zu BC parallel gezogen. Ich behaupte, daß

$$AH : FH = BC \cdot ZH : p \cdot HA \text{ ist.}$$

Es sei nämlich K bestimmt durch die Gleichung

$FH \cdot HZ = HA \cdot K$. Da nun

$p : BC = FH \cdot HZ : HA^2$ (§ 38), so folgt

$K : HA = p : BC$. Daher ist

$$\frac{AH}{HZ} = \frac{AH}{K} \cdot \frac{K}{HZ} = \frac{BC}{p} \frac{FH}{HA} \text{ oder}$$

$$AH : FH = BC \cdot ZH : p \cdot HA.$$

§ 41.

Wenn durch einen Punkt einer Hyperbel, einer Ellipse oder eines Kreises eine Gerade geordnet bis zum Durchmesser gezogen wird, und es wird erstens über der geordnet gezogenen Strecke, zweitens über dem halben Durchmesser je ein Parallelogramm mit gleichen Winkeln konstruiert, und zwar so, daß die geordnet gezogene Strecke zur zweiten Parallelogrammseite des ersten Parallelogrammes dasselbe Verhältnis hat wie das Produkt, gebildet aus dem halben Durchmesser und dem Parameter zu dem Produkt aus der zweiten Parallelogrammseite des zweiten Parallelogrammes und dem ganzen Durchmesser, so wird das diesen Parallelogrammen ähnliche Parallelogramm, das über demjenigen Abschnitt des Durchmessers konstruiert ist, welcher zwischen dem Mittelpunkt des Kegelschnitts und der geordnet gezogenen Strecke liegt, gleich sein dem zweiten Parallelogramm, vermehrt (bei der Hyperbel) bzw. vermindert (bei der Ellipse und dem Kreise) um das erste Parallelogramm (Fig. 44).

Es sei AB Durchmesser einer Hyperbel, einer Ellipse oder eines Kreises, der Mittelpunkt des Kegelschnittes sei E. CD werde geordnet gezogen. Über EA und CD mögen Parallelogramme mit gleichen Winkeln konstruiert werden, nämlich AZ und DH, und es sei

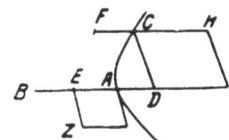

Fig. 44 a.

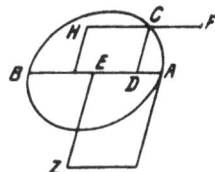

Fig. 44 b.

$$CD : CH = AE \cdot p : EZ \cdot AB.$$

Ich behaupte, daß das über ED konstruierte, dem Parallelogramm AZ ähnliche Parallelogramm im Falle der Hyperbel die Größe $AZ + HD$, im Falle der Ellipse die Größe $AZ - HD$ hat.

Es sei nämlich $CD:CF = p:AB$. Da nun

$$CD:CF = CD^2:CF \cdot CD \text{ und}$$

$$p:AB = CD^2:BD \cdot DA \ (\S\,21), \text{ so ist}$$

$$BD \cdot DA = CF \cdot CD. \text{ Da nun}$$

$$\frac{CD}{CH} = \frac{AE}{EZ} \cdot \frac{p}{AB}, \text{ so folgt}$$

$$\frac{CD}{CH} = \frac{AE}{EZ} \cdot \frac{CD}{CF} \text{ oder}$$

$$\frac{CD \cdot CF}{CF \cdot CH} = \frac{AE \cdot CD}{EZ \cdot CF} \text{ und nach Division durch } \frac{CD}{CF}$$

$$\frac{CF}{CH} = \frac{AE}{EZ}. \text{ Weiter ist}$$

$$\frac{CF}{CH} = \frac{CF \cdot CD}{CH \cdot CD} \text{ und}$$

$$\frac{AE}{EZ} = \frac{AE \cdot AE}{EZ \cdot AE}, \text{ woraus folgt}$$

$$\frac{CF \cdot CD}{CH \cdot CD} = \frac{AE^2}{AE \cdot EZ}$$

Es war nun bewiesen worden, daß

$$CF \cdot CD = BD \cdot DA. \text{ Also folgt}$$

$$\frac{BD \cdot DA}{CH \cdot CD} = \frac{AE^2}{AE \cdot EZ}.$$

Vertauschung der Innenglieder ergibt

$$\frac{BD \cdot DA}{AE^2} = \frac{CH \cdot CD}{AE \cdot EZ}. \text{ Es ist aber}$$

$$\frac{CH \cdot CD}{AE \cdot EZ} = \frac{\text{Parallelogr. } DH}{\text{Parallelogr. } AZ}.$$

Denn die genannten Parallelogramme haben gleiche Winkel, und solche Parallelogramme verhalten sich wie die Produkte der Seiten. Es ist also

$$\frac{BD \cdot DA}{AE^2} = \frac{\text{Par. } DH}{\text{Par. } AZ}.$$

Es sei nun zunächst von der Hyperbel die Rede. Bei ihr ist

$$\frac{BD \cdot DA + AE^2}{AE^2} = \frac{\text{Par. } DH + \text{Par. } AZ}{\text{Par } AZ}.$$

Es ist aber $BD \cdot DA + AE^2 = (ED + BE)(ED - AE) + AE^2 = ED^2$. Also ist

$$\frac{ED^2}{AE^2} = \frac{\text{Par. } DH + \text{Par. } AZ}{\text{Par. } AZ}.$$

Es verhält sich aber das über ED konstruierte, dem Parallelogramm AZ ähnliche Parallelogramm zu dem Parallelogramm AZ wie ED^2 zu EA^2. Demnach ist das über ED konstruierte, dem Parallelogramm AZ ähnliche Parallelogramm gleich der Summe aus den beiden Parallelogrammen DH und AZ.

Bei der Ellipse und beim Kreise aber werden wir in folgender Weise schließen:

$$\frac{AE^2 - BD \cdot DA}{AE^2} = \frac{\text{Par. } AZ - \text{Par. } DH}{\text{Par. } AZ}.$$

Aber $AE^2 - BD \cdot DA = AE^2 - (BE + ED) \cdot (AE - ED) = ED^2$. Also ist

$$\frac{ED^2}{AE^2} = \frac{\text{Par. } AZ - \text{Par. } DH}{\text{Par } AZ}.$$

Nun verhält sich aber das über ED konstruierte, dem Parallelogramme AZ ähnliche Parallelogramm zu dem Parallelogramm AZ wie ED^2 zu EA^2. Demnach ist das über ED konstruierte, dem Parallelogramm AZ ähnliche Parallelogramm gleich dem um das Parallelogramm DH verminderte Parallelogramm AZ[16]).

§ 42.

Wenn vom Berührungspunkt einer Parabeltangente aus eine Gerade geordnet bis zum Durchmesser gezogen wird und durch einen Parabelpunkt zwei Geraden gezogen werden, die eine parallel zur Tangente, die andere zur geordnet gezogenen Strecke parallel, so wird das von diesen beiden Geraden und dem Durchmesser begrenzte Dreieck gleich dem Parallelogramm sein, dessen eine Seite das auf dem Durchmesser durch den Scheitel der Parabel und die durch den Parabelpunkt gezogene Parallele zur geordnet gezogenen Geraden begrenzte Stück und dessen andere Seite die zur geordnet gezogenen Strecke durch den Parabelpunkt gehende Parallele, gerechnet vom Durchmesser bis zu der durch den Berührungspunkt zum Durchmesser gezogenen Parallele, ist (Fig. 45).

Fig. 45.

AB sei Durchmesser einer Parabel, AC Tangente, CF sei geordnet gezogen, D ein beliebiger Parabelpunkt, DZ sei parallel CF gezogen. Durch D sei DE parallel zu AC gezogen. Durch C sei CH parallel zu BZ gezogen und durch B die Gerade BH

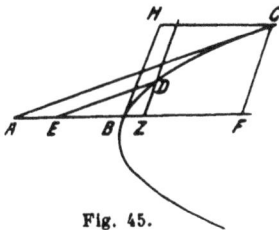

parallel zu *CF*. Ich behaupte, daß das Dreieck *DEZ* gleich ist dem Parallelogramm *HZ*.

Da nämlich *AC* die Parabel berührt und *CF* geordnet gezogen ist, so ist $AB = BF$ (§ 35). Es ist demnach $AF = 2FB$. Es ist also das Dreieck *AFC* gleich dem Parallelogramm *BC*. Da nun

$$CF^2 : DZ^2 = FB : BZ \quad (§ 20),$$

weil *C* und *D* auf der Parabel liegen, und

$$CF^2 : DZ^2 = \triangle ACF : \triangle EDZ \text{ und}$$
$$FB : BZ = \text{Par. } HF : \text{Par. } HZ, \text{ so folgt}$$
$$\triangle ACF : \triangle EDZ = \text{Par. } HF : \text{Par. } HZ.$$

Da aber das Dreieck *ACF* so groß ist wie das Parallelogramm *HF*, so ist demnach das Dreieck *EDZ* so groß wie das Parallelogramm *HZ*.

§ 43.

Wenn vom Berührungspunkt *E* einer Hyperbel-, Ellipsen- oder Kreistangente aus eine Gerade geordnet bis zum Durchmesser gezogen und durch einen Endpunkt des Durchmessers eine Parallele zu dieser geordneten Geraden bis zum Halbmesser des Berührungspunktes hin gezogen wird, wenn ferner durch einen beliebigen Kurvenpunkt *H* zwei Geraden bis zum Durchmesser gezogen werden, deren eine zur Tangente, deren andere zur geordnet gezogenen Geraden parallel ist, so ist das durch diese Strecken bestimmte Dreieck gleich der Differenz des Dreieckes, das vom Durchmesser, dem (verlängerten) Halbmesser des Punktes *E*

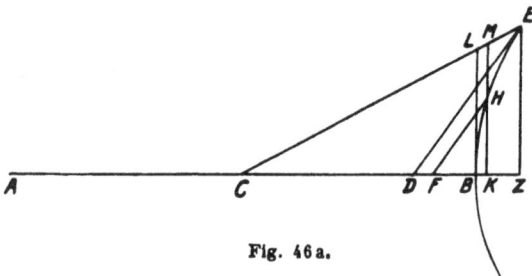 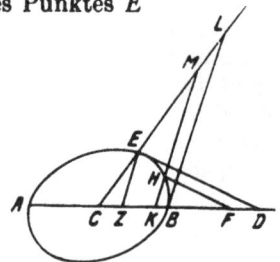

Fig. 46 a.   Fig. 46 b.

und der durch *H* geordnet gezogenen Geraden begrenzt wird, und des Dreiecks, das vom Durchmesser, dem (verlängerten) Halbmesser des Punktes *E* und der durch den Endpunkt des Durchmessers geordnet gezogenen Geraden begrenzt wird (Fig. 46).

Es sei *AB* Durchmesser einer Hyperbel, einer Ellipse oder eines Kreises, *C* sei der Mittelpunkt, *DE* eine Tangente. Es werde *CE* gezogen, und *EZ* werde geordnet gezogen. *H* sei ein beliebiger Kurvenpunkt, *HF* sei der Tangente parallel, HK sei geordnet gezogen, durch B sei BL geordnet gezogen. Ich behaupte, daß das Dreieck HKF gleich der Differenz der Dreiecke KMC und CLB ist.

Da nämlich ED Tangente ist und EZ geordnet gezogen ist, so ist

$$EZ:ZD = CZ \cdot p : ZE \cdot AB \quad (\S\,39).$$

Es ist aber $EZ:ZD = HK:KF$ und

$CZ:ZE = CB:BL.$ Es ist demnach

$HK:KF = p \cdot CB:AB \cdot BL.$

Daher unterscheidet sich das Dreieck CKM vom Dreieck BCL um das Dreieck HFK, denn von denjenigen Parallelogrammen, die doppelt so groß sind wie diese Dreiecke, ist dies in § 41 bewiesen worden[17]).

§ 44.

Wenn eine Tangente an die erste von zwei zugehörigen Hyperbeln den Durchmesser schneidet, durch den Berührungspunkt eine Gerade geordnet bis zum Durchmesser gezogen wird und wenn zu dieser durch den Scheitel der zweiten zugehörigen Hyperbel eine Parallele gezogen wird, welche den Halbmesser des Berührungspunktes schneidet, wenn weiter auf der zweiten Hyperbel ein beliebiger Punkt angenommen wird und durch diesen zwei Geraden bis zum Durchmesser gezogen werden, deren eine der Tangente, deren andere aber der ge-ordnet gezogenen Geraden parallel is, so ist das von diesen gebildete Dreieck kleiner als dasjenige Dreieck, das gebildet wird vom Durchmesser, dem ver-längerten Halbmesser und der durch den beliebigen Hyperbelpunkt gezogenen Parallele. Und zwar ist die Differenz gleich demjenigen Dreieck, das vom letzt-genannten durch die durch den Scheitel der zweiten

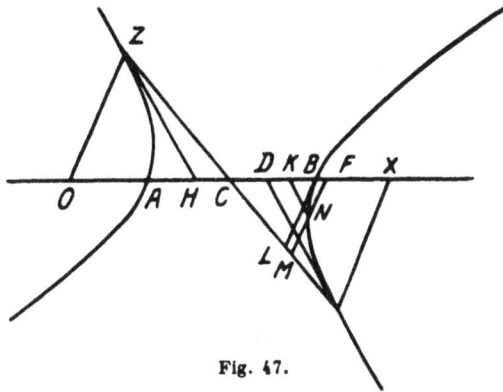

Fig. 47.

Hyperbel zur geordneten Geraden gezogene Parallele abgeschnitten wird (Fig. 47).

Es seien AZ und BE zwei zugehörige Hyperbeln, AB ihr Durchmesser, C der Mittelpunkt. In einem Punkt der Hyperbel AZ werde die Tangente ZH konstruiert; es werde ferner durch Z die Gerade ZO geordnet gezogen. Es werde ZE gezogen und verlängert bis zum Schnitt E mit der Hyperbel

BE. Durch *B* werde parallel zu *ZO* die Gerade *BL* gezogen. Auf der Hyperbel *BE* werde ein beliebiger Punkt *N* gewählt. Durch *N* werde *NF* geordnet gezogen und *NK* parallel zu *ZH* gezogen. Ich behaupte, daß das Dreieck *FKN* um das Dreieck *CBL* kleiner ist als das Dreieck *CMF.*

Es werde nämlich durch den Punkt *E* die Tangente *ED* an die Hyperbel *BE* gelegt und die Strecke *EX* geordnet gezogen. Da nun *ZA* und *BE* zugehörige Hyperbeln sind, *AB* der Durchmesser ist, *ZCE* eine durch das Zentrum gehende Gerade ist und *ZH* und *ED* Tangenten sind, so ist *ZH* parallel zu *ED*.[18]. Es ist aber *NK* parallel *ZH*, also ist auch *NK* parallel zu *ED.* Es folgt nunmehr aus § 43, daß

$$\triangle NFK = \triangle FMC - \triangle BCL.$$

§ 45.

Wenn die Tangente einer Hyperbel, einer Ellipse oder eines Kreises den zweiten Durchmesser schneidet und wenn durch den Berührungspunkt zum ersten Durchmesser eine Parallele bis zum zweiten Durchmesser gezogen wird und der Halbmesser des Berührungspunktes verlängert wird,

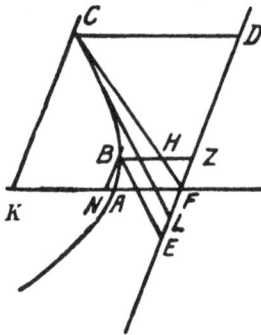

Fig. 48 a.

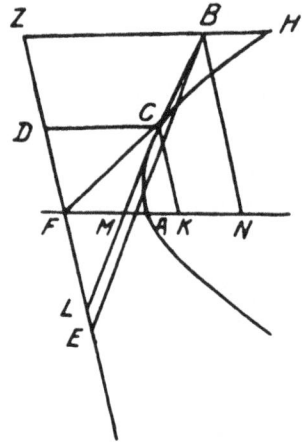

Fig. 48 b.

wenn weiter durch einen beliebigen Kurvenpunkt zwei Geraden bis zum zweiten Durchmesser gezogen werden, die eine parallel der Tangente, die andere parallel zum ersten Durchmesser, so wird das von diesen beiden Strecken gebildete Dreieck:

    1. bei der Hyperbel um das Dreieck, das durch die zuletzt genannte Parallele, den Halbmesser des Berührungspunktes und den zweiten Durchmesser gebildet wird, größer sein als das Dreieck, dessen Grundlinie die Tangente und dessen Spitze der Mittelpunkt der Hyperbel ist;

2. bei der **Ellipse** und beim **Kreise** gemeinsam mit dem Dreieck, das durch die zuletzt genannte Parallele, den Halbmesser des Berührungspunktes und den zweiten Durchmesser gebildet wird, ebenso groß sein wie das Dreieck, dessen Grundlinie die Tangente und dessen Spitze der Mittelpunkt ist (Fig. 48).

AF sei Durchmesser einer **Hyperbel**, einer **Ellipse** oder eines **Kreises** ABC. Der zweite Durchmesser sei FD, der Mittelpunkt F, die Tangente CML berühre in C. CD werde parallel zu AF gezogen. CF werde gezogen

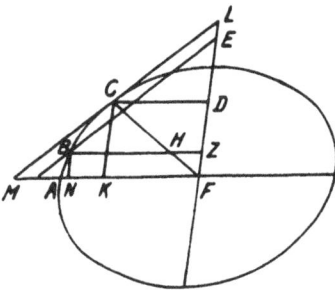

Fig. 48 c.

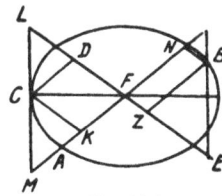

Fig. 48 d.

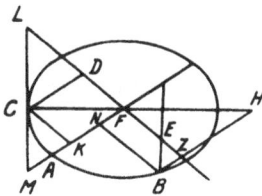

Fig. 48 e.

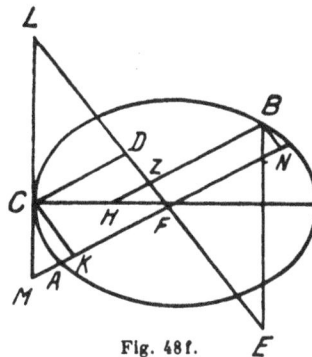

Fig. 48 f.

und verlängert. Auf der Kurve werde ein beliebiger Punkt B angenommen. Durch B werde BE parallel zu CL und BZ parallel zu CD gezogen. Ich behaupte, daß bei der **Hyperbel**

$$\triangle BEZ = \triangle CFL + \triangle HFZ,$$

bei der **Ellipse** und beim **Kreise**

$$\triangle BEZ + \triangle HFZ = \triangle CFL \text{ ist.}$$

Es mögen nämlich CK und BN parallel zu DF gezogen werden. Da nun CM Tangente ist und CK geordnet gezogen ist, so ist

$$\frac{CK}{KF} = \frac{MK}{KC} \cdot \frac{p}{d},$$

wobei d die Länge des ersten Durchmessers ist (§ 39). Es ist aber

$$MK:KC = CD:DL \text{ (ähnl. Dreiecke). Also ist}$$

$$\frac{CK}{KF} = \frac{CD}{DL} \cdot \frac{p}{d}.$$

Durch Anwendung des in § 41 bewiesenen Lehrsatzes ergibt sich nun, daß bei der Hyperbel das Dreieck CDL im Vergleich zum Dreieck CKF um dasjenige Dreieck größer ist, das über AF als ein dem Dreieck CDL ähnliches und ähnlich liegendes konstruiert wird[19]) und daß bei der Ellipse und beim Kreise das Dreieck CDF, vermehrt um das Dreieck CDL gleich ist dem Dreieck, das über AF als ein dem Dreieck CDL ähnliches und ähnlich liegendes konstruiert wird. Denn, daß diese Beziehungen über die Parallellogramme gelten, die doppelt so groß sind wie die Dreiecke, ist im Lehrsatz des § 41 bewiesen worden. Daraus folgt nun weiter, daß das besagte, über AF konstruierte, dem Dreieck CDL ähnliche und ähnlich liegende Dreieck dem Dreieck CFL gleich ist. Da nun das Dreieck BZE dem Dreieck CDL und das Dreieck HZF dem Dreieck CDF ähnlich ist, so folgt aus der Gleichung $\frac{CK}{KF} = \frac{CD}{DL} \cdot \frac{p}{d}$ die Gleichung $\frac{BN}{HZ} = \frac{BZ}{ZE} \cdot \frac{p}{d}$ und daraus folgt, daß (§ 41) $\triangle BZE \mp \triangle HZF$ gleich dem über AF konstruierten, dem Dreieck CDL ähnlichen und ähnlich liegenden Dreieck, somit also dem Dreieck CFL gleich ist.

§ 46.

Die durch den Berührungspunkt einer Parabeltangente zu einem Durchmesser gezogene Parallele halbiert die zur Tangente parallelen Sehnen (Fig. 49).

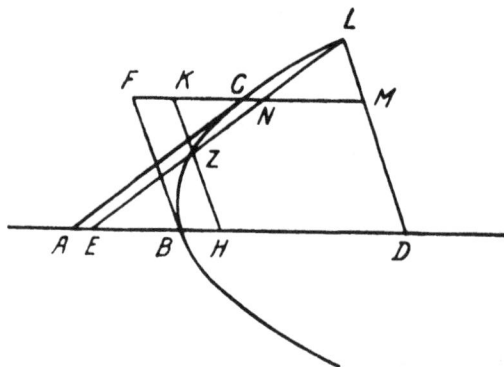

Fig. 49.

Es sei ABD Durchmesser einer Parabel, AC sei eine Tangente. Durch C werde FCM parallel zu AD gezogen. Auf der Parabel werde ein beliebiger Punkt L angenommen, und es werde zu AC parallel die Gerade $LNZE$ gezogen. Ich behaupte, daß $LN = NZ$ ist.

Es mögen nämlich BF, KZH und LMD geordnet gezogen werden. Da nun auf Grund des in § 42 bewiesenen Lehrsatzes das Dreieck ELD dem Parallelogramm BM und das Dreieck EZH dem Parallelogramme BK gleich ist, so sind auch die

Differenzen gleich, d. h. es ist das Parallelogramm HM dem Viereck $LZHD$ gleich. Es werde von beiden Flächenstücken das Fünfeck $MDHZN$ in Abzug gebracht. Dann ergibt sich, daß das Dreieck KZN dem Dreieck LNM gleich ist. Da nun KZ und LM parallel sind, so folgt, daß $ZN = LN$ ist.

§ 47.

Die Verbindungslinie des Berührungspunktes der Tangente einer Hyperbel, einer Ellipse oder eines Kreises mit dem Mittelpunkte des Kegelschnitts halbiert die Sehnen, welche der Tangente parallel sind (Fig. 50).

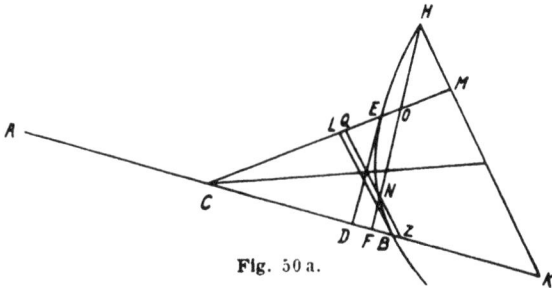

Fig. 50 a.

Es sei AB der Durchmesser einer Hyperbel, einer Ellipse oder eines Kreises, C der Mittelpunkt des Kegelschnitts, DE eine Tangente. Es werde CE gezogen und verlängert. N sei ein beliebiger Punkt der Kurve. Durch N werde parallel zur Tangente $FNOH$ gezogen. Ich behaupte, daß $NO = OH$ ist.

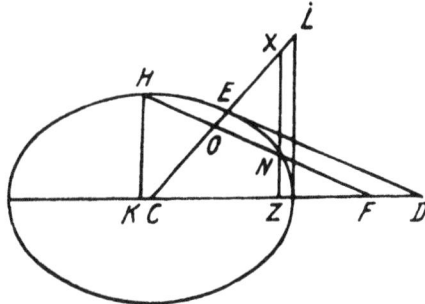

Es mögen nämlich XNZ, BL und HMK gezogen werden. Aus dem in § 43 bewiesenen Lehrsatz ergibt sich, daß das Dreieck FNZ dem Viereck $LBZX$ und das Dreieck HFK dem Viereck $LBKM$ gleich ist. Daher sind auch die Differenzen gleich, d. h. es ist das Dreieck $NHKZ$ dem Viereck $MKZX$ gleich. Es möge beiderseits das Fünfeck $ONZKM$ in Abzug gebracht werden. Dann ergibt sich, daß das Dreieck OHM dem Dreieck NXO gleich ist. Es ist aber MH parallel NX. Also ist $NO = OH$.

Fig. 50 b.

§ 48.

Wenn zwei zugehörige Hyperbeln gegeben sind, so halbiert die Verbindungslinie des Berührungspunktes einer Tangente der einen Hyperbel

4*

mit dem Mittelpunkte die Sehnen der anderen Hyperbel, die der Tangente
parallel sind (Fig. 51).

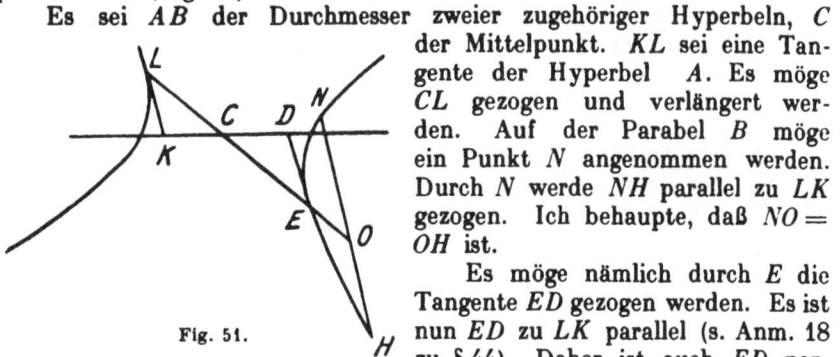

Es sei AB der Durchmesser zweier zugehöriger Hyperbeln, C
der Mittelpunkt. KL sei eine Tan-
gente der Hyperbel A. Es möge
CL gezogen und verlängert werden. Auf der Parabel B möge
ein Punkt N angenommen werden.
Durch N werde NH parallel zu LK
gezogen. Ich behaupte, daß $NO =$
OH ist.

Es möge nämlich durch E die
Tangente ED gezogen werden. Es ist

Fig. 51.

nun ED zu LK parallel (s. Anm. 18
zu § 44). Daher ist auch ED par-
allel zu NH. Daher ist nun auf Grund des in § 47 bewiesenen
Lehrsatzes $NO = OH$.

§ 49.

Wenn eine Parabeltangente den Durchmesser schneidet und durch den
Berührungspunkt eine Parallele zum Durchmesser gezogen wird, durch
den Scheitel aber eine geordnet gezogene Gerade gezogen wird und eine
Strecke konstruiert wird, die sich zur doppelten Tangente verhält wie
das Stück der Tangente, das zwischen dem Berührungspunkt und der durch
den Scheitel gezogenen Geraden liegt, zu dem Stück der Parallelen des
Durchmessers, das zwischen dem Berührungspunkt und der durch den
Scheitel gezogenen Geraden liegt, so wird das
Quadrat jeder Strecke, die von einem Parabelpunkt aus parallel der Tangente bis zur Parallelen des Durchmessers gezogen wird, gleich
dem Rechteck sein, das gebildet wird aus
jener Hilfsstrecke und dem Stück, das auf der
Parallelen des Durchmessers durch den Berührungspunkt und die Parallele zur Tangente
begrenzt wird (Fig. 52).

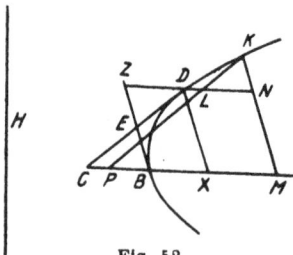

Es sei MBC der Durchmesser einer
Parabeltangente, CD sei eine Tangente. Durch

Fig. 52.

D werde ZDN als Parallele zu BC gezogen. BZ werde geordnet gezogen.
H sei bestimmt durch die Proportion

$$ED : DZ = H : 2\,CD.$$

Es werde ferner ein Punkt K der Parabel angenommen, durch ihn
werde KLP parallel zu CD gezogen. Ich behaupte, daß $KL^2 = H \cdot DL$
ist, d. h. daß H der zum Durchmesser DL gehörige Parameter ist.

Es mögen nämlich DX, KNM geordnet gezogen werden. Da nun CD Tangente ist und DX geordnet gezogen ist, so ist $CB = BX$ (§ 35). Es ist aber auch $BX = ZD$. Also ist $CB = ZD$. Daher ist auch das Dreieck ECB kongruent dem Dreieck EZD. Es möge beiderseits das Fünfeck $DEBMN$ hinzugefügt werden. Dann ergibt sich, daß das Trapez $DCMN$ dem Parallelogramm ZM oder dem Dreieck KPM (§ 42) inhaltsgleich ist. Es möge beiderseits das Trapez $LPMN$ in Abzug gebracht werden, dann ergibt sich, daß das Dreieck KLN dem Parallelogramm CL gleich ist. Es ist aber der Winkel DLP gleich dem Winkel KLN. Es ist demnach

$KL \cdot LN = 2\,DL \cdot DC$. Es ist weiter

$ED : DZ = H : 2\,CD$ und infolge ähnlicher Dreiecke

$ED : DZ = KL : LN$, demnach also

$H : 2\,CD = KL : LN$. Weiter ist

$KL : LN = KL^2 : KL \cdot LN$ und

$H : 2\,CD = H \cdot DL : 2\,CD \cdot DL$. Also ist

$KL^2 : KL \cdot LN = H \cdot DL : 2\,CD \cdot DL$.

Vertauschung der Innenglieder ergibt

$$KL^2 : H \cdot DL = KL \cdot LN : 2\,CD \cdot DL.$$

Es ist aber, wie oben gezeigt wurde,

$$KL \cdot LN = 2\,CD \cdot DL, \text{ also ist}$$
$$KL^2 = H \cdot DL.$$

§ 50.

Wenn der Berührungspunkt der Tangente einer Hyperbel, einer Elipse oder eines Kreises mit dem Mittelpunkt verbunden wird und durch den Scheitel der Kurve eine Gerade geordnet gezogen wird, wenn weiter eine Strecke konstruiert wird, die sich zu der doppelten Tangente, gerechnet bis zum Durchmesser, verhält wie der Abschnitt der Tangente, der vom Berührungspunkt und der durch den Scheitel geordnet gezogenen Geraden begrenzt wird, zu dem Abschnitt des Halbmessers des Berührungspunktes, der zwischen dem Berührungspunkt und der geordnet gezogenen Geraden liegt, so wird das Quadrat jeder Strecke, die von einem Kurvenpunkte aus parallel zur Tangente bis zum Halbmesser des Berührungspunktes gezogen wird, gleich sein dem Rechteck, gebildet aus dem Abschnitt, der auf dem Halbmesser des Berührungspunktes an dem Berührungspunkt gebildet wird, und der Hilfsstrecke, vermindert bei der Ellipse und beim Kreise, vermehrt bei der Hyperbel, um ein Rechteck, dessen erste Seite mit der ersten Seite des genannten Rechtecks übereinstimmt und dessen zweite Seite dadurch bestimmt ist, daß dieses zweite Rechteck ähnlich ist einem dritten Rechteck, dessen erste Seite das Doppelte des Halbmessers des Berührungspunktes und dessen zweite Seite der Hilfsstrecke ist (Fig. 53).

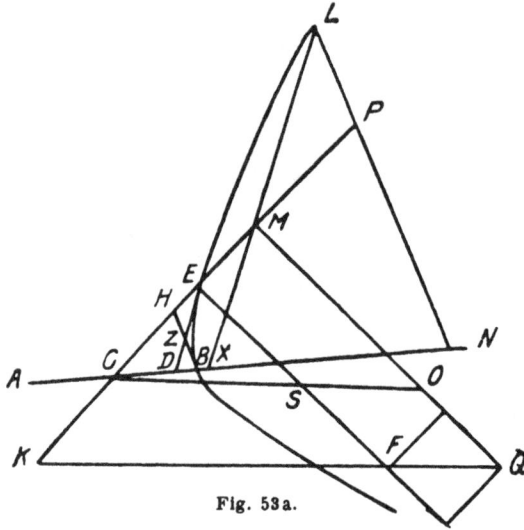

Fig. 53a.

Es sei AB der Durchmesser einer Hyperbel, einer Ellipse oder eines Kreises, C der Mittelpunkt, DE sei eine Tangente. Es werde CE gezogen und nach beiden Seiten verlängert. Es sei $CK = CE$. Es werde durch B

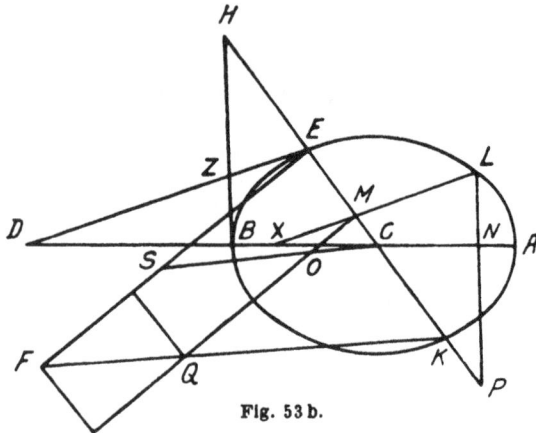

Fig. 53 b.

die Gerade BZH geordnet gezogen, durch E werde senkrecht zu EC die Gerade EF gezogen und es werde EF auf Grund folgender Proportion bestimmt: $ZE : EH = EF : 2ED$.

Es werde FK gezogen und verlängert. Auf der Kurve werde ein beliebiger Punkt L gewählt und durch ihn ED parallel zu LMX gezogen. Zu BH werde LPN parallel gezogen, zu EF aber MQ. Ich behaupte, daß das Quadrat über LM dem Rechteck EMQ gleich ist.

Es möge nämlich durch C die Gerade CSO parallel zu KQ gezogen werden. Da nun $EC = CK$ ist und

$$EC : CK = ES : SF, \text{ so ist auch } ES = SF. \text{ Da weiter}$$
$$ZE : EH = EF : 2\,ED \text{ (Vorauss.) und } ES = \tfrac{1}{2}\,EF \text{ ist,}$$

so folgt 1. $ZE : EH = ES : ED$. Es ist aber

$$ZE : EH = LM : MP. \text{ Also ist}$$
$$LM : MP = ES : ED.$$

Nun wurde (§ 43) gezeigt, daß bei der Hyperbel

$$PNC = HBC + LNX \text{ oder auch}$$
$$PNC = CDE + LNX, \text{ bei der Ellipse aber und}$$

beim Kreise

$$PNC = HBC - LNX \text{ oder auch}$$
$$PNC + LNX = CDE \text{ ist}[20])$$

Es werde auf beiden Seiten die gemeinsame Fläche in Abzug gebracht, nämlich bei der Hyperbel

$$ECD + NPMX,$$

bei der Ellipse und beim Kreise MXC. Dann ergibt sich

$$MEDX = LMP$$

Nun ist MX parallel DE, und der Winkel LMP ist gleich dem Winkel EMX. Demnach ist

2. $LM \cdot MP = EM \cdot (ED + MX)[21]$) Da nun

$$MC : CE = MX : ED \text{ und}$$
$$MC : CE = MO : ES, \text{ so ist}$$
$$MO : ES = MX : ED \text{ und}$$
$$(MO + ES) : ES = (ED + MX) : ED \text{ oder}$$

3. $(MO + ES) : (ED + MX) = ES : ED$. Es ist aber

4. $(MO + ES) : (ED + MX) = (MO + ES) \cdot EM : (ED + MX) \cdot EM$.

Zufolge 1. ist

$$ES : ED = ZE : EH = LM : MP = LM^2 : LM \cdot MP.$$

Daher ist $(MO + ES) \cdot ME : (ED + MX) \cdot EM = LM^2 : LM \cdot MP$

oder $(MO + ES) \cdot ME : LM^2 = (ED + MX) \cdot EM : LM : MP.$

Zufolge 2. ist aber $LM \cdot MP = EM \cdot (ED + MX)$.

Demnach ist $LM^2 = EM \cdot (MO + ES)$.

Es ist aber $ES = SF = OQ$. Also ist

$$LM^2 = EM \cdot MQ.$$

§ 51.

Wenn die Tangente an eine erste von zwei zugehörigen Hyperbeln den Durchmesser schneidet und der Halbmesser des Berührungspunktes über den Mittelpunkt hinaus bis zur zweiten Hyperbel verlängert wird, wenn durch den Scheitel der ersten Hyperbel eine Gerade geordnet gezogen wird und eine Hilfsstrecke konstruiert wird, die sich zu der doppelten Länge der Tangente verhält, wie der Abschnitt der Tangente, der zwischen der geordnet gezogenen Geraden und dem Berührungspunkt liegt, zu dem Abschnitt des Halbmessers des Berührungspunktes, der zwischen der geordnet gezogenen Geraden und dem Berührungspunkt liegt, so wird das Quadrat jeder Strecke, die von einem Punkte der zweiten Hyperbel aus parallel zur Tangente bis zum Halbmesser des Berührungspunktes gezogen wird, gleich sein dem Rechteck, gebildet aus dem Stück, das auf dem Halbmesser des Berührungspunktes, vom Berührungspunkte aus gerechnet, abgeschnitten wird, und der Hilfsstrecke, vermehrt um ein Rechteck, dessen erste Seite mit der ersten Seite des genannten Rechtecks übereinstimmt und dessen zweite Seite dadurch bestimmt ist, daß dieses zweite

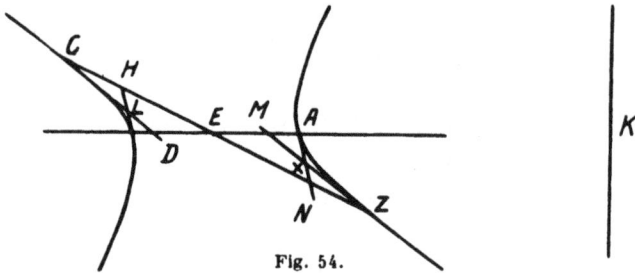

Fig. 54.

Rechteck ähnlich ist einem dritten Rechteck, dessen erste Seite das Doppelte des Halbmessers des Berührungspunktes und dessen zweite Seite die Hilfsstrecke ist (Fig. 54).

Es sei AB der Durchmesser zweier zugehöriger Hyperbeln, der Mittelpunkt sei E. CD sei eine Tangente der ersten Hyperbel. Es möge CE gezogen und verlängert werden. BLH werde geordnet gezogen und es sei

$$K : 2CD = LC : CH.$$

Daß nun in der Hyperbel BC die zu CD bis zur Geraden CH gezogenen Parallelen die angegebene Eigenschaft haben, ist klar (§ 50), denn es ist ja $ZC = 2\,CE$.

Ich behaupte aber, daß auch in der Hyperbel ZA dasselbe eintritt. Es werde nämlich durch Z die Tangente MZ an die zweite Hyperbel gezogen. AXN werde geordnet gezogen. Da nun BC und AZ zugehörige Hyperbeln sind, CD und MZ aber Tangenten, so sind CD und MZ parallel und gleich.[18]) Es ist aber auch $CE = EZ$. Also ist auch $ED = EM$. Also folgt nun unter Anwendung des Lehrsatzes § 50 die aufgestellte Behauptung bezüglich der zweiten Hyperbel.

Nachdem diese Sätze erwiesen sind, leuchtet ein, daß bei der Parabel jede Gerade, die parallel ist dem Entstehungs-Durchmesser, ein Durchmesser ist, daß bei der Hyperbel, bei der Ellipse und bei zugehörigen Hyperbeln jede durch den Mittelpunkt gehende Gerade ein Durchmesser ist, daß ferner bei der Parabel das Quadrat der Strecke, die parallel zu einer Tangente bis zu dem zum Berührungspunkt gehörigen Durchmesser gezogen wird, gleich ist dem Rechteck, das gebildet ist aus der auf diesem Durchmesser abgeschnittenen Strecke und einer gewissen Hilfsstrecke, daß bei der Hyperbel dieselbe Beziehung unter Hinzufügung, bei der Ellipse unter Abzug eines gewissen Rechtecks vom genannten Rechteck gilt (§ 46—51) und daß alle die Sätze, die von den Entstehungs-Durchmessern gelten, somit auch für alle Durchmesser Geltung haben.

§ 52.

Wenn in einer Ebene eine durch einen Punkt begrenzte Gerade gegeben ist, so soll in dieser Ebene eine Parabel konstruiert werden, deren Durchmesser diese Gerade ist, und die die Eigenschaft hat, daß das Quadrat jeder Strecke, die von einem Parabelpunkt unter einem gewissen Winkel gegen den Durchmesser bis zu diesem gezogen wird, gleich ist einem Rechteck, gebildet aus der auf diesem Durchmesser abgeschnittenen Strecke und einer gegebenen Strecke (Fig. 55).

Es sei die von dem Punkte A begrenzte Gerade AB der Lage nach gegeben, ferner die Strecke CD. Der gegebene Winkel sei zunächst ein Rechter.

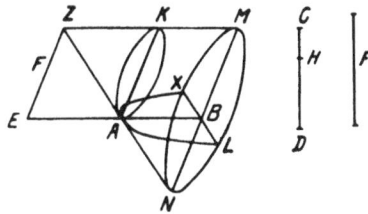

Fig. 55.

Es handelt sich also darum, eine Parabel zu finden, deren Durchmesser AB, deren Scheitel A, deren Parameter CD ist und deren geordnet gezogenen Geraden auf dem Durchmesser senkrecht stehen, so daß also AB die Achse der Parabel ist (Defin. 7 vor § 1).

Es möge AB über A hinaus bis E verlängert werden. CH sei ein Viertel von CD, EA sei größer als CH und F sei die mittlere Proportionale von CD und EA. Es ist also $CD:EA = F^2:EA^2$ und $CD < 4\,EA$. Daher ist auch $F^2 < 4\,EA^2$, also $F < 2\,EA$ oder $2\,EA > F$. Es ist also möglich, aus den Seiten EA, EA und F ein Dreieck zu konstruieren. Es sei das Dreieck EAZ ein solches, und zwar sei $EZ = F$ und $AZ = EA$, und es stehe die Ebene des Dreiecks EAZ senkrecht auf der gegebenen Ebene. Es werde AK zu EZ und ZK zu EA parallel gezogen. Es werde ein Kegel mit der Spitze Z und einem auf der Ebene AZK senkrechten Grundkreis vom Durchmesser AK konstruiert. Es ist dies ein gerader Kegel, denn AZ und ZK sind gleich. Es werde dieser Kegel durch eine zum Kreise AK parallele Ebene geschnitten. Die Schnittkurve sei der Kreis MNX. Es ist klar, daß die Ebene dieses Kreises auf der Ebene MZN senkrecht steht. Es sei die Schnittgerade der Kreisebene und der Ebene MZN die Gerade MN. MN ist ein Durchmesser des Kreises MNX. Die Schnittgerade der gegebenen Ebene mit der Ebene des Kreises MNX sei XL. Da nun der Kreis MNX auf der gegebenen Ebene senkrecht steht, ebenso aber auch auf der Ebene MZN, so steht XL auf der Ebene MZN oder KZA senkrecht. Daher steht XL auch senkrecht auf jeder durch B gehenden, in der Ebene MZN gelegenen Geraden, daher auch auf AB und auf MN. Demnach ist also ein Kegel gegeben, dessen Grundfläche der Kreis MNX, dessen Spitze der Punkt Z ist. Er wird geschnitten durch eine zur Ebene des Dreiecks MZN senkrechte Ebene. Die Schnittebene ist der Kreis MNX. Der Kegel wird aber auch durch eine zweite Ebene geschnitten, nämlich die gegebene, welche die Grundfläche des Kegels in der auf MN senkrechten Geraden XL schneidet, wobei MN der Schnitt der Kreisebene MNX mit der Ebene des Dreiecks MZN ist. Die Schnittgerade aber der gegebenen Ebene mit der Ebene des Dreiecks MZN, die Gerade AB ist parallel der Seitenlinie des Kegels ZKM. Daher ist (§ 11) der Schnitt der gegebenen Ebene mit dem Kegel eine Parabel, deren Durchmesser AB ist. Die aber zu AB geordnet gezogenen Geraden sind zu AB senkrecht, denn sie sind zu der auf AB senkrechten Geraden XL parallel. Da nun $CD:F = F:EA$ ist, ferner $EA = AZ = ZK$ und $F = EZ = AK$, so ist $CD:AK = AK:AZ$. Hieraus folgt

$$CD:AZ = AK^2:AZ^2 \text{ oder auch}$$
$$CD:AZ = AK^2:AZ \cdot ZK.$$

Es ist also CD der Parameter der Parabel. Denn dies ist im Lehrsatz des § 11 bewiesen worden.

§ 53.

Unter denselben Voraussetzungen sei der gegebene Winkel nicht ein Rechter, sondern gleich dem Winkel FAE und es sei $AF = \frac{1}{2}\,CD$ (Fig. 56). Von F werde auf AE das Lot FE gefällt. Durch E werde EL parallel zu BF gezogen. Von A werde auf EL das Lot AL gefällt und es werde EL in K halbiert. In K werde das Lot KM auf EL errichtet und über Z nach

H verlängert. Es sei M bestimmt auf Grund der Gleichung $AL^2 = LK \cdot KM$. Da nun zwei Geraden LK und KM gegeben sind, KL der Lage nach und begrenzt in K, KM der Größe nach, und ein rechter Winkel, so kann (§ 52) eine Parabel mit dem Durchmesser KL, dem Scheitel K und dem Para-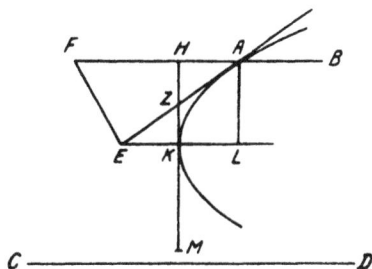meter KM konstruiert werden, wie oben gezeigt wurde. Diese Parabel wird durch den Punkt A gehen, da $AL^2 = LK \cdot KM$ ist (§ 11). EA ist Tangente dieser Parabel, da $EK = KL$ (§ 33). Es ist aber FA der Geraden EKL parallel. Es ist also FAB ein Durchmesser der Parabel und die zu AE parallelen Parabelsehnen werden durch AB halbiert (§ 46). Diese Geraden bilden aber mit dem Durchmesser den

Fig. 56.

Winkel FAE. Da nun der Winkel AEF gleich dem Winkel AHZ ist, der Winkel bei A aber gemeinsam ist, so sind die Dreiecke AFE und AHZ ähnlich. Es ist also

$$FA:EA = ZA:AH, \text{ also}$$
$$2\,FA:2\,EA = ZA:AH \text{ oder}$$
$$ZA:AH = CD:ZAE.$$

Daher ist auf Grund des Lehrsatzes § 49 CD der Parameter bezüglich des Durchmessers AB.

§ 54.

Wenn zwei begrenzte Schenkel eines rechten Winkels gegeben sind, deren einer über den Scheitel hinaus verlängert ist, eine Hyperbel in der Ebene des rechten Winkels zu konstruieren, für welche der verlängerte Schenkel des Winkels ein Durchmesser, der Scheitel des rechten Winkels der Scheitel der Hyperbel bezüglich dieses Durchmessers, der andere Schenkel der Parameter bezüglich dieses Durchmessers ist und bei der die zu diesem Durchmesser geordnet gezogenen Sehnen mit dem Durchmesser einen gegebenen Winkel bilden (Fig. 57).

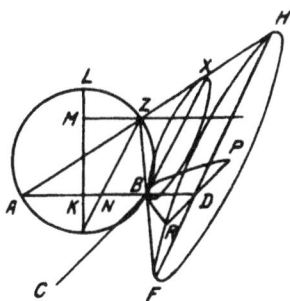

Es seien AB und BC die beiden begrenzten Schenkel des rechten Winkels, AB sei verlängert bis D. Es handelt sich also darum, in der Ebene ABC eine Hyperbel zu

Fig. 57.

konstruieren, deren Durchmesser ABD, deren Scheitel bezüglich des Durchmessers B, deren Parameter BC ist und bei welcher die zu BD geordnet gezogenen Geraden mit BD einen gegebenen Winkel bilden.

Es sei zunächst der gegebene Winkel ein Rechter. Es werde durch AB eine zur gegebenen Ebene senkrechte Ebene gelegt und in dieser der AB als Sehne fassende Kreis $AEBZ$ konstruiert derart, daß das Stück des auf AB senkrechten Durchmessers, welches nach der Seite von C liegt, zu dem anderen Stück dieses Durchmessers kein größeres Verhältnis hat als AB zu BC.[22]) Der Halbierungspunkt des Bogens AB sei E. Von E werde auf AB das Lot EK gefällt und bis L verlängert. EL ist also ein Durchmesser. Wenn nun $AB:BC = EK:KL$ ist, so verwenden wir den Punkt L, wenn aber $AB:BC > EK:KL$, so möge sich wie AB zu BC die Strecke EK zu KM verhalten, wobei KM also kleiner ist als KL. Dann möge durch M zu AB parallel MZ gezogen werden. Ferner werden AZ, EZ, ZB gezogen. Durch B werde zu ZE parallel BX gezogen. Da nun der Winkel AZE dem Winkel EZB gleich ist, der Winkel AZE aber gleich dem Winkel AXB und der Winkel EZB dem Winkel XBZ, so ist also der Winkel XBZ gleich dem Winkel ZXB und daher ZB gleich ZX. Es werde nun ein Kegel mit dem Scheitelpunkt Z konstruiert, dessen Grundfläche der Kreis vom Durchmesser BX ist, dessen Ebene auf der des Dreiecks BZX senkrecht steht. Dieser Kegel ist gerade, da $ZB = ZX$ ist. Es mögen nun BZ, ZX, MZ verlängert werden, und es werde der Kegel durch eine zur Ebene des Kreises BX parallele Ebene geschnitten. Dieser Schnitt wird ein Kreis sein (§ 4), er sei HRP. HF ist ein Durchmesser dieses Kreises. Die Schnittgerade der Ebene dieses Kreises mit der gegebenen Ebene sei RDP. Es steht RDP sowohl auf HF als auch auf DB senkrecht, denn jeder der beiden Kreise XB und HF steht senkrecht auf der Ebene ZHF, es steht aber auch die gegebene Ebene senkrecht auf der Ebene ZHF. Demnach steht auch die Schnittgerade RDP senkrecht auf der Ebene ZHF und demzufolge auch auf allen Geraden dieser Ebene, die durch den Punkt D gehen. Da nun der Kegel, dessen Grundfläche der Kreis HF und dessen Scheitel Z ist, durch eine Ebene geschnitten wird, die auf der Ebene des Dreiecks ZHF senkrecht steht, diese Ebene aber außerdem durch eine andere Ebene, nämlich die gegebene, geschnitten wird, und zwar in der Geraden RDP, die auf HDF senkrecht steht, ferner aber die Schnittgerade der gegebenen Ebene mit der Ebene HZF, nämlich die Gerade DB, über B hinaus verlängert, die Seitenlinie HZ in A trifft, so ist der durch die Kurve RBP dargestellte Schnitt wegen des oben gezeigten (§ 12) eine Hyperbel mit dem Scheitel B, deren zum Durchmesser BD geordnet gezogenen Geraden auf diesem senkrecht stehen, da sie ja zu RDP parallel sind. Da nun

$$AB:BC = EK:KM \text{ und}$$
$$EK:KM = EN:NZ \text{ oder}$$
$$EK:KM = EN \cdot NZ:NZ^2, \text{ so ist}$$
$$AB:BC = EN \cdot NZ:NZ^2. \text{ Es ist aber}$$

$$EN \cdot NZ = AN \cdot NB. \text{ also ist}$$

$$AB:BC = AN \cdot NB:NZ^2. \text{ Es ist nun}$$

$$\frac{AN \cdot NB}{NZ^2} = \frac{AN}{NZ} \cdot \frac{NB}{NZ} = \frac{AD}{DH} \cdot \frac{ZO}{OF} = \frac{ZO}{OH} \cdot \frac{ZO}{OF}.$$

Demnach ist
$$AB:BC = ZO^2: OH \cdot OF.$$

Es ist nun ZO parallel AD. Es ist demnach AB Durchmesser und BC sein Parameter. Denn dies ist im Lehrsatz § 12 gezeigt worden.

§ 55.

Es sei nun der gegebene Winkel kein Rechter. AB und AC seien die gegebenen Schenkel des rechten Winkels und der gegebene Winkel, der nicht gleich einem Rechten ist, sei der Winkel BAF. Es handelt sich also darum, eine Hyperbel zu konstruieren, deren Durchmesser AB, deren Para-

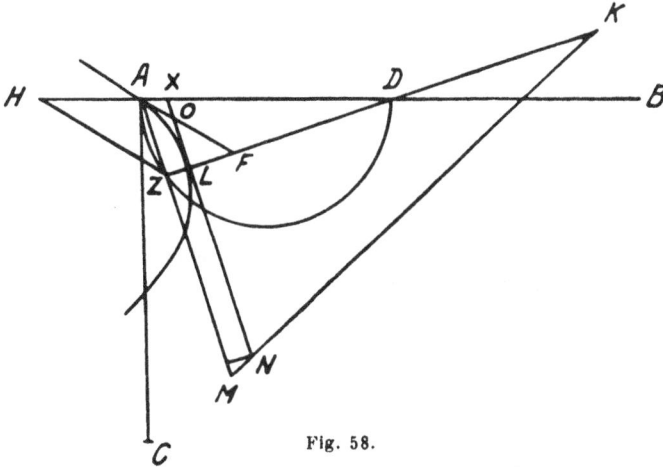

Fig. 58.

meter bezüglich dieses Durchmessers AC ist und dessen bezüglich dieses Durchmessers geordnet gezogen Geraden mit dem Durchmesser den Winkel FAB bilden (Fig. 58).

Es werde AB in D halbiert und über AD werde der Halbkreis AZD konstruiert. Es werde ein Punkt Z auf dem Halbkreis so gewählt, daß die durch Z zu AF bis zur Verlängerung von BA gezogene Parallele die Bedingung erfüllt
$$ZH^2:DH \cdot HA = AC:AB \text{[23])}$$

Es werde ZFD gezogen. Es sei DL die mittlere Proportionale von ZD und DF, und es sei $DK = DL \cdot M$ sei auf der Verlängerung von AZ so gewählt, daß
$$LZ \cdot ZM \cdot AZ^2 \text{ ist.}$$

Es werde KM gezogen und durch L senkrecht zu KZ die Gerade LN, die über L bis X verlängert werde. Nachdem nun zwei begrenzte Schenkel eines rechten Winkels gegeben sind, KL und LN werde eine Hyperbel konstruiert, deren Durchmesser KL ist, während der zu diesem Durchmesser gehörige Parameter LN ist, und zwar eine solche, bei der die zu diesem Durchmesser geordnet gezogenen Geraden auf diesem Durchmesser senkrecht stehen (§ 44). Die Hyperbel geht durch den Punkt A, denn es ist

$$AZ^2 = LZ \cdot ZM \quad (\text{§ 44}).$$

Es berührt aber AF die Hyperbel, denn es ist

$$ZD \cdot DF = DL^2 \quad (\text{§ 37}).$$

Daher ist AB ein Durchmesser der Hyperbel (§ 51). Da nun

$$CA : 2\,AD = CA : AB = ZH^2 : DH \cdot HA, \text{ ferner}$$

$$\frac{CA}{2\,AD} = \frac{CA}{2\,AF} \cdot \frac{2\,AF}{2\,AD} \quad \text{und}$$

$$\frac{2\,AF}{2\,AD} = \frac{AF}{AD} = \frac{ZH}{HD} \quad \text{ist, so ergibt sich}$$

$$\frac{CA}{AB} = \frac{CA}{2\,AF} \cdot \frac{ZH}{HD} \quad \text{und daher}$$

$$\frac{CA}{2\,AF} \cdot \frac{ZH}{HD} = \frac{ZH}{HD} \cdot \frac{ZH}{HA}. \quad \text{Hieraus ergibt sich}$$

$$CA : 2\,AF = ZH : HA. \quad \text{Es ist aber}$$

$$ZH : HA = OA : AX, \text{ daher}$$

$$CA : 2\,AF = OA : AX.$$

Daher ist zufolge des in § 50 bewiesenen Lehrsatzes AC die Länge des Parameters.

§ 56.

Wenn zwei begrenzte Schenkel eines rechten Winkels gegeben sind, eine Ellipse in der gleichen Ebene zu konstruieren, deren Durchmesser der eine Schenkel, deren Scheitel der Scheitel des rechten Winkels ist, deren Parameter der zweite Schenkel des rechten Winkel ist und deren bezüglich jenes Durchmessers geordnet gezogenen Geraden mit dem Durchmesser einen gegebenen Winkel bilden (Fig. 59).

Es seien AB und AC die beiden Schenkel des rechten Winkels, AB sei der längere. Es handelt sich also darum, in der Ebene des rechten Winkels eine Ellipse vom Durchmesser AB, mit dem Scheitel A, dem Parameter AC zu konstruieren, und zwar von der Art, daß die bezüglich des Durchmessers AB geordnet gezogenen Geraden mit diesem Durchmesser einen gegebenen Winkel bilden.

Es sei der gegebene Winkel zunächst ein Rechter. Es werde durch AB eine zur gegebenen Ebene senkrechte Ebene gelegt und in dieser ein Kreissegment ADB konstruiert, dessen Peripherie den Mittelpunkt D hat. Es mögen DA und DB gezogen werden. Es werde $AX = AC$ gemacht und durch X zu DB parallel XO gezogen. Durch O werde zu AB parallel OZ gezogen. Es werde D mit Z verbunden. Es treffe die Verlängerung von DZ die Verlängerung von AB in E. Es wird nun sein

$$AB:AC = BA:AX = DA:AO =$$
$$= DE:EZ.$$

Es mögen nun AZ und ZB gezogen und verlängert werden. Es werde auf ZA ein beliebiger Punkt H angenommen und durch ihn zu DE parallel HL gezogen. HL schneide die Verlängerung von AB in K. Die Verlängerung von ZO treffe HK in L.

Da nun der Bogen AD dem Bogen DB gleich ist, so ist der Winkel ABD gleich dem Winkel DZB. Und da

$$\sphericalangle EZA = \sphericalangle ZDA + \sphericalangle ZAD \text{ (Außenwinkel), aber}$$
$$\sphericalangle ZAD = \sphericalangle ZBD \text{ und}$$
$$\sphericalangle ZDA = \sphericalangle ZBA, \text{ so ist}$$
$$\sphericalangle EZA = \sphericalangle DBA = \sphericalangle BZD.$$

Es ist nun DE parallel LH, daher ist

$$\sphericalangle EZA = \sphericalangle ZHF, \text{ anderseits ist}$$
$$\sphericalangle BZD = \sphericalangle ZFH, \text{ daher ist}$$
$$\sphericalangle ZHF = \sphericalangle ZFH \text{ und somit}$$
$$ZH = ZF.$$

Es werde nun über FH als Durchmesser der Kreis HFN beschrieben, dessen Ebene auf der Ebene des Dreiecks HFZ senkrecht steht, und es werde der Kegel konstruiert, dessen Grundfläche der Kreis HFN und dessen Spitze der Punkt Z ist. Dieser Kegel ist gerade, da ja $ZH = ZF$ ist. Und da die Ebene des Kreises HFN auf der Ebene HFZ senkrecht steht, aber auch die gegebene Ebene auf der Ebene HFZ senkrecht steht, so wird auch die Schnittgerade der Ebene HFN und der gegebenen Ebene auf der Ebene HFZ senkrecht stehen. Diese Schnittgerade sei KM. Es steht

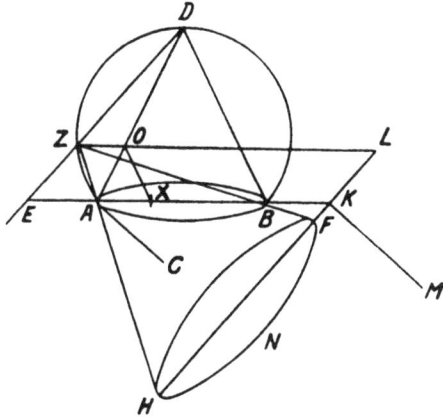

Fig. 59.

also KM sowohl auf AK, als auch auf KH senkrecht. Da nun der Kegel, dessen Grundfläche der Kreis HFN und dessen Spitze Z ist, durch eine axiale Ebene geschnitten wird, nämlich in der Fläche des Dreiecks HFZ, außerdem aber auch durch eine andere Ebene AKM, nämlich die gegebene Ebene, welche die Grundfläche des Kegels in der auf HK senkrechten Geraden KM schneidet, da ferner die Ebene AKM die beiden Seitenlinien des Kegels ZH und ZF schneidet, so ist die Schnittkurve eine Ellipse mit dem Durchmesser AB, die zu ihm geordnet gezogenen Geraden aber stehen auf ihm senkrecht (§ 13), denn sie sind zu KM parallel. Da nun

$$DE:EZ = DE \cdot EZ:EZ^2 = BE \cdot EA:EZ^2 \text{ (Sekantensatz)}$$

anderseits

$$\frac{BE \cdot EA}{EZ^2} = \frac{BE}{EZ} \cdot \frac{EA}{EZ} \text{ und}$$

$$\frac{BE}{EZ} = \frac{BK}{KF} = \frac{ZL}{LF}$$

$$\frac{EA}{EZ} = \frac{AK}{KH} = \frac{ZL}{LH}, \text{ so folgt}$$

$$AB:AC = DE:EZ = ZL^2:LH \cdot LF.$$

Daher ist nach dem Lehrsatz § 13 AC der Parameter der Ellipse.

§ 57.

Es sei die gleiche Aufgabe gestellt, jedoch sei AB kleiner als AC. Es handelt sich darum, eine Ellipse mit dem Durchmesser AB zu konstruieren, deren Parameter AC ist (Fig. 60).

Es möge AB in D halbiert werden. In D werde das Lot EDZ errichtet, und zwar sei $ZD = DE$ und $ZE^2 = BA \cdot AC$. Es werde ZH parallel zu AB gezogen und es sei ZH bestimmt durch die Proportion

$$AC:AB = EZ:ZH.$$

Es ist demnach EZ größer als ZH. Da nun $BA \cdot AC = EZ^2$ ist, so ist

$$AC:AB = ZE^2:AB^2 = ZD^2:AD^2. \text{ Es ist aber}$$

$$AC:AB = EZ:ZH. \text{ Daher ist}$$

Fig. 60.

$$EZ:ZH = ZD^2:AD^2 = ED \cdot ZD:AD^2.$$

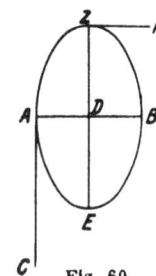

Nachdem nun zwei begrenzte Schenkel eines rechten Winkels ZH und EZ gegeben sind, von denen EZ der größere ist, werde eine Ellipse mit dem Durchmesser EZ und dem Parameter ZH beschrieben. Diese Ellipse wird durch den Punkt A gehen, da

$$ZD \cdot DE:DA^2 = EZ:ZH \text{ (§ 21)}.$$

Es ist aber $AD = DB$. Deshalb wird diese Ellipse auch durch den Punkt B gehen (§ 21). Es ist demnach eine Ellipse über AB konstruiert. Da nun

$$CA : AB = ZD^2 : DA^2 = ZD^2 : AD \cdot DB,$$

so ist AC der Parameter dieser Ellipse bezüglich des Durchmessers AB.

§ 58.

Es sei nun der gegebene Winkel nicht ein Rechter, sondern er habe die Größe BAD (Fig. 61). Es werde AB in E halbiert und über AE werde der Halbkreis AZE konstruiert. Zwischen A und E werde ein Punkt H

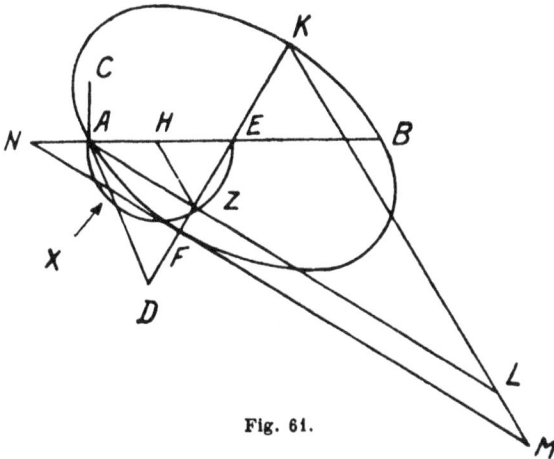

Fig. 61.

derart konstruiert, daß, wenn durch ihn die Parallele zu AD gezogen wird, die den Halbkreis in Z schneidet, die Proportion besteht

$$ZH^2 : AH \cdot HE = CA : AB^{24})$$

Es mögen AZ und EZ gezogen und verlängert werden. EF sei die mittlere Proportionale zwischen EZ und ED, es sei $EK = EF$. L werde auf der Verlängerung von AZ bestimmt gemäß der Proportion

$$AZ^2 = FZ \cdot ZL.$$

Es werde K mit L verbunden. Durch F werde senkrecht zu FZ, MFX gezogen, so daß also MFX parallel zu AZL ist, da ja der Winkel $AZE = 1\,R$ ist. Nun sind die begrenzten Schenkel eines rechten Winkels gegeben, KF und FM, und es werde eine Ellipse mit dem Durchmesser KF und dem Parameter FM konstruiert, so daß die zu FK geordnet gezogenen Geraden auf FK senkrecht stehen (§ 56—57). Dann wird diese Ellipse durch A gehen, da $ZA^2 = FZ \cdot ZL$ ist (§ 13). Da nun $FE = EK$, $AE = EB$ ist, so wird die Ellipse auch durch B gehen, E ist der Mittelpunkt der Ellipse, AEB ein Durchmesser. DA ist eine Tangente, weil $DE \cdot EZ = EF^2$ (§ 38). Da nun

$$CA : AB = ZH^2 : AH \cdot HE \text{ und}$$

$$\frac{CA}{AB} = \frac{CA}{2\,DA} \cdot \frac{2\,DA}{AB} = \frac{CA}{2\,DA} \cdot \frac{DA}{AE}, \text{ ferner}$$

$$\frac{ZH^2}{AH \cdot HE} = \frac{ZH}{HE} \cdot \frac{ZH}{AH} \text{ ist, so ist}$$

$$\frac{CA}{2\,DA} \cdot \frac{DA}{AE} = \frac{ZH}{HE} \cdot \frac{ZH}{AH}. \text{ Es ist aber}$$

$$\frac{DA}{AE} = \frac{ZH}{HE}, \text{ daher folgt}$$

$$CA : 2\,DA = ZH : AH = XA : AN.$$

Wenn aber diese Gleichung gilt, so ist AC der Parameter der Ellipse (§ 50).

§ 59.

Wenn die begrenzten Schenkel eines rechten Winkels gegeben sind, so sollen zwei zugehörige Hyperbeln gefunden werden von der Art, daß ihr Durchmesser der eine der begrenzten Schenkel ist, die Scheitelpunkte die Endpunkte dieses Schenkels sind, die zu diesem Durchmesser geordnet gezogenen Geraden mit diesem Durchmesser einen gegebenen Winkel bilden und der Parameter gleich dem anderen Schenkel des rechten Winkels ist (Fig. 62).

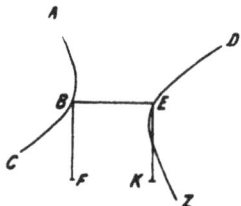

Fig. 62.

Es seien BE und BF die beiden begrenzten Schenkel des rechten Winkels, der gegebene Winkel sei der Winkel H. Es handelt sich darum, zwei zugehörige Hyperbeln zu konstruieren vom Durchmesser BE, vom Parameter BF, und zwar von der Art, daß die zu diesem Durchmesser geordnet gezogenen Geraden mit dem Durchmesser den Winkel H bilden.

Es möge zunächst eine Hyperbel vom Durchmesser BE und vom Parameter BF konstruiert werden, und zwar von der Art, daß die zu diesem Durchmesser geordnet gezogenen Geraden mit dem Durchmesser den Winkel H bilden. Diese Hyperbel sei ABC. Wie diese Aufgabe zu lösen ist, ist vorher (§ 55) auseinandergesetzt worden. Es möge nun durch E senkrecht zu BE die der Strecke BF gleiche Strecke BK gezogen werden und es möge in gleicher Weise eine zweite Hyperbel DEZ konstruiert werden, deren Durchmesser BE und deren Parameter EK ist, und zwar von der Art, daß die zum Durchmesser BE geordnet gezogenen Geraden parallel jenen der Hyperbel ABC sind. Es ist ersichtlich, daß die beiden Hyperbeln zugehörig sind, da sie einen und denselben Durchmesser und einen und denselben Parameter haben.

§ 60.

Wenn zwei begrenzte Geraden gegeben sind, die einander halbieren, zwei Paare von zugehörigen Hyperbeln zu konstruieren von der Art, daß die beiden gegebenen Geraden konjugierte Durchmesser sind und daß das Quadrat des Durchmessers des einen Paares gleich dem Rechteck, gebildet aus dem Durchmesser und dem Parameter des anderen Paares,

und das Quadrat des Durchmessers des anderen Paares gleich dem Rechteck, gebildet aus dem Durchmesser und dem Parameter des ersten Paares ist (Fig. 63).

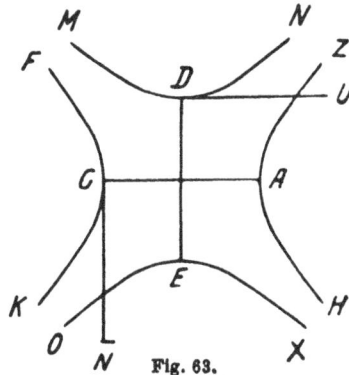

Fig. 63.

Es seien AC und DE die beiden gegebenen Geraden, die einander halbieren. Es handelt sich also darum, zwei Paare von zugehörigen Hyperbeln zu konstruieren, derart, daß AC und DE in jedem der Paare konjugierte Durchmesser sind und daß DE^2 gleich dem Rechteck aus AC und dem Parameter der zum Durchmesser AC gehörigen Hyperbel ist und umgekehrt.

Es sei auf AC in C ein Lot errichtet, dessen Länge CL bestimmt sei durch die Gleichung $DE^2 = AC \cdot CL$. Es mögen nun (§ 59) zwei zugehörige Hyperbeln vom Durchmesser AC und vom Parameter CL konstruiert werden, derart, daß die zu diesem Durchmesser geordnet gezogenen Geraden der Geraden DE parallel sind. Dann wird DE der zweite Durchmesser dieser zugehörigen Hyperbeln sein, denn es ist ja DE die mittlere Proportionale zwischen AC und DL (Definition 3 hinter § 16). Ferner sei DU senkrecht auf DE und es sei $AC^2 = DE \cdot DU$. Es mögen nun die beiden zugehörigen Hyperbeln vom Durchmesser DE und vom Parameter DU konstruiert werden, derart, daß die zu diesem Durchmesser geordnet gezogenen Geraden der Geraden CA parallel sind. Es wird dann in dem Hyperbelpaare MDN, OEX der zweite Durchmesser AC sein. Daher wird AC die zu DE parallelen Sehnen und DE die zu AC parallelen Sehnen halbieren, wie vorgeschrieben war.

Es mögen solche Paare von zugehörigen Hyperbeln „konjugierte Hyperbeln" genannt werden.

Anmerkungen zu Buch I.

1. Das Altertum hat sich nie zu der Auffassung entschließen können, daß die beiden Teile der Kegelfläche zusammen „eine" Fläche bilden.

2. Der Ausdruck „geordnet" — wir sagen heute konjugiert — ist durch Vermittlung des lateinischen Wortes „ordinate ductus" zum Vater des Wortes

„Ordinate" geworden, denn die Ordinaten von Kegelschnittspunkten sind, falls die Kegelschnitte sich in der Hauptlage befinden, ja nichts anderes als die zu einer Achse „geordnet" gezogenen Sehnen.

3. Entsprechend Anm. 1 hat das Altertum auch die beiden Zweige einer Hyperbel stets als zwei Kurven aufgefaßt. Auf solche Hyperbelzweige bezieht sich nämlich die 5. Definition.

4. Bis jetzt ist für jeden Kegelschnitt nur die Existenz eines einzigen Durchmessers erwiesen. Es handelt sich also hier um den Durchmesser HZ und demnach wird unter „Scheitel der Parabel" hier der Punkt Z verstanden. Der Punkt Z ist nach moderner Bezeichnung im allgemeinen nicht der „Scheitel" der Parabel, nämlich nicht der Endpunkt der Achse, da ZH im Falle des schiefen Kegels eben nicht die Achse der Parabel ist. Denn der Winkel ZHD ist im allgemeinen nicht ein Rechter.

5. Der geneigte Leser möge, wenn ihn die Umständlichkeit dieses Satzes verstimmt, freundlichst in Erwägung ziehen, daß der Lehrsatz im griechischen Urtext sogar nur aus einem einzigen grammatischen Satze besteht. Einfacher kann also dieses Satz-Ungeheuer im Deutschen schwerlich ausgedrückt werden, wenn man nicht geradezu statt der Übersetzung eine freie Übertragung vorzieht. Der Sinn des Satzes dürfte sich aus dem folgenden klar ergeben.

6. Die Wortbedeutung von Hyperbel ist „Überschuß", die von Ellipse „Mangel". Die §§ 12 und 13 zeigen demnach die Bedeutung der Kurvennamen, da das Quadrat der Strecke MN (Fig. 12) oder ML (Fig. 13) gleich einer und derselben Größe A, das eine Mal vermehrt, das andere Mal vermindert um eine gewisse Größe B ist.

7. Die §§ 11, 12, 13 leiten, modern gesprochen, die Scheitelgleichungen der Kegelschnitte für Achsen, die konjugierten Durchmessern parallel sind, ab. Bezeichnet man nämlich die Strecken LK der Fig. 11, NM der Fig. 12, ML der Fig. 13 als y und die Strecken ZL bzw. ZN bzw. EM als X, so ergibt sich für die Parabel $y^2 = 2\,qx$, wenn in Fig. 11 $(BC^2 \cdot ZA):(BA \cdot AC) = 2\,q$ gesetzt wird. Wird weiter der Durchmesser des Kegelschnitts (FZ in Fig. 12 und ED in Fig. 13) mit $2a$ bezeichnet und ZL der Fig. 12 bzw. EF der Fig. 13 gleich $2\,q$ gesetzt, so besagt Satz 12:

$$y^2 = 2\,qx + \frac{q\,x^2}{a}$$

und Satz 13:

$$y^2 = 2\,qx - \frac{q\,x^2}{a}.$$

Führt man die Koordinatentransformation $x = \xi \mp a$ aus, so ergibt sich die Gleichung

$$y^2 = \mp\,qa \pm \frac{q\,\xi^2}{a} \quad \text{oder}$$

$$\frac{\xi^2}{a^2} \mp \frac{y^2}{q\,a} = 1,$$

d. h. also die Gleichung der Hyperbel bzw. der Ellipse. Zugleich ergibt sich hieraus, daß, wenn wir mit b den halben zu a konjugierten Durchmesser bezeichnen,

$q \, a = b^2$, $q = \dfrac{b^2}{a}$ ist, $2 \, q$ also in der Tat den Parameter der Kurve bezüglich des Durchmessers $2a$ bedeutet.

8. Bis jetzt ist bei jedem Kegelschnitt die Existenz nur eines Durchmessers erwiesen. Der Kegelschnitt liegt in einer durch den Kegel gelegten Ebene. Sie bildet mit der Grundebene des Kegels eine Gerade. Die zu diesen Geraden senkrechte axiale Ebene bildet mit der Ebene des Kegelschnitts eine Schnittgerade, und diese Schnittgerade ist die einzige, die bis jetzt als Durchmesser bezeichnet werden kann.

9. Nennt man $AC = CB = a$, $AK = b$ und $LB = c$, so heißt die letzte Gleichung

$(2 a + b) \, b = (2 a + c) \, c$. Daraus würde folgen

$2 ab + b^2 = 2 ac + c^2$ oder auch

$2 a \, (b - c) + (b + c) \, (b - c) = 0$, d. h.

$(b - c) \, (2 a + b + c) = 0$,

eine Gleichung, die offenbar nur die Lösung $b - c = 0$, also $KA = LB$ zuläßt.

10. Es ist zwar bis jetzt nur bewiesen, daß zu einem Durchmesser ein anderer, nämlich der konjugierte gefunden werden kann. Es steht also bisher nur die Existenz von zwei Durchmessern fest. Der Beweis gilt indessen augenscheinlich auch für irgend zwei Durchmesser. Das gleiche gilt auch für § 24.

11. Der Satz § 25 wird hier nur für konjugierte Durchmesser bewiesen, denn sonst wäre nicht $HK /\!/ AB$.

12. Es ist $HC + CB = HC + CA = HA$ und

$HC - CB = HB$. Durch Multiplikation folgt

$HC^2 - CB^2 = HA \cdot HB$, also $HC^2 - AH \cdot HB = CB^2$.

Ebenso ist auch $FC^2 - AF \cdot FB = CB^2$.

13. Denn die Verlängerung von AZ fällt nach § 33 außerhalb der Parabel.

14. Die Bedeutung dieses Ergebnisses ist die folgende: Ist der Durchmesser eines Kegelschnitts gegeben und sein Parameter sowie die Richtung, die dem Durchmesser zugeordnet sein soll, so kann zu jedem Punkte E des Durchmessers die Länge CE und damit der Kurvenpunkt C bestimmt werden. Ebenso kann zu jedem Kurvenpunkte die Tangente konstruiert werden. Wenn nämlich E beliebig gewählt wird, so ist D dadurch bestimmt, daß $ADBE$ harmonische Punkte sind. Die Gleichung $DE \cdot EZ : EC^2 = AB : p$ liefert die Länge von EC.

15. Diese Gleichung gilt, was Apollonius nicht erwähnt, natürlich nur für die Hyperbel. Für die Ellipse gilt

$ZH : ZD = HC : DF$. Die folgenden Gleichungen heißen

entsprechend weiter $2 \, ZH : ZD = 2 \, HC : DF$

$CZ + ZD = 2 \, HZ$, weil $CH = HD$ und $CD = ZHC$

$CZ + ZD : ZD = DC : DF$

$CZ : ZD = CF : DF$, was zu beweisen war.

16. Warum die Beziehung zwischen den Parallelogrammseiten durch die Gleichung $CD:CH = AE \cdot p : EZ \cdot AB$ und nicht die viel einfachere, gleichwertige $CD:CH = p:2\,EZ$ festgelegt wird. die auch die Formulierung des Satzes in Worten erleichtern würde, ist nicht einzusehen.

Der Lehrsatz 41 ist die antike Mittelpunktsgleichung des Kegelschnitts. Denn, wenn man E zum Koordinatenanfang macht, EA zur x-Achse, EZ zur negativen y-Achse, die konjugierten Durchmesser des Kegelschnitts $2a$ und $2b$, die Koordinaten von C x und y nennt, so ist also

$$CD = y$$
$$CH = s, \text{ wobei } s \text{ beliebig.}$$
$$y:s = p:2\,EZ \text{ oder, da } p = \frac{2\,b^2}{a}$$

$EZ = \dfrac{b^2 s}{a\,y}$. Nennt man nun einen Winkel der Parallelogramme a, so ist das über DE konstruierte Parallelogramm $\dfrac{b^2 s\,x^2}{a^2\,y}\sin a$, das Parallelogramm $AZ = \dfrac{b^2 s \cdot \sin a}{y}$ und das Parallelogramm $HD = y\,s\sin a$.

Der Lehrsatz heißt also

$$\frac{b_2\,x^2}{a^2\,y}\,s \cdot \sin a = \frac{b^2\,s \cdot \sin a}{y} \pm y\,s\sin a \text{ oder}$$
$$\frac{b^2\,x^2}{a^2} = b^2 \pm y^2 \text{ oder } \frac{x^2}{a^2} \mp \frac{y^2}{b^2} = 1.$$

17. Die Beziehung des § 41 war an die Bedingung geknüpft

$CD:CH = p \cdot AE:EZ \cdot AB$. Dieser Beziehung entspricht hier $HK:KF = p \cdot CB:BL \cdot AB$.

Es folgt demnach aus § 41: Das Parallelogramm aus den Seiten CB und BL unterscheidet sich von dem ihm ähnlichen, dessen der Seite CB homologe Seite die Länge CK hat, um das Parallelogramm von gleichen Winkeln mit den Seiten HK und KF. Nimmt man von diesen Parallelogrammen die Hälften, so ergibt sich die Beziehung des § 43.

18. Es ist nämlich, wie auch Eutokios in seinem Kommentar ausführt (Fig. 47)

$$OC \cdot CH = CA^2 \ (\S\,37)$$
$$XC \cdot CD = CB^2 \ (\S\,37), \text{ daher}$$
$$OC \cdot CH = XC \cdot CD, \text{ aber}$$
$$OC = XC \ (\S\,30), \text{ daher}$$
$$CH = CD.$$

Da auch $CZ = EZ$ und die eingeschlossenen Winkel als Scheitelwinkel gleich sind, so folgt, daß ZH und ED parallel sind.

19. Wenn in Analogie mit § 41 über CK das Parallelogramm $CKFD$ konstruiert wird und über AF ein diesem gleichwinkeliges mit der zweiten Seite u,

wobei $\dfrac{CK}{CD} = \dfrac{AF}{u} \cdot \dfrac{p}{d}$ ist, ferner über KF ein diesem zweiten ähnliches Parallelogramm, so ist bei der Hyperbel das dritte Parallelogramm gleich der Summe des ersten und zweiten. Wenn nun die zweite Seite des dritten Parallelogrammes v genannt wird, so folgt aus der geforderten Ähnlichkeit

$$v : KF = u : AF, \text{ also}$$
$$v : KF = p \cdot CD : d \cdot CK.$$

Da aber wie bewiesen $\dfrac{CK}{KF} = \dfrac{CD}{DL} \cdot \dfrac{p}{d}$ ist, so folgt $v = DL$.

Das dritte der genannten Parallelogramme ist also doppelt so groß wie das Dreieck CDL, das zweite doppelt so groß, wie das diesem Dreieck ähnliche und ähnlich liegende über der Seite AF und das erste doppelt so groß wie das Dreieck CDF. Daher gilt in der Tat die behauptete Beziehung.

20. Es ist nämlich, wenn die Bezeichnungen der Fig. 46 angewendet werden, $CZ \cdot CD = CB^2$ (§ 37). Nach dem Strahlensatz aber ist $CZ : CE = CB : CL$. Wird aus diesen beiden Gleichungen CZ eliminiert, so folgt $CE \cdot CD = CB \cdot CL$, daher ist $\triangle CBL = \triangle CDE$, d. h. in Fig. 53 $\triangle CBH = \triangle CDE$.

21. Denkt man sich durch P die Parallele zu ML gezogen und von M das Lot MM' auf diese Parallele gefällt sowie das Lot EE' auf die Gerade MX, so hat der Inhalt des Trapezes $EMXD$ den Wert $\frac{1}{2} EE' \cdot (ED + MX)$, der des Dreieckes LMP aber $\frac{1}{2} MM' \cdot LM$. Also ist $EE' \cdot (ED + MX) = MM' \cdot LM$. Da aber $EE' : EM = MM' : MP$, so folgt $EM \cdot (ED + MX) = LM \cdot MP$.

22. Wenn der Mittelpunkt des Kreises mit N, NK mit x, der Radius mit r und KB mit s bezeichnet wird, so soll also

$$\frac{r - x}{r + x} \leqq \frac{AB}{BC} \text{ sein.}$$

Diese Bedingung wird erfüllt, falls

$$x \geqq \frac{s(BC - AB)}{2\sqrt{AB \cdot BC}} \text{ gewählt wird.}$$

Dabei ist x nach der C abgewendeten Seite als positiv gerechnet. Im Falle des Gleichheitszeichens ist nämlich

$$r^2 = \frac{s^2(BC^2 - 2\,AB \cdot BC + AB^2)}{4\,AB \cdot BC} + s^2$$

$$r^2 = \frac{s^2(BC + AB)^2}{4\,AB \cdot BC}$$

$$r = \frac{s(BC + AB)}{2\sqrt{AB \cdot BC}}$$

$$r + x = \frac{s \cdot BC}{\sqrt{AB \cdot BC}}, \qquad r - x = \frac{s \cdot AB}{\sqrt{AB \cdot BC}}, \text{ also}$$

$$\frac{r-x}{r+x} = \frac{AB}{BC} \quad \text{und im Falle des Zeichens} > \text{ist offenbar}$$

$$\frac{r-x}{r+x} < \frac{AB}{BC}.$$

23. Der Punkt Z ist also so zu bestimmen, daß $HZ^2 : HA \cdot HD = AC : AB$ ist. Es werde von Z auf AD das Lot ZQ gefällt. Es werde gesetzt $\sphericalangle DHZ = a$, $ZQ = y$, $OQ = x$, $AO = r$. Dann ist $HQ = y \cot a$, $HA = y \cot a + x - r$, $HD = y \cot a + x + r$, daher $HA \cdot HD = y^2 \cot^2 a + 2xy \cot a + x^2 - r^2$. Da nun $r^2 - x^2 = y^2$ ist, so ist

$$HA \cdot HD = y \cdot [y \cot^2 a + 2x \cot a - y]$$

$$HA \cdot HD = \frac{y}{\sin^2 a} [y (\cos^2 a - \sin^2 a) - 2x \sin a \cos a]$$

$$HA \cdot HD = \frac{y}{\sin^2 a} [y \cos 2a - x \sin 2a]. \quad \text{Weiter ist}$$

$$HZ = \frac{y}{\sin a}. \quad \text{Daher folgt}$$

$$HZ^2 : HA \cdot HD = y : (y \cos 2a - x \sin 2a).$$

Es soll also sein $y : (y \cos 2a - x \sin 2a) = AC : AB$ oder

$$AB \cdot y = AC \cdot y \cos 2a - AC \cdot x \sin 2a$$

$$y \cdot (AC \cos 2a - AB) = x \cdot AC \cdot \sin 2a$$

$$y^2 (AC^2 \cos^2 2a - 2AB \cdot AC \cdot \cos 2a + AB^2) = (r^2 - y^2) \cdot AC^2 \sin^2 2a$$

$$y^2 \cdot (AC^2 - 2AB \cdot AC \cos 2a + AB^2) = r^2 \sin^2 2a \cdot AC^2$$

$$y \cdot \sqrt{AC^2 - 2AB \cdot AC \cdot \cos 2a + AB^2} = r \sin 2a \cdot AC.$$

Demnach ist der Punkt Z auf folgende Art konstruierbar: Man konstruiert ein Dreieck aus den Seiten AB und AC, welche den Winkel $2a$ einschließen. Man trage auf AC die Strecke $AE = r$ ab, fälle von E auf AB das Lot EF, trage EF von B

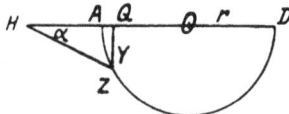

Fig. 64.

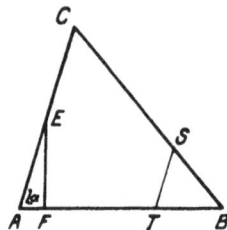

Fig. 65.

aus auf AC ab, BS, ziehe zu CA die Parallele durch S, ST. Dann ist ST gleich der gesuchten Strecke y.

24. Die analog der Untersuchung in Anm. 23 durchgeführte Rechnung liefert, wenn wiederum das von Z auf den Durchmesser gefällte Lot mit y und der Winkel ZHQ mit a bezeichnet wird:

$$y \cdot \sqrt{AC^2 - 2AB \cdot AC \cdot \cos (2R - 2a) + AB^2} = r \sin 2a \cdot AC.$$

Es muß also nur der Winkel $2a$ der vorigen Konstruktion durch seinen Nebenwinkel ersetzt werden.

II. Buch.

Apollonius dem Eudemos Gruß zuvor.

Wenn es dir gut geht, freut es mich. Auch mir geht es zur Zufriedenheit. Ich habe meinen Sohn Apollonius zu dir mit dem Auftrag gesandt, dir das zweite Buch meiner Forschungen über die Kegelschnitte zu überbringen. Studiere es sorgfältig und laß auch die daran teilnehmen, die dieser Dinge würdig sind! Und wenn zufällig der Geometer Philonides, den ich dir in Ephesus bekannt machte, in die Nähe von Pergamos kommt, so mache auch ihm von diesem Buch Mitteilung. Laß es dir weiter gut gehen und lebe wohl!

§ 1.

Wenn eine Gerade eine Hyperbel im Scheitel berührt[1]) und es wird auf der Tangente vom Berührungspunkt aus nach beiden Seiten eine Strecke abgetragen, deren Quadrat gleich dem vierten Teil des Hyperbel rechtecks ist, so werden die Verbindungslinien des Mittelpunkts mit den Endpunkten der auf der Tangente abgetragenen Strecken die Hyperbel nicht schneiden (Fig. 1).

Es sei AB der Durchmesser, C der Mittelpunkt, BZ der Parameter einer Hyperbel. Die Tangente DE berühre die Hyperbel in B. Es sei

$$DB^2 = BE^2 = \tfrac{1}{4}\, AB \cdot BZ.$$

Fig. 1.

CD und CE mögen verlängert werden. Ich behaupte, daß diese Geraden die Hyperbel nicht schneiden.

Wenn es möglich ist, so schneide CD die Hyperbel in H. Von H aus werde HF geordnet gezogen. Es ist demnach HF parallel DE (I, § 17). Da nun

$$AB : BZ = AB^2 : AB \cdot BZ \text{ und}$$
$$CB^2 = \tfrac{1}{4}\, AB^2 \text{ sowie}$$
$$DB^2 = \tfrac{1}{4} AB \cdot BZ \text{ ist, so folgt}$$

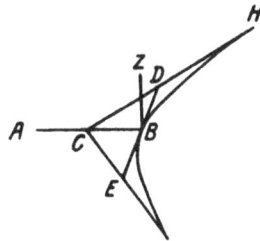

$$AB: BZ = CB^2: DB^2 = CF^2: FH^2.$$ Es ist aber

auch $\quad AB: BZ = AF \cdot FB: FH^2$ (I, § 21). Daher ist

$$AF \cdot FB = CF^2.$$

Dies ist aber unmöglich[3]). Daher schneidet CD die Kurve nicht. In gleicher Weise kann gesagt werden, daß auch CE die Kurve nicht schneidet. CD und CE heißen **Asymptoten** der Hyperbel.

§ 2.

Unter denselben Voraussetzungen ist zu zeigen, daß es keine von C ausgehende Gerade innerhalb des Winkels DCE gibt, die die Hyperbel nicht schneidet (Fig. 2).

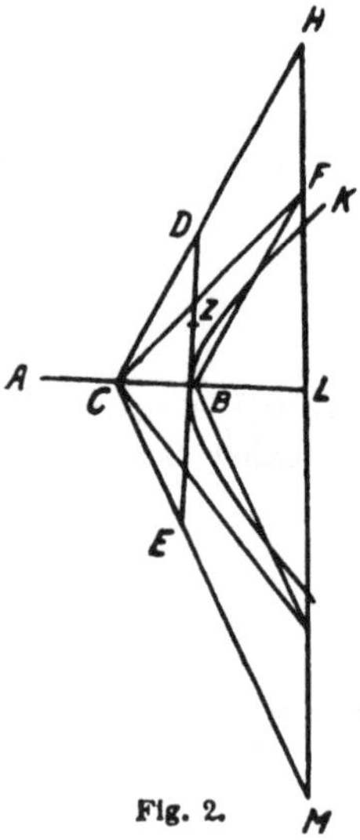

Wenn es nämlich möglich wäre, so sei CF eine solche Gerade. Durch B werde zu CD die Gerade BF parallel gezogen, sie treffe CF in F. Es werde $DH = BF$ gemacht. HF werde verlängert bis zu den Punkten K, L, M. Da nun BF und DH gleich und parallel sind, so sind auch DB und HF gleich und parallel. Und da AB in C halbiert wird, so ist

$$AL \cdot LB + CB^2 = CL^2.$$

Da weiter HM parallel DE und $DB = BE$ ist, so ist auch $HL = LM$. Und da $HF = DB$ ist, so ist $HK > DB$. Es ist aber auch $KM > BE$, da ja $LM > BE$ ist. Demnach ist

$$MK \cdot KH > DB \cdot BE = DB^2.$$

Da nun $\quad AB : BZ = CB^2: BD^2$ (§ 1)

und $\quad AB : BZ = AL \cdot LB: LK^2$ (I, § 21),

Fig. 2. ferner $\quad CB^2: BD^2 = CL^2: LH^2$, so folgt

$$CL^2: LH^2 = AL \cdot LB: LK^2.$$

Hieraus folgt $(CL^2 - AL \cdot LB): AL \cdot LB = (LH^2 - LK^2): LK^2$

$$CB^2 : AL \cdot LB = HK \cdot KM: LK^2$$

$$CB^2: HK \cdot KM = AL \cdot LB: LK^2 \text{ oder auch}$$

$$CB^2: HK \cdot KM = CL^2: LH^2$$

$$CB^2: HK \cdot KM = CB^2: DB^2$$

$$HK \cdot KM = DB^2.$$

Dies aber ist unmöglich. Denn es war bewiesen worden, daß $HK \cdot KM > DB^2$ ist. Es kann also CF keine Asymptote sein.

§ 3.

Jede Tangente der Hyperbel schneidet die Asymptoten. Der zwischen den Asymptoten liegende Abschnitt der Tangente wird durch den Berührungspunkt halbiert. Das Quadrat jeder der Hälften ist gleich dem vierten Teil des Rechtecks, gebildet aus dem zum Berührungspunkt gehörigen Durchmesser und dem zu diesem Durchmesser gehörigen Parameter (Fig. 3).

ABC sei eine Hyperbel, E der Mittelpunkt, ZE und EH die Asymptoten. FK sei eine Tangente, B ihr Berührungspunkt. Ich behaupte, daß FK verlängert die Asymptoten ZE und EH schneidet.

Wenn möglich, so schneide FK die Asymptoten nicht. BE werde über E hinaus bis D verlängert. BD ist also ein Durchmesser der Hyperbel. Es möge von B aus nach beiden Seiten auf der Tangente die Strecke abgetragen werden, deren Quadrat gleich dem vierten Teil des zum Durchmesser DB gehörigen Hyperbelrechtecks ist. Diese Strecken seien BF und BK. Es werde E mit F und K verbunden. Dann sind diese Verbindungslinien Asymptoten (§ 1). Dies ist unmöglich (§ 2), denn der Voraussetzung nach sind ZE und EH Asymptoten. KF trifft also verlängert die Asymptoten EZ und EH in Z und H.

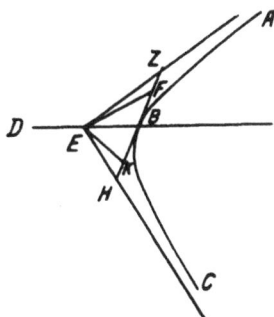

Fig. 3.

Ich behaupte weiter, daß BZ^2 und BD^2 gleich dem vierten Teile des dem Durchmesser DB entsprechenden Hyperbelrechteck ist.

Wenn dies nicht der Fall wäre, so sei BF^2 und BK^2 diesem vierten Teile gleich. Dann wären FE und FK Asymptoten (§ 1). Dies ist unmöglich (§ 2). Demnach ist sowohl ZB^2 als auch BH^2 gleich dem vierten Teile des zum Durchmesser DB gehörigen Hyperbelrechtecks[4]).

§ 4.

Wenn die beiden Schenkel eines Winkels gegeben sind und ein Punkt innerhalb des Winkels, eine Hyperbel zu konstruieren, die durch diesen Punkt geht und die die Schenkel des Winkels zu Asymptoten hat (Fig. 4).

Es seien AC und AB die beiden Geraden, D sei ein Punkt innerhalb des Winkels BAC. Es handelt sich darum, eine Hyperbel zu konstruieren, die durch D geht und deren Asymptoten AC und AB sind.

Es werde AD gezogen und über A hinaus um sich selbst bis E verlängert. Durch D werde DZ parallel zu AB gezogen. AZ werde über Z hinaus um sich selbst

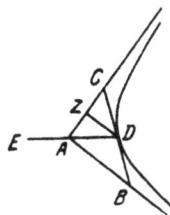

Fig. 4.

verlängert. *CD* werde über *D* bis *B* verlängert. Die Strecke *H* sei bestimmt durch die Gleichung

$$CB^2 = DE \cdot H.$$

Es werde nun die Hyperbel mit dem Durchmesser *ED* und dem Parameter *H* konstruiert. Da nun *DZ* parallel *BA* und *CZ = ZA* ist, so ist auch *CD = DB*. Daher ist $CB^2 = 4 CD^2$, und somit $CD^2 = DB^2 = \frac{1}{4} DE \cdot H$. Daher sind *AB* und *AC* Asymptoten der Hyperbel (§ 1).

§ 5.

Wenn ein Durchmesser einer Hyperbel oder Parabel eine Sehne halbiert, so wird diese der im Endpunkt des Durchmesser konstruierten Tangente parallel sein (Fig. 5).

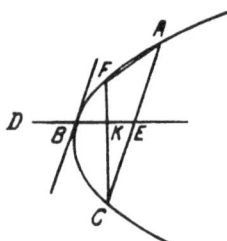

Es sei *ABC* eine Hyperbel oder Parabel, *DBE* sei ein Durchmesser. *ZBH* sei eine Tangente; es werde die Sehne *AEC* durch den Durchmesser im Punkt *E* halbiert. Ich behaupte, daß *AC* parallel *ZH* ist.

Wenn es nicht der Fall ist, so werde durch *C* die Parallele *CF* zu *ZH* gezogen und es werde *F* mit *A* verbunden. Da nun *ABC* eine Hyperbel oder Parabel ist, *DE* der Durchmesser, *ZH* eine Tangente, *CF* der Tangente parallel ist, so ist *CK = KF* (I, § 46, 47). Es ist aber auch *CE = EA*. Es wäre demnach *AF* parallel *KE*. Das ist unmöglich, denn die Verlängerung von *AF* schneidet *BD* (I, § 22).

Fig. 5.

§ 6.

Wenn der Durchmesser einer Ellipse oder eines Kreises eine Sehne halbiert, die nicht durch den Mittelpunkt der Kurve geht, so wird diese der im Endpunkt des Durchmessers konstruierten Tangente parallel sein (Fig. 6).

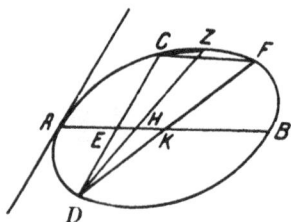

AB sei Durchmesser einer Ellipse oder eines Kreises. *AB* halbiere die nicht durch den Mittelpunkt der Kurve gehende Sehne *CD* in *E*. Ich behaupte, daß die Tangente in *A* der Geraden *CD* parallel ist.

Wenn es nicht der Fall ist, so sei *DZ* der Tangente parallel. Dann wäre *DH = DZ* (I, § 47). Es ist aber auch *DE = EC*. Demnach wäre *CZ = EH*. Dies ist unmöglich, denn entweder ist *H* der Mittelpunkt der Kurve, dann müssen *CZ* und *AB* einander schneiden (I, § 23), oder *H* ist nicht der Mittelpunkt, dann sei *K* der Mittelpunkt, dann möge *DK* gezogen, bis zum Schnitt *F* mit der Kurve verlängert werden und es möge *C* mit *F* verbunden werden.

Fig. 6.

Da nun $DK = KF$, anderseits $DE = EC$ ist, so ist CF parallel AB. Es sollte aber auch CZ parallel AB sein. Das ist unmöglich. Also ist CD der in A konstruierten Tangente parallel.

§ 7.

Wenn der Mittelpunkt der Sehne eines Kegelschnitts mit dem Berührungspunkt der zu ihr parallelen Tangente verbunden wird, so ist die Verbindungslinie ein Durchmesser des Kegelschnitts (Fig. 7).

Es sei ABC ein Kegelschnitt, ZH sei eine Tangente, AC sei ZH parallel, der Mittelpunkt von AC sei E. Es werde BE gezogen. Ich behaupte, daß BE ein Durchmesser des Kegelschnitts ist.

Angenommen, es sei nicht der Fall, so wäre BF ein Durchmesser. Dann wäre $AF = CF$ (Def. 4 vor I, § 1). Das ist unmöglich. Es ist also $AE = CE$. Es kann also BF nicht Durchmesser des Kegelschnitts sein. In gleicher Weise können wir zeigen, daß auch keine andere Gerade außer BE Durchmesser sein kann.

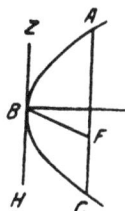

Fig. 7.

§ 8.

Wenn eine Gerade eine Hyperbel in zwei Punkten schneidet, so wird sie auf beiden Seiten verlängert die Asymptoten schneiden, und die zwischen Hyperbel und Asymptoten entstehenden Abschnitte werden gleich sein (Fig. 8).

Es sei ABC eine Hyperbel, ED und DZ seien die Asymptoten. AC schneide die Hyperbel ABC. Ich behaupte, daß AC nach beiden Seiten verlängert die Asymptoten schneidet.

Es werde AC im Punkte H halbiert, und es werde DH gezogen. DH ist dann ein Durchmesser der Hyperbel (§ 7). Die Tangente in B wird dieser AC parallel sein (§ 5). Diese Tangente sei FBK. Sie wird ED und DZ schneiden (§ 3). Da nun AC parallel KF ist und KF die Geraden DK und DF schneidet, so muß auch AC die Geraden DE und DZ schneiden.

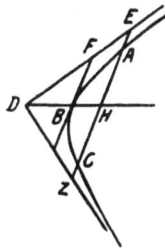

Fig. 8.

Die Schnittpunkte seien E und Z. Es ist $FB = BK$ (§ 1). Es ist demnach auch $ZH = HE$. Daher ist auch $CZ = AE$.

§ 9.

Wenn der zwischen den Asymptoten einer Hyperbel gelegene Abschnitt einer Geraden durch die Hyperbel halbiert wird, so hat die Gerade mit der Hyperbel nur einen Punkt gemeinsam (Fig. 9).

Die Gerade CD schneide die Asymptoten. Die auf der Geraden begrenzte Strecke werde durch die Hyperbel in Punkt E halbiert. Ich behaupte, daß die Hyperbel mit der Geraden keinen anderen Punkt gemeinsam hat.

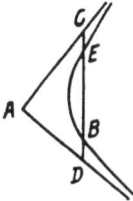

Angenommen, sie habe mit der Geraden den Punkt B gemeinsam. Dann wäre $CE = DB$ (§ 8). Das ist unmöglich. Denn es war vorausgesetzt worden, daß $CE = ED$ sei. Die Hyperbel hat also mit der Geraden keinen zweiten Punkt gemeinsam.

Fig. 9.

§ 10.

Wenn eine Gerade eine Hyperbel schneidet und auf beiden Seiten die Asymptoten schneidet, so ist das Rechteck, das gebildet wird aus den Abschnitten der zwischen den Asymptoten liegenden Strecke, die durch einen Schnittpunkt mit der Hyperbel gebildet werden, gleich dem vierten Teile des Hyperbelrechtecks, das zu demjenigen Durchmesser gehört, der durch die Mitte der Hyperbelsehne geht (Fig. 10).

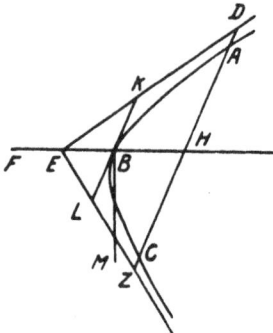

DE und EZ seien die Asymptoten der Hyperbel ABC. DZ sei eine Gerade, die die Hyperbel und die beiden Asymptoten schneidet. AC werde in H halbiert. Es werde HE gezogen. Es sei $BE = EF$. Es werde durch B senkrecht zu FEB die Strecke BM, die die Länge des Parameters habe, gezogen. BF ist also Durchmesser, BM der zu ihm gehörige Parameter. Ich behaupte, daß

Fig. 10.

$$DA \cdot AZ = DC \cdot CZ = \tfrac{1}{4} FB \cdot BM \text{ ist.}$$

Es werde nämlich durch B die Hyperbeltangente KL gezogen. KL ist dann zu DZ parallel (§ 5). Da nun bewiesen worden ist, daß

$$FB : BM = EB^2 : BK^2 \ (\S\ 1) = EH^2 : DH^2 \text{ ist,}$$

anderseits $\quad FB : BM = FH \cdot HB : HA^2 \ (\text{I, § 21}),$ so folgt

$$EH^2 : HD^2 = FH \cdot HB : HA^2. \text{ Daher ist}$$

$$EH^2 - FH \cdot HB : HD^2 - HA^2 = EH^2 : ED^2$$

oder $\qquad EB^2 : DA \cdot AZ = EB^2 : BK^2.$

Daher ist $\quad DA \cdot AZ = BK^2.$ Ebenso ist

$$DC \cdot CZ = BL^2.$$

Es ist aber $\qquad BK^2 = BL^2.$ Daher ist auch

$$DA \cdot AZ = DC \cdot CZ.$$

§ 11.

Wenn eine Gerade nur die eine der beiden Asymptoten einer Hyperbel schneidet, so trifft sie die Hyperbel nur in einem Punkt. Das Rechteck, dessen eine Seite gleich dem von der Hyperbel und der Asymptote auf der Geraden begrenzten Abschnitt, dessen andere Seite gleich dem von der Hyperbel und der Verlängerung der anderen Asymptote auf der Geraden begrenzten Abschnitt ist, ist gleich dem vierten Teil des Quadrates des Hyperbeldurchmessers, der der schneidenden Geraden parallel ist (Fig. 11).

Es seien AC und AD die Asymptoten einer Hyperbel. DA werde bis zu einem beliebigen Punkt E verlängert. Durch den Punkt E werde die Gerade EZ gezogen, die AC schneidet.

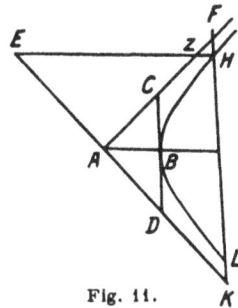

Fig. 11.

Daß diese Gerade die Hyperbel nur in einem Punkt schneidet, ist klar. Denn die durch A zu EZ gezogene Parallele AB teilt den Winkel CAD, schneidet die Hyperbel (§ 2) und ist ein Durchmesser der Hyperbel (I, § 51, Zusatz). Demnach schneidet auch EZ die Hyperbel nur in einem Punkt (I, § 26). Der Schnittpunkt sei H.

Ich behaupte weiter, daß $EH \cdot HZ = AB^2$ ist. Es werde nämlich durch H die Gerade $FHLK$ geordnet gezogen. Die Tangente in B wird dann HF parallel sein (§ 5). Diese Tangente sei CD. Da nun $CB = BD$ (§ 3), so ist auch

$$CB^2 : BA^2 = CB \cdot BD : BA^2 = (CB : BA) \cdot (BD : BA).$$

Es ist aber

$$CB : BA = FH : HZ \text{ und}$$

$$BD : BA = HK : HE, \text{ daher}$$

$$CB^2 : BA^2 = FH \cdot HK : HZ \cdot HE \text{ oder}$$

$$KH \cdot FH : CB^2 = EH \cdot HZ : AB^2.$$

Wir haben aber bewiesen, daß

$$KH \cdot HF = CB^2 \text{ ist (§ 10), daher ist auch}$$

$$EH \cdot HZ = AB^2.$$

§ 12.

Wenn von einem Punkt einer Hyperbel aus zwei Geraden unter beliebigen Winkeln bis zu den Asymptoten gezogen werden und von einem anderen Punkt der Hyperbel zwei diesen parallele Geraden, so ist das Rechteck gebildet aus den beiden ersten Strecken gleich dem Rechteck aus den beiden anderen Strecken (Fig. 12).

AB und BC seien die Asymptoten einer Hyperbel. Es werde ein Punkt D auf der Hyperbel angenommen, und es mögen durch diesen bis zu den Asymptoten AB, BC die Geraden DE und DZ gezogen werden. Es möge ferner ein anderer Punkt H der Hyperbel angenommen werden. Durch H mögen zu ED und DZ parallel die Geraden HF und HK gezogen werden. Ich behaupte, daß $ED \cdot DZ = FH \cdot HK$ ist.

Es werde nämlich DH gezogen und bis A und C verlängert. Da nun

$$AD \cdot DC = AH \cdot HC \text{ (§ 10), so ist}$$
$$AH : AD = DC : CH. \text{ Es ist aber}$$
$$AH : AD = HF : ED \text{ und}$$
$$DC : CH = DZ : HK. \text{ Daher ist}$$
$$HF : ED = DZ : HK \text{ oder}$$
$$HF : HK = ED \cdot DZ.$$

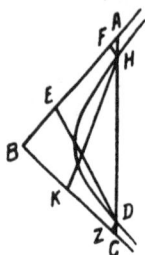

Fig. 12.

§ 13.

Wenn innerhalb des von den Asymptoten eingeschlossenen Winkels eine Parallele zu einer Asymptote gezogen wird, so wird diese die Hyperbel nur in einem Punkte schneiden (Fig. 13).

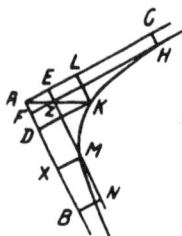

Es seien AC und AB die Asymptoten einer Hyperbel. E sei ein beliebiger Punkt der einen Asymptote. Durch E werde EZ parallel zu AB gezogen. Ich behaupte, daß EZ die Hyperbel schneidet.

Wenn EZ die Hyperbel nicht schneidet, so werde ein Punkt H auf der Hyperbel angenommen. Durch H mögen HC und HF als Parallelen zu den Asymptoten gezogen werden. Der Punkt Z werde auf EZ so bestimmt, daß $CH \cdot HF = AE \cdot EZ$ ist. Es werde A mit Z verbunden und verlängert. Die Verlängerung wird die Hyperbel

Fig. 13.

schneiden (§ 2), der Schnittpunkt sei K. Durch K mögen die Geraden KL und KD parallel zu den Asymptoten gezogen werden. Dann ist $CH \cdot HF = LK \cdot KD$ (§ 12). Es war aber auch $CH \cdot HF = AE \cdot EZ$. Also ist $AE \cdot EZ = LK \cdot KD = LK \cdot LA$. Dies ist aber unmöglich, denn es ist $LK > EZ$ und $LA > AE$. Also schneidet EZ die Hyperbel. Der Schnittpunkt sei M.

Ich behaupte weiter, daß EZ die Hyperbel nur in M schneidet. Wenn es nämlich möglich ist, so schneide EZ die Hyperbel auch noch in N. Dann mögen durch M und N die Parallelen MX und NB gezogen werden. Dann wäre $EM \cdot MX = EN \cdot NB$. Dies aber ist unmöglich, also schneidet EZ die Hyperbel nur in einem Punkte.

§ 14.

Die Asymptoten und die Hyperbel nähern sich, bis ins Unendliche verlängert, immer mehr, und zwar bis zu einem Abstand, der kleiner ist als jede angegebene Größe (Fig. 14).

Es seien AB und AC die Asymptoten einer Hyperbel K sei die gegebene Größe. Ich behaupte, daß AB und AC und die Hyperbel, verlängert, schließlich einen geringeren Abstand als K haben.

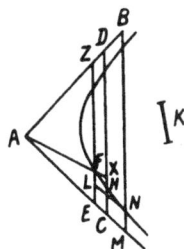

Es mögen die Sekanten ETZ und CHD parallel der Tangente[5]) gezogen werden. Es werde AF verbunden und bis X verlängert. Da nun

$$CH \cdot HD = ZF \cdot FE \quad (\text{§ 10}), \text{ so ist}$$
$$HD:ZF = FE:CH. \text{ Es ist aber}$$
$$HD > ZF, \text{ daher auch}$$
$$FE > CH.$$

Fig. 14.

In gleicher Weise können wir zeigen, daß auf jeder folgenden Parallelen zu CH kleinere Abschnitte begrenzt werden.

Es werde nun auf EF eine Strecke $EL < K$ abgetragen und durch L zu AC parallel LN gezogen. Diese Parallele muß die Hyperbel schneiden (§ 13). Der Schnittpunkt sei N. Durch N werde MNB parallel zu EZ gezogen. Dann ist $MN = EL$ und daher ist $MN < K$.

Zusatz.

Daher ist ersichtlich, daß von allen Geraden, welche eine Hyperbel nicht schneiden, AB und AC diejenigen Geraden sind, die der Hyperbel am nächsten kommen, und daß der Winkel BAC kleiner ist als irgendein Winkel der von zwei Geraden gebildet werden kann, die mit der Hyperbel keinen Punkt gemeinsam haben.

§ 15.

Zugehörige Hyperbeln haben die gleichen Asymptoten (Fig. 15).

Es seien zwei zugehörige Hyperbeln gegeben. AB sei ihr Durchmesser, C der Mittelpunkt. Ich behaupte, daß die Hyperbeln A und B gemeinsame Asymptoten haben.

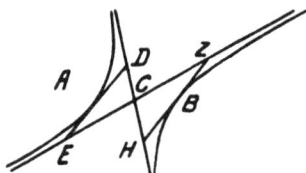

Es mögen in den Punkten A und B die Tangenten DAE und ZBH gezogen werden. Diese sind also parallel. Es möge $DA = AE = ZB = BH$ so abgetragen werden, daß das Quadrat jeder dieser Strecken gleich dem vierten Teil des Hyperbelrechtecks ist. Es sind also die Strecken DA,

Fig. 15.

AE, ZB, BH gleich. Es mögen nun CD, CE, CZ, CH gezogen werden. Es ist nun ersichtlich, daß DCH auf einer Geraden liegen und ebenso ZCE. Da nun AB Durchmesser einer Hyperbel, DE Tangente und $DA^2= AE^2$ gleich dem vierten Teil des Hyperbelrechtecks, so sind DE und CE Asymptoten (§ 1). Aus dem gleichen Grunde sind auch ZC und CH Asymptoten der Hyperbel B. Die beiden zugehörigen Hyperbeln haben also gemeinsame Asymptoten.

§ 16.

Wenn zwei zugehörige Hyperbeln gegeben sind und es wird eine Gerade gezogen, die beide Schenkel desjenigen Winkels zwischen den Asymptoten, der die Hyperbel nicht einschließt, schneidet, so wird diese Gerade jede der zugehörigen Hyperbeln nur in einem Punkte schneiden, und die Abschnitte, die auf dieser Geraden zwischen je einer Asymptote und der zu ihr gehörigen Hyperbel liegen, werden einander gleich sein (Fig. 16).

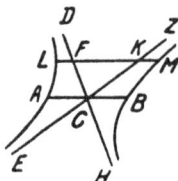

Fig. 16.

Es seien A und B zwei zugehörige Hyperbeln, C ihr Mittelpunkt, DCH, ECZ die Asymptoten, und es werde eine Gerade gezogen, die die Geraden DC und CZ schneidet, nämlich FK. Ich behaupte, daß die verlängerte Gerade FK jede der zugehörigen Hyperbeln nur in einem Punkte schneidet.

Da nämlich DC und CE Asymptoten der Hyperbel A sind und die Gerade FK jeden Schenkel des Winkels der Asymptoten schneidet, der die Hyperbel nicht einschließt, so schneidet KF in der Verlängerung über K hinaus die Hyperbel (§ 11). In gleicher Weise wird dies von der Hyperbel B gezeigt. Die Schnittpunkte seien L und M.

Es werde durch C die Parallele zu LM, ACB gezogen. Es ist dann

$$KL \cdot LF = AC^2 \ (\S\,11) \text{ und}$$
$$FM \cdot MK = CB^2. \text{ Daher ist}$$
$$KL \cdot LF = FM \cdot MK \text{ und}$$
$$LF = KM.\text{[6]})$$

§ 17.

Konjugierte Hyperbeln haben gemeinsame Asymptoten (Fig. 17).

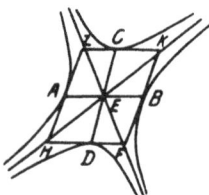

Fig. 17.

Es seien konjugierte Hyperbeln gegeben, AB und CD seien konjugierte Durchmesser. E sei der Mittelpunkt. Ich behaupte, daß die konjugierten Hyperbeln gemeinsame Asymptoten haben.

Es mögen nämlich in den Punkten A, B, C, D die Hyperbeltangenten konstruiert werden, ZAH, HDF, FBK, KCZ. Dann ist also $ZHFK$ ein Parallelogramm (§ 5). Es mögen nun ZEF, KEH gezogen werden.

Dies sind gerade Linien und Diagonalen des Parallelogramms. Sie werden in E halbiert. Da nun CD^2 gleich dem Hyperbelrechteck der Hyperbeln AB ist (I, § 56) und $CE = ED$ ist, so ist $ZA^2 = AH^2 = KB^2 = BF^2$ gleich dem vierten Teil des Hyperbelrechtecks in AB. Daher sind ZEF und KEH Asymptoten der beiden Hyperbeln AB (§ 1). In gleicher Weise werden wir zeigen, daß diese Geraden auch Asymptoten der Hyperbeln CD sind. Also haben konjugierte Hyperbeln gemeinsame Asymptoten.

§ 18.

Wenn zwei zugehörige Hyperbeln und die zu ihnen konjugierten gegeben sind und eine Gerade, die eine der beiden konjugierten Hyperbeln berührt (im übrigen aber außerhalb derselben verläuft), so wird diese Gerade die beiden benachbarten Hyperbeln in je einem Punkte schneiden.

Es seien A, B zwei zugehörige, C, D die ihnen konjugierten Hyperbeln. Eine Gerade EZ berühre die Hyperbel C und falle, verlängert, außerhalb dieser Hyperbel. Ich behaupte, daß sie jede der Hyperbeln AB in je einem Punkte schneidet.

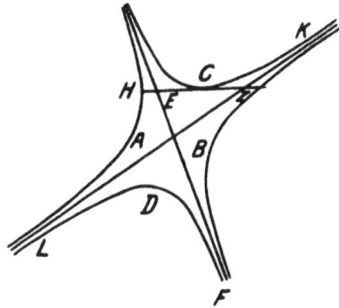

Es seien HF, KL die Asymptoten. EZ trifft, verlängert, HF und KL (§ 3). Es ist also klar, daß EZ auch jede der beiden Hyperbeln A, B in je einem Punkte schneidet (§ 16).

Fig. 18.

§ 19.

Wenn zwei zugehörige und die ihnen konjugierten Hyperbeln gegeben sind und eine Gerade eine beliebige dieser Hyperbeln berührt, so schneidet sie die beiden dieser Hyperbel benachbarten Hyperbeln und wird durch den Berührungspunkt halbiert (Fig. 19).

Es seien A und B zwei zugehörige, C und D die ihnen konjugierten Hyperbeln. Die Gerade ECZ berühre die Hyperbel C. Ich behaupte, daß diese Gerade, verlängert, die Hyperbeln A und B schneidet und daß die zwischen diesen Schnittpunkten gelegene Strecke in C halbiert wird.

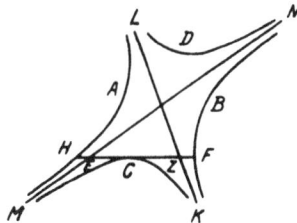

Fig. 19.

Daß die Gerade die Hyperbeln A und B schneidet, ist klar (§ 18). Die Schnittpunkte seien H und F. Ich behaupte, daß $CH = CF$ ist.

Es mögen nämlich die Asymptoten KL und MN gezogen werden.
Es ist $EH = ZF$ (§ 16) und $CE = CZ$ (§ 3), daher auch $CH = CF$.

§ 20.

Wenn zwei zugehörige und die ihnen konjugierten Hyperbeln gegeben
sind und eine Gerade eine dieser Hyperbeln berührt und es werden durch
den Mittelpunkt der Hyperbeln zwei Geraden gezogen, die eine durch den
Berührungspunkt, die andere parallel der Tangente bis zu den Schnittpunkten mit den benachbarten Hyperbeln, so wird die im Schnittpunkt
konstruierte Hyperbeltangente par-
allel sein derjenigen Geraden, die
den Berührungspunkt mit dem
Mittelpunkt verbindet. Die Verbindungslinien der Berührungspunkte mit dem Mittelpunkte der
Hyperbel aber werden konjugierte
Durchmesser sein (Fig. 20).

Es seien A und B zugehörige
Hyperbeln, C und D die ihnen
konjugierten Hyperbeln. X sei der
Mittelpunkt. EZ sei Tangente. Sie
schneide, verlängert, CX in T. EX
werde verbunden und verlängert
bis Q. Durch X werde XH parallel

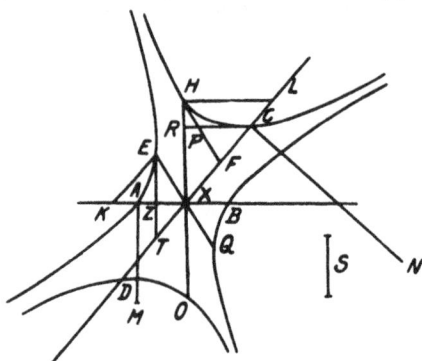

Fig. 20.

zu EZ gezogen, in H werde die Tangente FH konstruiert. Ich behaupte, daß
FH parallel XE ist und daß HO und EX konjugierte Durchmesser sind.

Es mögen nämlich KE, HL, CPR geordnet gezogen werden. AM
und CN seien die Parameter der Hyperbeln. Da nun

$$BA : AM = NC : CD^7)$$ ist und weiter

$$BA : AM = XK \cdot KZ : KE^2 \text{ (I, 37) sowie}$$
$$NC : CD = HL^2 : XL \cdot AF. \text{ so ist}$$
$$XK \cdot KZ : KE^2 = HL^2 : XL \cdot LF.$$

Nun ist aber

$$KZ : KE = HL : LX,$$

denn die Seiten des Dreiecks EKZ sind bezüglich den Seiten des Dreiecks
XLH parallel. Es ist demnach

$$XK : KE = HL : LF.$$

Es ist aber $\sphericalangle XKE = \sphericalangle HLF$.
Also sind die Dreiecke XKE und HLF einander ähnlich.
Es ist demnach auch $\sphericalangle EXK = \sphericalangle LHF$.

Ferner ist aber auch $\angle KXH = \angle LHX$. Bildet man die Differenz, so folgt $\angle EXH = \angle FHX$. Demnach ist EX parallel HF.

Es werde nun die Strecke S konstruiert, die der Proportion genügt

$$RH:HP = FH:S.$$

Dann ist S der Halbparameter der Hyperbeln C, D bezüglich des Durchmessers HO (I, 51). Und da der zum Durchmesser AB zugehörige zweite Durchmesser CD ist, dieser aber ET schneidet, so ist

$$TX \cdot EK = CX^2.$$

Denn, wenn wir durch E die Parallele zu KX ziehen, so wird das Produkt aus TX und der durch die Parallele abgeschnittenen Strecke gleich CX^2 sein (I, 38). Deshalb ist

$$TX:EK = TX^2:XC^2.$$ Es ist aber

$$TX:EK = TZ:ZE = \triangle TXZ:\triangle EZX$$

und $$TX^2:CX^2 = \triangle XTZ:\triangle XCR = \triangle XTZ:\triangle HFX^8).$$

Es folgt also $$\triangle TXZ \triangle EZX = \triangle TZX \triangle XHF.$$

Es ist daher $$\triangle EZX = \triangle XHF.$$

Nun ist $$\angle ZEX = \angle XHF,$$

da die einschließenden Seiten einander parallel sind. Also ist

$$HF:EX = EZ:HX \text{ oder}$$
$$HF \cdot HX = EX \cdot EZ.$$

Da nun $$S:HF = HP:HR \text{ und}$$
$$HP:HR = EX:EZ \text{ ist (Parallelismus)},$$

so folgt $$S:HF = EX:EZ.$$

Nun ist weiter $$S:HF = S \cdot XH:HF \cdot XH \text{ und}$$
$$EX:EZ = EX^2:EZ \cdot EX, \text{ also ist}$$
$$S \cdot XH:HF \cdot XH = EX^2:EZ \cdot EX \text{ oder}$$
$$S \cdot XH:EX^2 = HF \cdot XH:EZ \cdot EX.$$

Es war nun aber $$HF \cdot XH = EZ \cdot EX, \text{ also ist}$$
$$S \cdot XH = EX^2.$$

Es ist nun $S \cdot XH$ gleich dem vierten Teil des zum Durchmesser HO gehörigen Hyperbelrechtecks; denn HX ist die Hälfte von HO und S ist der halbe Parameter. Weiter ist $EX^2 = \frac{1}{4} EQ^2$, da $EX = XQ$. Daher ist EQ^2 gleich dem zum Durchmesser HO gehörigen Hyperbelrechteck.

In gleicher Weise werden wir zeigen, daß auch HO^2 gleich dem zum Durchmesser EQ gehörigen Hyperbelrechteck ist. Also sind EQ und HO konjugierte Durchmesser der konjugierten Hyperbeln A, B, C, D (I, 60).

§ 21.

Wenn die gleichen Voraussetzungen bestehen, so ist zu beweisen, daß der Schnittpunkt der beiden Tangenten auf einer der beiden Asymptoten liegt (Fig. 21).

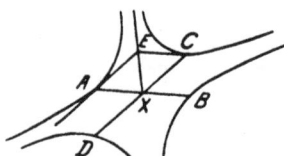

Es seien konjugierte Hyperbeln gegeben. AB und CD seien konjugierte Durchmesser, AE und EC seien Tangenten. Ich behaupte, daß der Punkt E auf einer Asymptote liegt.

Fig. 21.

Da nämlich CX^2 gleich dem vierten Teile des zum Durchmesser AB gehörigen Hyperbel-rechtecks ist, anderseits $CX^2 = AE^2$, so ist auch AE^2 gleich dem vierten Teile des zum Durchmesser AB gehörigen Hyperbel-rechtecks. Es sei nun EX gezogen. Dann ist EX eine Asymptote (II, § 1). Der Punkt E liegt also auf der Asymptote.

§ 22.

Wenn konjugierte Hyperbeln gegeben sind und ein Punkt der einen Hyperbel mit dem Zentrum verbunden wird, wenn weiter eine Parallele zu dieser Verbindungslinie gezogen wird, die einen benachbarten Hyperbel-ast und seine Asymptoten schneidet, so ist das Rechteck, gebildet aus den durch den einen Hyperbelschnittpunkt gebildeten Abschnitten der zwischen den Asymptoten liegenden Verbindungslinie gleich dem Quadrat über jener Verbindungslinie.

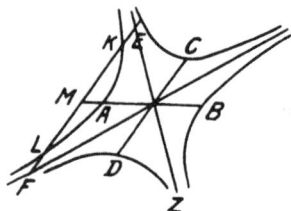

Es seien (Fig. 22) A, B, C, D konjugierte Hyperbeln, EXZ, HXF seien die Asymptoten. Durch X werde die Gerade CXD gezogen.

Fig. 22.

Die Gerade FE, die den benachbarten Hyperbelast und seine Asymptoten schneidet, sei parallel zu CXD. Ich behaupte, daß

$$EK \cdot KF = CX^2 \text{ ist.}$$

Es möge KL in M halbiert werden, und es werde MX gezogen und über X hinaus verlängert. Dann ist AB also ein Durchmesser der Hyperbeln A und B. Da nun die Tangente in A parallel ist EF (II, § 5), so ist EF geordnet zu AB gezogen. X ist das Zentrum der Hyperbeln, AB und CD sind also konjugierte Durchmesser (Def. 6). Demnach ist CX^2 gleich dem vierten Teile des zum Durchmesser AB gehörigen Hyperbelrechtecks. Anderseits ist diesem vierten Teile des Rechtecks auch das Rechteck $FK \cdot KE$ gleich (II, § 10). Also ist $EK \cdot KF = CX^2$.

§ 23.

Wenn konjugierte Hyperbeln gegeben sind und es wird der Mittelpunkt mit einem Hyperbelpunkt verbunden, wenn weiter eine Parallele zu dieser Verbindungslinie gezogen wird, die drei aufeinander folgende Hyperbeln schneidet, so wird das Rechteck, das besteht aus den Abschnitten, die auf der durch die äußeren Hyperbeln gebildeten Sehne durch einen der Schnittpunkte mit der mittleren Hyperbel gebildet werden, doppelt so groß sein wie das Quadrat der vom Zentrum aus gezogenen Verbindungslinie.

Es seien A, B, C, D (Fig. 23) konjugierte Hyperbeln, X der Mittelpunkt. Von X aus werde die Verbindungslinie mit irgendeinem Hyperbelpunkt XC gezogen. Zu XC werde eine Parallele KL gezogen, die drei auf einanderfolgende Hyperbeln schneidet. Ich behaupte, daß $KM \cdot ML = 2\,CX^2$ ist.

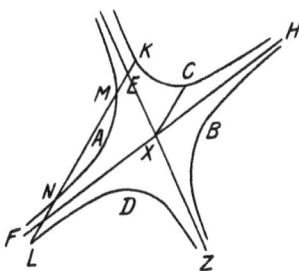

Fig. 23.

Es mögen nämlich die Asymptoten EZ, HF gezogen werden. Dann ist

$$CX^2 = FM \cdot ME \ (\S\,22) = FK \cdot KE \ (\S\,11). \ \text{Es ist also}$$
$$FM \cdot ME + FK \cdot KE = LM \cdot MK^9)$$

Also ist
$$LM \cdot MK = 2\,CX^2.$$

§ 24.

Wenn zwei unverlängerte Parabelsehnen einander nicht schneiden, so müssen sich ihre Verlängerungen im Äußeren der Parabel schneiden.

Es sei $ABCD$ eine Parabel (Fig. 24). Es mögen AB und CD zwei Parabelsehnen sein, die unverlängert einander nicht schneiden. Ich behaupte, daß ihre Verlängerungen einander schneiden.

Es mögen durch B und C die Durchmesser der Parabel EBZ, HCF gezogen werden. Diese sind parallel und schneiden jeder die Parabel nur in einem Punkt (I, § 26). Es werde nun BC gezogen. Die Summe der Winkel EBC und BCH beträgt $2\,R$. DC und BA müssen also verlängert einen Winkel bilden, der kleiner ist als $2\,R$. Sie müssen einander also schneiden. Der Schnittpunkt aber muß außerhalb der Parabel liegen.

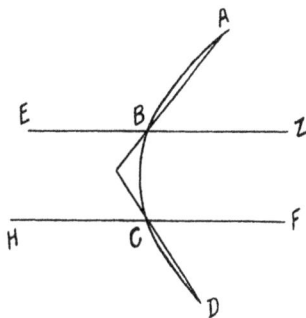

Fig. 24.

§ 25.

Wenn zwei Hyperbelsehnen unverlängert einander nicht schneiden, so müssen ihre Verlängerungen einander schneiden, und zwar liegt der Schnittpunkt außerhalb der Hyperbel, aber innerhalb des Asymptotenwinkels.

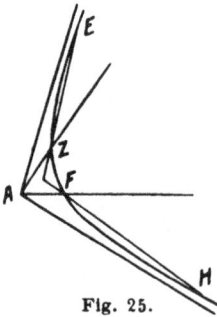

Fig. 25.

Es seien AB und AC die Asymptoten einer Hyperbel (Fig. 25). Es mögen EZ und HF Hyperbelsehnen sein, die, unverlängert, einander nicht schneiden. Ich behaupte, daß die Verlängerungen von EZ und HF einander außerhalb der Hyperbel, aber innerhalb des Winkels CAB, schneiden.

Es mögen nämlich AZ und AF verlängert werden, und es werde ZF gezogen. Da nun die Verlängerungen von EZ und HF die Winkel AZF und AFZ schneiden, Winkel, deren Summe kleiner als $2R$ ist, so schneiden EZ und HF, verlängert, einander außerhalb der Hyperbel, aber innerhalb des Winkels BAC.

In gleicher Weise werden wir zeigen können, daß dies auch der Fall ist, wenn EZ und HF Tangenten sind.

§ 26.

Wenn zwei Sehnen einer Ellipse oder eines Kreises einander schneiden, jedoch nicht im Mittelpunkt der Kurve, so halbieren sie einander nicht.

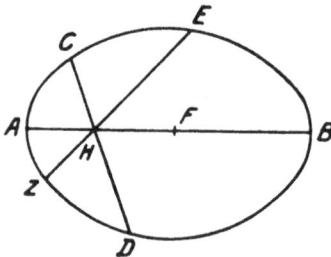

Fig. 26.

Wenn es nämlich möglich ist, so seien CD und EZ (Fig. 26) zwei Sehnen einer Ellipse oder eines Kreises, die einander in H schneiden. F sei der Mittelpunkt der Kurve. HF werde gezogen und gebe verlängert AB.

Da nun AB ein Durchmesser ist, der EZ halbiert, so ist die Tangente in A parallel EZ (II, § 6). In gleicher Weise werden wir zeigen, daß sie auch parallel CD ist. Daher wäre EZ parallel AD. Dies aber ist unmöglich. Es können also CD und EZ einander nicht halbieren.

§ 27.

Wenn die Verbindungslinie der Berührungspunkte zweier Tangenten einer Ellipse oder eines Kreises durch den Mittelpunkt der Kurve geht, so werden die Tangenten einander parallel sein. Wenn die Verbindungslinie aber nicht durch den Mittelpunkt geht, so werden die Tangenten

einander schneiden, und zwar ist der Schnittpunkt durch die Verbindungslinie vom Mittelpunkt getrennt.

Es sei AB (Fig. 27) eine Ellipse oder ein Kreis. CAD und EBZ seien
Tangenten. Es werde AB gezogen, und es gehe AB zunächst nicht durch
den Mittelpunkt. Ich behaupte, daß CD und EZ parallel sind.

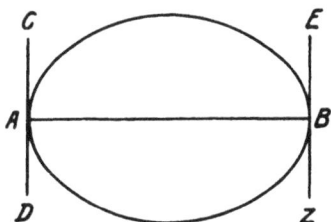 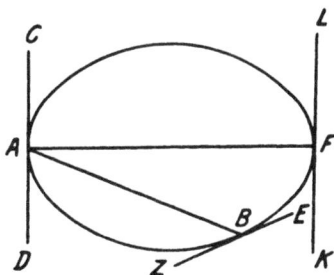

Fig. 27a.   Fig. 27b.

Da nämlich AB ein Durchmesser ist und CD in A berührt, so ist CD
geordnet zu AB gezogen (I, § 17). Aus demselben Grunde ist auch BZ
geordnet gezogen. Also sind CD und EZ parallel.

Es gehe weiter AB nicht durch den Mittelpunkt der Kurve (Fig. 27b),
und es werde der Durchmesser AF gezogen. Durch F werde die Tangente
KFL gezogen. Dann ist KL parallel CD. Dann muß EZ, CD schneiden,
und zwar ist der Schnittpunkt durch die Verbindungslinie AB vom Mittelpunkt getrennt.

§ 28.

Wenn in einem Kegelschnitt oder einem Kreise eine Gerade zwei
parallele Sehnen halbiert, so ist sie ein Durchmesser der
Kurve.

Es seien AB und CD zwei Sehnen eines Kegelschnitts.
E und Z seien die Mittelpunkte der Sehnen. Es werde EZ
gezogen und verlängert. Ich behaupte, daß EZ ein Durchmesser ist.

Wenn es nicht der Fall ist, so sei, wenn dies möglich
ist, HZF ein Durchmesser. Dann ist die Tangente in H parallel zu AB (II, § 5 und 6), daher auch zu CD. Andrerseits
ist HF ein Durchmesser, daher ist $CF = FD$ (Def. 4 vor I,§ 1).
Dies ist unmöglich, denn es sollte $CE = ED$ sein. Also ist
HF kein Durchmesser. In gleicher Weise werden wir zeigen,
daß auch keine andere Gerade ein Durchmesser ist außer EZ. Also ist EZ
ein Durchmesser der Kurve.

Fig. 28.

§ 29.

Die Verbindungslinie des Schnittpunktes zweier Tangenten eines Kegelschnittes oder Kreises mit der Mitte der Berührungssehne ist ein Durchmesser der Kurve.

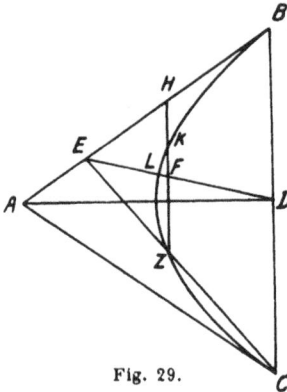

AB und AC (Fig. 29) seien Tangenten eines Kegelschnittes oder Kreises, die einander in A schneiden. BC sei in D halbiert. AD werde gezogen. Ich behaupte, daß AD ein Durchmesser ist.

Wenn es möglich wäre, so sei DE ein Durchmesser, und es werde EC gezogen. EC schneidet alsdann die Kurve (I, § 35 und 36). Der Schnittpunkt sei Z. Durch Z werde ZKH parallel zu CDB gezogen. Da nun $CD = DB$ ist, so ist auch $ZF = FH$. Und da die Tangente in L parallel BC ist (II, § 5 und 6), andrerseits auch ZH und BC parallel sind, so ist auch ZH parallel der Tangente in L. Daher ist $ZF = FK$ (I, § 46 und 47). Das ist unmöglich. Es kann also DE nicht Durchmesser sein. In gleicher Weise werden wir zeigen, daß auch keine andere Gerade Durchmesser sein kann außer AD.

Fig. 29.

§ 30.

Der Durchmesser eines Kegelschnitts oder Kreises, der durch den Schnittpunkt zweier Tangenten gezogen wird, halbiert die Berührungssehne.

Es sei BC (Fig. 30) ein Kegelschnitt oder Kreis. Die beiden Tangenten BA und CA mögen einander in A schneiden. Es werde BC gezogen und durch A der Durchmesser AD. Ich behaupte, daß $DB = DC$ ist.

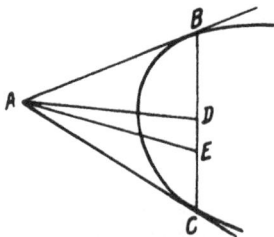

Es sei nicht der Fall, wenn dies möglich ist, sondern es sei etwa $BE = EC$. Dann werde AE gezogen. Dann ist AE ein Durchmesser der Kurve (II, § 29). Es ist aber auch AD ein Durchmesser. Das ist unmöglich. Denn, wenn die Kurve eine Ellipse ist, so müßte der Punkt A, in welchem die Durchmesser einander schneiden, der Mittelpunkt sein und dieser würde außerhalb der Ellipse liegen, was unmöglich ist. Wenn aber die Kurve eine Parabel ist, so würden die Durchmesser einander schneiden (was unmöglich ist). Wenn aber die Kurve eine Hyperbel ist, so würde (II, § 25, Zusatz) der Schnittpunkt der beiden in B und C konstruierten Tangenten

Fig. 30.

A innerhalb des zugehörigen Asymptotenwinkels fallen. Aber *A* müßte ja der Mittelpunkt der Hyperbel sein. Das ist widersinnig. Es kann also *BE* nicht gleich *EC* sein.

§ 31.

Wenn zwei Tangenten an zugehörige Hyperbeln gegeben sind, so werden sie, wenn die Berührungssehne durch den Mittelpunkt geht, parallel sein, wenn aber die Berührungssehne nicht durch den Mittelpunkt geht, so werden die Tangenten einander schneiden, und zwar wird der Schnittpunkt auf derselben Seite der Berührungssehne liegen wie der Mittelpunkt der Hyperbeln.

Es seien *A* und *B* (Fig. 31) zwei zugehörige Hyperbeln. *CAD* und *EBZ* seien Tangenten in *A* und *B*. Die Verbindungslinie *AB* gehe zunächst

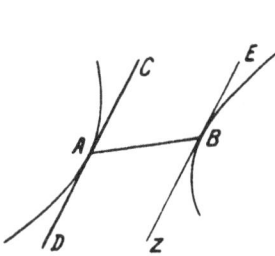

Fig. 31 a.

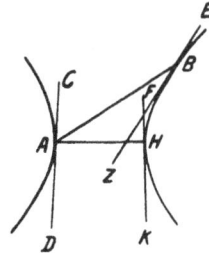

Fig. 31 b.

durch den Mittelpunkt der Hyperbeln (Fig. 31 a). Ich behaupte, daß *CD* parallel *EZ* ist.

Denn da die Hyperbeln zugehörig sind, *AB* aber ein Durchmesser ist und *CD* die eine Hyperbel in *A* berührt, so berührt die durch *B* zu *CD* parallel gezogene Gerade die Hyperbel (I, § 44). Es berührt aber *EZ* die Hyperbel. Also ist *CD* parallel *EZ*.

Es gehe weiter *AB* nicht durch den Mittelpunkt der Hyperbel (Fig. 31 b). Es werde dann der Durchmesser *AH* gezogen und die Tangente (in *H*) *FK*. Dann ist *FK* parallel *CD*. Da nun *EZ* und *FK* die Hyperbel berühren, so müssen sie einander schneiden (II, § 25, Zusatz). Es ist aber *FK* parallel *CD*. Es müssen also *CD* und *EZ* einander schneiden. Und es ist klar, daß der Schnittpunkt auf derselben Seite an *AB* liegt, wie der Mittelpunkt.

§ 32.

Wenn zwei gerade Linien, deren jede je eine von zwei zugehörigen Hyperbeln entweder in zwei Punkten schneidet oder berührt, verlängert einander schneiden, so wird ihr Schnittpunkt in demjenigen Asymptotenwinkel liegen, der die beiden zugehörigen Hyperbeln nicht umschließt.

Es seien zwei zugehörige Hyperbeln gegeben (Fig. 32) und die Geraden AB und CD mögen die eine diese, die andere jene Hyperbel entweder in zwei Punkten schneiden oder berühren. Verlängert mögen die Geraden einander schneiden. Ich behaupte, daß der Schnittpunkt in demjenigen Asymptotenwinkel liegt, der die beiden zugehörigen Hyperbeln nicht umschließt.

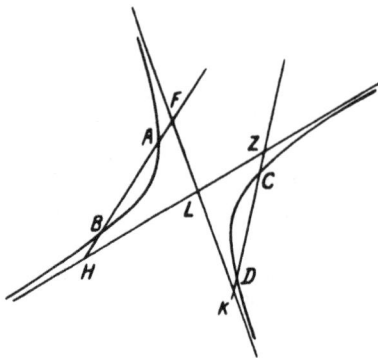

Es seien die Asymptoten ZH und FK. AB muß die Asymptoten schneiden (II, § 8). Die Schnittpunkte seien F und H. Da nun vorausgesetzt ist, daß ZK und FH einander schneiden, so ist klar, daß sie einander entweder im Winkel FLZ oder im Winkel KLH schneiden müssen. Dasselbe gilt aber auch, wenn die Geraden Tangenten sind (II, § 3).

Fig. 32.

§ 33.

Wenn eine Gerade mit einer Hyperbel einen oder zwei Punkte gemeinsam hat und nach beiden Seiten hin außerhalb der Hyperbel fällt, so schneidet sie die zugehörige Hyperbel nicht, sondern verläuft ganz innerhalb der drei Asymptotenwinkel, welche die zugehörige Hyperbel nicht umschließen.

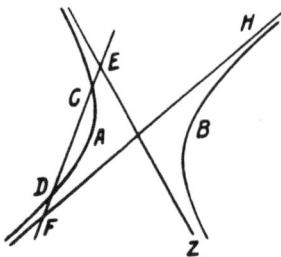

Es seien A und B zwei zugehörige Hyperbeln (Fig. 33) und es habe CD mit der Hyperbel A einen oder zwei Punkte gemeinsam, falle aber nach beiden Seiten hin ganz außerhalb der Hyperbel. Ich behaupte, daß CD die Hyperbel B nicht schneidet.

Es mögen nämlich die Asymptoten EZ und HF gezogen werden. CD wird also verlängert die Asymptoten schneiden (II, § 8 und § 3). Es werden nun die beiden Schnittpunkte E und F vorhanden sein. Daher gibt es keinen Schnittpunkt mit der Hyperbel B.

Fig. 33.

Es ist auch klar, daß sie durch die drei genannten Winkel geht. Denn wenn eine Gerade jede von zwei zugehörigen Hyperbeln schneidet, so wird sie keine der beiden in zwei Punkten schneiden. Denn wenn sie die eine in zwei Punkten schneidet, so wird sie die andere wegen des eben Gesagten nicht schneiden[10]).

§ 34.

Wenn eine Gerade eine von zwei zugehörigen Hyperbeln berührt und es wird eine Sehne der anderen Hyperbel zu dieser Geraden parallel gezogen, so wird die Verbindungslinie des Berührungspunktes mit dem Mittelpunkt der Sehne im Durchmesser der zugehörigen Hyperbeln sein.

Es seien A und B zwei zugehörige Hyperbeln (Fig. 34). Die Gerade CD berühre die eine von ihnen in A. EZ sei eine Sehne der anderen Hyperbel, die zu CD parallel ist. Es sei H der Mittelpunkt von EZ, und es werde H mit A verbunden. Ich behaupte, daß AH ein Durchmesser der zugehörigen Hyperbeln ist.

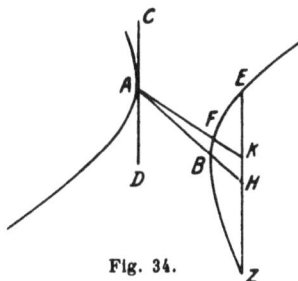

Fig. 34.

Wenn es nämlich möglich ist, so sei AFK ein Durchmesser. Dann wäre die Tangente in F parallel zu CD (II, § 31). Es ist aber auch CD parallel EZ. Es wäre also die Tangente in F parallel EZ. Daher ist $EK = KZ$ (I, § 47). Dies ist unmöglich, denn es ist $EH = HZ$. Daher kann AF nicht Durchmesser der Hyperbeln sein. Es muß also AB ein Durchmesser sein.

§ 35.

Wenn ein Durchmesser die Sehne einer von zwei zugehörigen Hyperbeln halbiert, so wird die in dem Endpunkte des Durchmessers, der auf der anderen Hyperbel liegt, an diese konstruierte Tangente der Sehne parallel sein.

Es seien A, B zwei zugehörige Hyperbeln (Fig. 35). Der Durchmesser AB halbiere die Sehne CD der Hyperbel B in E. Ich behaupte, daß die Tangente in A parallel CD ist.

Wenn es nämlich möglich ist, so sei der Tangente in A parallel die Sehne DZ. Dann ist $DH = DZ$

Fig. 35.

(I, § 48). Es ist aber auch $DE = EC$. Es ist also CZ parallel EH. Das ist unmöglich, denn die Verlängerungen von CZ und EH schneiden einander (I, § 22). Es ist also weder DZ noch eine andere Gerade außer DC parallel der Tangente in A.

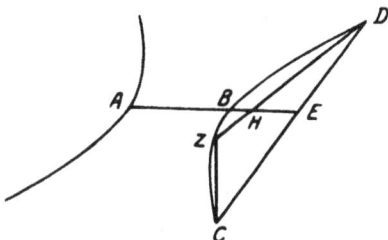

§ 36.

Wenn in jeder von zwei zugehörigen Hyperbeln eine Sehne gezogen ist und diese Sehnen einander parallel sind, so ist die Verbindungslinie der Mittelpunkte dieser Sehnen ein Durchmesser der zugehörigen Hyperbeln.

Es seien A und B zwei zugehörige Hyperbeln (Fig. 36), CD eine Sehne der Hyperbel A, EZ eine Sehne der Hyperbel B, es seien CD und EZ einander parallel. H und F seien die Mittelpunkte der Sehnen, HF sei gezogen. Ich behaupte, daß HF ein Durchmesser der zugehörigen Hyperbeln ist.

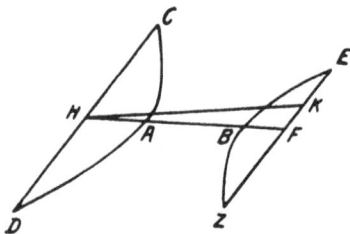

Wenn das nicht der Fall ist, so sei HK ein Durchmesser. Dann ist die Tangente in A parallel CD (II, § 5). Daher ist auch EZ der Tangente in A parallel. Daher ist $EK = KZ$ (I, § 48).

Fig. 36.

Dies aber ist unmöglich, da ja $EF = FZ$ ist. Es kann also HK nicht ein Durchmesser der zugehörigen Hyperbeln sein. Es muß also HF Durchmesser sein.

§ 37.

Wenn eine Gerade zwei zugehörige Hyperbeln schneidet, aber nicht durch den Mittelpunkt geht, so ist die Verbindungslinie des Mittelpunktes der Hyperbeln mit dem Mittelpunkt der auf der Geraden durch die Hyperbeln abgeschnittenen Strecke ein „uneigentlicher" Durchmesser, die Parallele durch den Hyperbelmittelpunkt zur Geraden aber ein „eigentlicher", zu jenem konjugierter Durchmesser.

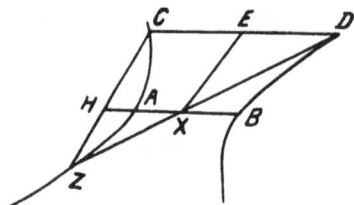

Es seien A und B zwei zugehörige Hyperbeln (Fig. 37), CD schneide die beiden Hyperbeln, gehe jedoch nicht durch den Mittelpunkt der Hyperbeln. E sei der Mittelpunkt von CD, X der Hyperbelmittelpunkt. X werde mit E verbunden. Durch X werde zu CD die Parallele AB gezogen. Ich behaupte, daß AB und EX konjugierte Durchmesser sind.

Fig. 37.

Es werde nämlich DX gezogen, bis Z verlängert, und es werde C mit Z verbunden. Dann ist $DX = XZ$ (I, § 30). Es ist aber auch $DE = EC$. Es ist also EX parallel CZ. Es werde BA bis H verlängert. Da nun $DX = XZ$, so ist auch $EX = ZH$. Daher ist auch $CH = ZH$. Es ist also die Tangente in A parallel zu CZ (II, § 5). Daher ist auch EX der Tangente in A parallel. Daher sind EX und AB konjugierte Durchmesser (I, § 16).

§ 38.

Wenn zwei Tangenten zugehöriger Hyperbeln einander schneiden, so ist die Verbindungslinie des Schnittpunkts mit der Mitte der die beiden Berührungspunkte verbindenden Strecke ein Durchmesser der zugehörigen

Hyperbeln, und zwar ein uneigentlicher, der zu ihm konjugierte eigentliche Durchmesser aber ist die durch den Hyperbelmittelpunkt zu der Strecke gezogene Parallele.

Es seien A und B zwei zugehörige Hyperbeln (Fig. 38). CX und DX seien Tangenten. Es werde C mit D verbunden. E sei der Mittelpunkt von CD. E werde mit X verbunden.

Ich behaupte, daß EX ein uneigent- licher Durchmesser ist, die durch X zu CD gezogene Parallele aber ein eigentlicher, zu jenem konjugierter Durchmesser.

Es sei nämlich, wenn dies möglich ist, EZ Durchmesser, Z ein beliebiger Punkt auf ihm. DX und EZ müssen einander schneiden.[11]) Der Schnitt- punkt sei Z. Es werde C mit Z verbun- den. Dann schneidet CZ die Hyperbel.

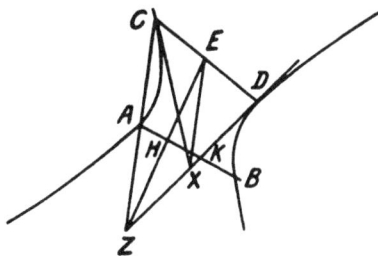

Fig. 38.

Der Schnittpunkt sei A. Durch A werde AB parallel CD gezogen. Da nun EZ Durchmesser ist und CD halbiert, so halbiert er auch die Parallelen zu CD (Def. 4 von I, § 1). Es ist also auch $AH = HB$. Da nun $CE = ED$ ist, so ist auch, wie aus dem Dreieck CZD folgt, $AH = HK$, daher ist auch $HK = HB$. Dies ist unmöglich. Es kann also EZ nicht Durchmesser sein.

§ 39.

Wenn Tangenten von zugehörigen Hyperbeln einander schneiden, so halbiert die Gerade, die den Schnittpunkt mit dem Hyperbelmittelpunkt verbindet, die Strecke, die die Berührungs- punkte miteinander verbindet.

Es seien A und B zwei zugehörige Hy- perbeln (Fig. 39), CE und ED seien Tangenten. Es werde C mit D verbunden. Es werde der Durchmesser EZ gezogen. Ich behaupte, daß $CZ = ZD$ ist.

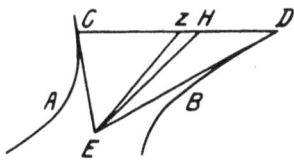

Fig. 39.

Wenn es nicht der Fall ist, so sei CD in H halbiert und es werde HE gezogen. Dann ist HE ein Durchmesser (II, § 38). Es ist also auch EZ ein Durchmesser. Demnach ist E der Mittelpunkt der Hyperbeln. Der Schnittpunkt der Tangenten liegt also im Mittel- punkt der Hyperbeln. Das ist unmöglich (II, § 32). Es sind also CZ und ZD einander nicht ungleich. Es ist also $CZ = ZD$.

§ 40.

Wenn Tangenten von zugehörigen Hyperbeln einander schneiden und es wird durch den Schnittpunkt eine Gerade gezogen, die parallel ist der Verbindungslinie der Berührungspunkte, so sind die Verbindungslinien der Schnittpunkte dieser Parallelen und der Hyperbeln mit der Mitte jener Verbindungslinie Tangenten.

Es seien A und B zugehörige Hyperbeln (Fig. 40). CE und ED seien Hyperbeltangenten. Es werde CD gezogen. Durch E möge ZEH parallel zu CD gezogen werden. CD sei in F halbiert. Es mögen ZF und FH gezogen werden. Ich behaupte, daß ZF und FH die Hyperbeln berühren.

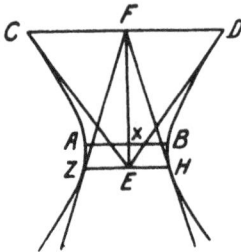

Es werde EF gezogen. Dann ist EF ein uneigentlicher Durchmesser. Der konjugierte eigentliche Durchmesser ist dann die zu CD durch den Hyperbelmittelpunkt parallel gezogene Gerade (II, § 38). Es sei X der Hyperbelmittelpunkt und es werde AXB parallel zu CD gezogen. Dann sind FE und AB also konjugierte Durchmesser.

Fig. 40.

CF ist zum zweiten Durchmesser geordnet gezogen, die Tangente CE aber schneidet den zweiten Durchmesser. Daher ist $EX \cdot XF$ gleich dem Quadrate der Hälfte des zweiten Durchmessers (I, § 38), d. h. gleich dem vierten Teile des zum Durchmesser AB gehörigen Hyperbelrechtecks (I, Def. 3 nach § 16). Da nun ZE geordnet gezogen ist und Z mit F verbunden ist, deshalb berührt ZF die Hyperbel A (I, § 38). Und aus demselben Grunde berührt auch HF die Hyperbel B. Also berühren ZF und FH die Hyperbeln A und B.

§ 41.

Wenn in zugehörigen Hyperbeln zwei Geraden, die einen Punkt der einen Hyperbel mit einem Punkt der anderen Hyperbel verbinden, einander schneiden, jedoch nicht im Mittelpunkt der Hyperbel, so halbieren sie einander nicht.

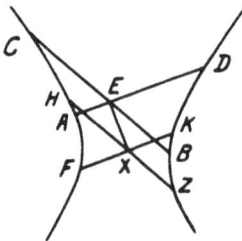

Es seien A und B zwei zugehörige Hyperbeln (Fig. 41) und die beiden Strecken AD und CB mögen einander in E schneiden, jedoch sei E nicht der Mittelpunkt der Hyperbeln. Ich behaupte, daß die Geraden einander nicht halbieren.

Wenn es nämlich möglich wäre, daß sie einander halbieren, so sei X der Mittelpunkt der Hyperbeln, und es werde E mit X verbunden. Dann ist EX ein Durchmesser. Es werde durch X zu BC die Parallele XZ gezogen. Dann ist XZ also Durchmesser und zu EX konjugiert (II, § 37). Die Tangente in Z ist also EX parallel (I, § 32). Daher ist auch die Tangente in Z der Tangente in F parallel. Das aber ist unmöglich. Es wurde nämlich bewiesen (II, § 31), daß diese beiden

Fig. 41.

Tangenten einander schneiden müssen. Es halbieren einander also CB und AD, wenn sie einander nicht im Mittelpunkt der Hyperbel schneiden, nicht.

§ 42.

Wenn eine Gerade zwei zugehörige Hyperbeln, eine andere die zu ihnen konjugierten Hyperbeln schneidet und wenn diese Geraden nicht durch den Mittelpunkt der Hyperbeln gehen, so halbieren sie einander nicht.

Es seien A, B, C, D konjugierte, zugehörige Hyperbeln (Fig. 42). Es mögen EZ und HF einander in K schneiden, jedoch nicht durch den Mittelpunkt der Hyperbeln gehen. Ich behaupte, daß EZ und HF einander nicht halbieren.

Wenn es nämlich möglich ist, so mögen die Geraden einander schneiden, und es sei X der Mittelpunkt der Hyperbeln. Es mögen (durch X) zu EZ und HF parallel die Geraden AB und CD gezogen werden. Es werde K mit X verbunden. Dann sind KX und AB also konjugierte Durchmesser (II, § 37). Aus gleichem Grunde sind KX und CD konjugierte Durchmesser. Daher wäre die Tangente in A der Tangente in C parallel. Dies ist unmöglich; die beiden Tangenten schneiden vielmehr einander, da ja die Tangente in C die Hyperbeln A und B, die Tangente in A die Hyperbeln C und D schneidet (II, § 19) und es somit klar ist, daß der Schnittpunkt dieser Tangenten innerhalb des Winkels AXC liegen muß. Es können also die Geraden EZ und HF, wofern sie nicht durch den Mittelpunkt der Hyperbeln gehen, einander nicht halbieren.

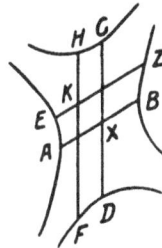

Fig. 42.

§ 43.

Wenn konjugierte zugehörige Hyperbeln gegeben sind und in einer dieser Hyperbeln eine Sehne, wenn weiter das Zentrum der Hyperbeln mit der Mitte der Sehne verbunden wird und durch das Zentrum die Parallele zur Sehne gezogen wird, so sind diese beiden Geraden konjugierte Durchmesser.

Es seien A, B, C, D konjugierte zugehörige Hyperbeln (Fig. 43). EZ sei eine Sehne der Hyperbel A. H sei der Mittelpunkt von EZ, X sei das Zentrum der Hyperbeln. Es möge X mit H verbunden werden und CX parallel zu EZ gezogen werden. Ich behaupte, daß AX und XC konjugierte Durchmesser sind.

Da nämlich AX ein Durchmesser ist und EZ halbiert, so ist die Tangente in A parallel EZ (II, § 5).

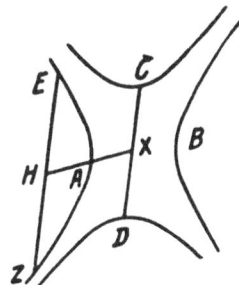

Fig. 43.

Daher ist die Tangente auch parallel CX. Da nun konjugierte Hyperbeln vorliegen und in A die Tangente der einen Hyperbel konstruiert ist, anderseits das Zentrum der Hyperbeln X mit A verbunden ist und durch X die Parallele XC zur Tangente gezogen ist, so sind XA und XC konjugierte Durchmesser. Denn dies ist (II, § 20) bemessen worden.

<h3 style="text-align:center">§ 44.</h3>

In einem gegebenen Kegelschnitt einen Durchmesser zu finden.

Es sei (Fig. 44) ein Kegelschnitt gegeben $ABCDE$. Es ist gefordert, einen Durchmesser zu finden.

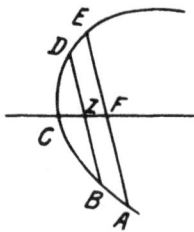
Fig. 44.

Die Aufgabe sei gelöst und CF sei ein Durchmesser. Wenn nun DZ und EF geordnet zum Durchmesser gezogen werden und verlängert werden, so ist $DZ = ZB$ und $EF = FA$. Wenn man also BD und EA parallel zieht, so sind die Punkte F und Z konstruierbar. Dabei ist auch FZC konstruierbar.

Konstruktion: Es sei der Kegelschnitt $ABCD$ gegeben. Es mögen parallele Sehnen BD, AE gezogen und in Z und F halbiert werden. Dann wird ZF Durchmesser sein. Auf dieselbe Art können wir unendlich viele Durchmesser finden.

<h3 style="text-align:center">§ 45.</h3>

Das Zentrum einer gegebenen Ellipse oder Hyperbel zu finden.

Die Lösung ist klar. Der Schnittpunkt zweier Durchmesser AB, CD (§ 44) ist das Zentrum (Fig. 45).

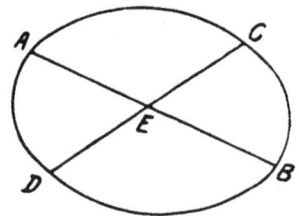
Fig. 45.

<h3 style="text-align:center">§ 46.</h3>

Die Achse eines gegebenen Kegelschnitts zu finden.

Es sei zunächst eine Parabel ZCE gegeben. Es ist gefordert, ihre Achse zu finden (Fig. 46).

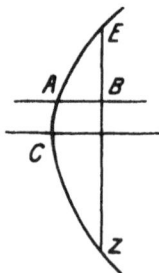
Fig. 46.

Es sei ein Durchmesser AB konstruiert (§ 44). Wenn nun AB die Achse der Parabel ist, so ist die Aufgabe gelöst. Wenn es nicht der Fall ist, so sei CD die Achse. Dann ist CD parallel AB (I, § 51). CD halbiert die zu CD senkrechten Sehnen (Def. 7 vor I, § 1). Die Lote auf CD sind aber auch Lote auf AB. Daher halbiert CD die auf AB senkrechten Sehnen. Wenn ich also zu AB die Sehne EZ senkrecht konstruiere, so ist $ED = DZ$. Damit ist der Punkt D gegeben. Es ist demnach auch die Achse CD konstruierbar.

Konstruktion: Es sei die Parabel *ZEA* gegeben. Es werde ein Durch⸗
messer *AB* konstruiert und eine zu ihm senkrechte Sehne *EBZ* gezogen.
Wenn nun *EB = BZ* ist, so ist *AB* ersichtlich die Achse der Parabel.
Wenn *EB* nicht gleich *BZ* ist, so sei *D* der Mittelpunkt von *EZ*. Es werde
dann *CD* parallel *AB* gezogen. Es ist nun klar, daß *CD* die Achse der
Parabel ist. Denn *CD* ist dem Durchmesser *AB* parallel, d. h. selbst ein
Durchmesser und halbiert *EZ* und steht auf *EZ* senkrecht. Damit ist die
Achse *CD* der Parabel gefunden.

Und es ist auch klar, daß es nur eine Achse der Parabel gibt. Wenn
nämlich auch eine andere Achse, etwa *AB*, vorhanden wäre, so muß *AB*
parallel *CD* sein (I, § 51). Daher müßte *AB* die Sehne *EZ* halbieren. Es
müßte also *BE = BZ* sein. Dies aber ist unmöglich.

§ 47.

Eine Achse einer gegebenen Ellipse oder Hyperbel zu finden.

Es sei *ABC* eine Hyperbel oder Ellipse (Fig. 47 a, b). Es ist gefordert,
eine Achse zu finden.

Sie sei gefunden und sei *KD*. *K* sei das Zentrum des Kegelschnitts.
Dann halbiert *KD* die zu *KD* geordnet gezogenen Sehnen und steht auf
ihnen senkrecht (Def. 7 vor I, § 1).

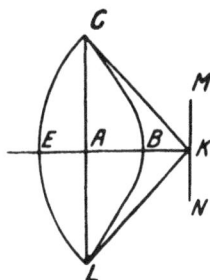

Fig. 47 a.

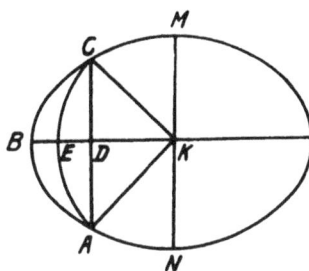

Fig. 47 b.

Es sei *CDA* eine zu *KD* senkrecht gezogene Sehne. Es werde *K* mit
A und *C* verbunden. Da nun *CD = DA*, so ist auch *CK = KA*. Wenn
wir nun *C* als gegeben annehmen, so ist auch *CK* gegeben. Damit ist auch
der um *K* mit dem Radius *KC* konstruierbare Kreis, der auch durch *A*
geht, gegeben. Es ist aber auch die Kurve *ABC* gegeben. Damit ist der
Punkt *A* gegeben. Es ist aber auch *C* gegeben, somit auch *CA*. Es ist aber
CD = DA. Es ist demnach der Punkt *D* gegeben. Aber auch *K* ist gegeben.
Somit ist auch *DK* konstruierbar.

Konstruktion: Es sei die Hyperbel oder Ellipse *ABC* gegeben. Es
werde das Zentrum *K* konstruiert (§ 55). Es werde auf der Kurve ein be-

liebiger Punkt C gewählt. Mit dem Radius KC werde um K der Kreis CEA konstruiert. Es werde C mit A verbunden. CA werde in D halbiert. Es werde K mit C und mit D und mit A verbunden. KD schneide die Kurve in B.

Da nun $AD = DC$, $DK = DK$ und $AK = CK$ ist, so halbiert KD die Sehne AC und steht auf ihr senkrecht. Daher ist KD eine Achse des Kegelschnitts.

Es werde durch K die Parallele MKN zu CA gezogen. Dann ist MN die zur Achse BK konjugierte Achse des Kegelschnitts (Def. 8 vor I, § 1).

§ 48.

Auf Grund der bewiesenen Sätze ist nunmehr zu zeigen, daß es andere Achsen dieser Kurven nicht gibt.

Wenn es nämlich möglich ist, so sei KH eine andere Achse (Fig. 48a, b). Wenn man ebenso wie früher AF senkrecht zu KH zeichnet, so ist $AF = FL$.

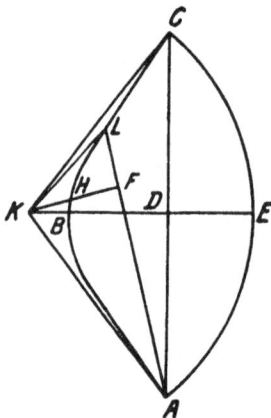

Fig. 48 a.

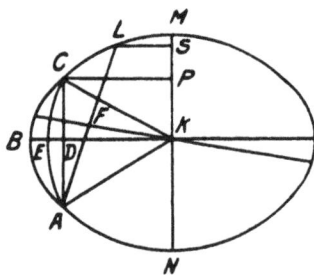

Fig. 48 b.

Daher ist auch $AK = KL$. Aber es war auch $AK = KC$. Also ist $KL = KC$. Dies aber ist unmöglich.

Daß nämlich der Kreis AEC die Kurve nicht noch in einem anderen Punkte außer A und C schneiden kann, ist bei der Hyperbel klar. Bei der Ellipse werde CP und LS senkrecht zu AC gezogen. Da nun KC und KL als Radien des Kreises gleich sind, so ist auch $KC^2 = KL^2$. Aber $CK^2 = CP^2 + PK^2$ und $LK^2 = KS^2 + SL^2$. Es ist also

$$CP^2 + PK^2 = LS^2 + SK^2$$
$$CP^2 - LS^2 = SK^2 - PK^2;$$

Da nun

$$MP \cdot PN + PK^2 = KM^2 \text{ und}$$
$$MS \cdot SN + SK^2 = KM^{2\ 12)} \text{ ist, so ist}$$
$$SK^2 - PK^2 = MP \cdot PN - MS \cdot SN$$

Es war aber

$$SK^2 - PK^2 = CP^2 - LS^2.$$

Also ist

$$CP^2 - SL^2 = MP \cdot PN - MS \cdot SN.$$

Da weiter CP und LS geordnet gezogen sind, so ist

$$CP^2 : MP \cdot PN = LS^2 : MS \cdot SN \quad \text{(I, § 21).}$$

Daher muß

$$CP^2 = MP \cdot PN \text{ und}$$
$$SL^2 = MS \cdot SN \text{ sein.}^{13)}$$

Daher ist die Kurve ACM ein Kreis.[14] Denn die Kurve ACM war als Ellipse vorausgesetzt worden.

§ 49.

Wenn ein Kegelschnitt gegeben ist und ein Punkt, der nicht innerhalb des Kegelschnitts liegt, durch den Punkt eine Tangente zu legen.

Es sei der gegebene Kegelschnitt zunächst eine Parabel mit der Achse BD (Fig. 49a). Es ist also gefordert, durch einen gegebenen, nicht im Innern der Parabel liegenden Punkt die Paralleltangente zu legen.

Der gegebene Punkt liegt entweder auf der Parabel oder auf der Achse oder in der übrigen äußeren Fläche.

Er liege zunächst auf der Parabel und heiße A. Die Tangente sei gefunden, sie sei AE. AD sei das von A auf die Achse gefällte Lot. Es ist konstruierbar. Dann ist $BE = BD$ (I, § 35). BD also ist konstruierbar, also auch BE und somit E. Aber A ist gegeben. Also ist AE konstruierbar.

Konstruktion: Es werde von A auf die Parabelachse das Lot AD gefällt und es werde DB über B hinaus um sich selbst verlängert. Es werde A mit E verbunden. Dann ist AE Tangente.

Fig. 49a.

Es liege nunmehr der gegebene Punkt auf der Achse und er heiße E. Es sei die Tangente konstruiert AE. Es werde von A auf die Achse der Parabel das Lot AD gefällt. Dann ist $BE = BD$. Es ist nun BE konstruierbar und damit auch BD. So ist auch der Punkt D konstruierbar. Da AD auf ED senkrecht steht, so ist auch DA konstruierbar. So ist auch der Punkt A konstruierbar. Aber E ist gegeben. So ist AE konstruierbar.

Konstruktion: Es werde $BE = BD$ gemacht. In D werde auf ED das Lot DA errichtet, es werde A mit E verbunden. Dann ist klar, daß AE die gesuchte Tangente ist.

Es sei weiterhin C der gegebene Punkt. Die Tangente CA sei gefunden. Durch C werde die Parallele zur Achse, d. h. zu BD gezogen, also

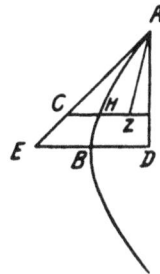

die Gerade CZ. CZ ist also konstruierbar. Von A aus werde geordnet zu CZ die Gerade AZ gezogen. Dann ist $CH = ZH$. Aber der Punkt H ist gegeben. Damit ist auch der Punkt Z gegeben. ZH ist geordnet gezogen, d. h. parallel der Tangente in H. Demnach ist ZA konstruierbar. Damit ist auch der Punkt A gegeben. Es ist aber auch der Punkt C gegeben. Somit ist CA konstruierbar.

Konstruktion: Es werde durch C parallel zu BD, CZ gezogen. Es werde CH um sich selbst bis Z verlängert und durch Z die Parallele ZA zur Tangente in H gezogen. A werde mit C verbunden. Dann ist klar, daß AC die gesuchte Tangente ist.

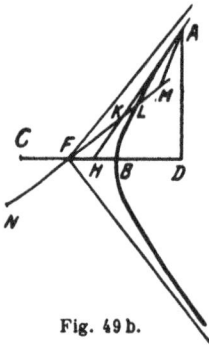

Nunmehr sei eine Hyperbel mit der Achse DBC gegeben (Fig. 49b). Der Mittelpunkt der Hyperbel sei F, die Asymptoten seien FE und FZ. Der gegebene Punkt wird entweder auf der Hyperbel liegen oder auf der Achse oder innerhalb des Winkels EFZ oder innerhalb eines Nebenwinkels des Winkels EFZ oder auf einem der Schenkel des Winkels EFZ oder innerhalb des Scheitelwinkels des Winkels EFZ.

Es sei zunächst der Punkt auf der Hyperbel selbst gegeben, A. Die Tangente AH sei gefunden. Von A sei das Lot AD auf die Hauptachse der Hyperbel gefällt. BC sei die Länge der Hauptachse. Es ist nun

Fig. 49 b.

$$CD:DB = CH:HB \quad \text{(I, § 36)}.$$

Es ist aber das Verhältnis $CD:DB$ gegeben, also auch das Verhältnis $CH:HB$. Aber BC ist gegeben. Damit ist der Punkt H konstruierbar. Aber auch der Punkt A ist gegeben. Demnach ist AH konstruierbar.

Konstruktion: Es werde von A das Lot AD auf die Hauptachse der Hyperbel gefällt. H werde so konstruiert, daß $CD:DB = CH:HB$ ist. Alsdann werde A mit H verbunden. Dann ist klar, daß AH die gesuchte Tangente ist.

Weiterhin liege der gegebene Punkt auf der Achse und sei H. Die Tangente sei gefunden, sie sei AH. Es werde von A das Lot AD gefällt. Ebenso wie oben ist nun

$$CD:DB = CH:HB.$$

Aber BC ist gegeben. Damit ist der Punkt D gegeben. AD steht auf CD senkrecht, daher ist DA konstruierbar. Aber auch die Hyperbel ist gegeben. Damit ist A konstruierbar und somit, da H gegeben ist, auch die Tangente AH.

Konstruktion: Die sonstigen Voraussetzungen seien die gleichen wie zuvor. Es werde D so konstruiert, daß

$$CD:DB = CH:HB \text{ ist.}$$

DA werde senkrecht zu CD gezogen. A werde mit H verbunden. Dann ist klar, daß AH die gesuchte Tangente ist und daß auch von H eine zweite Tangente an die Hyperbel nach der anderen Seite gelegt werden kann.

Unter den sonst gleichen Voraussetzungen liege der gegebene Punkt im Innern des Winkels EFZ. Es sei der Punkt K. Es ist gefordert, durch K eine Tangente an die Hyperbel zu legen.

Die Tangente sei gefunden, sie sei KA. Es werde K mit F verbunden und es sei $LF = FN$ gemacht. Alle diese Punkte sind konstruierbar. Es ist also LN gegeben. Es werde nun AM geordnet zu MN gezogen. Dann ist

$$NK:KL = NM:ML.$$

Das Verhältnis $NK:KL$ ist nun gegeben, also damit das Verhältnis $NM:ML$. Es ist aber der Punkt L gegeben, also somit auch der Punkt M. Es ist nun MA parallel der durch L gehenden Hyperbeltangente. Demnach ist MA konstruierbar. Es ist aber die Hyperbel ALB gegeben. Somit ist der Punkt A konstruierbar und da der Punkt K gegeben ist, auch die Gerade AK.

Konstruktion: Die übrigen Voraussetzungen seien die gleichen wie zuvor. Es sei der Punkt K gegeben. Es werde K mit F verbunden. Es werde $FN = FL$ gemacht. Es werde M so konstruiert, daß

$$NK:KL = NM:ML \text{ ist.}$$

Zur Tangente in L werde MA parallel gezogen und es werde K mit A verbunden. Dann ist KA eine Tangente der Hyperbel.

Und es ist auch klar, daß sich von K auch eine zweite Hyperbeltangente nach der anderen Seite hin konstruieren läßt.

Unter den im übrigen gleichen Voraussetzungen liege nun der gegebene Punkt auf einem Schenkel des Asymptotenwinkels, in dem sich die Hyperbel befindet (Fig. 49c). Es sei der Punkt Z. Es ist von Z aus die Tangente an die Hyperbel zu legen. Die Tangente sei gefunden, sie sei ZAE. Durch A werde die Parallele zu EF, AD gezogen. Dann ist $DF = DZ$, da ja $ZA = AE$ ist (II, § 3). Nun ist ZF gegeben, somit ist auch D gegeben. DA ist als Parallele zu FE konstruierbar. Die Hyperbel ist ebenfalls gegeben. Somit ist ZAE konstruierbar.

Konstruktion: AB sei die Hyperbel, CF und FZ seien die Asymptoten. Der gegebene Punkt, der auf einer der Asymptoten liegt, sei Z. Es werde ZF in D halbiert. Durch D werde zu FE die Parallele DA gezogen. Z werde mit A verbunden. Da nun $ZD = DF$ ist, so ist auch $ZA = AE$. Daher ist, wie oben gesagt wurde (II, § 9), ZAE eine Tangente.

Fig. 49c.

Unter denselben Voraussetzungen liege der gegebene Punkt in einem Nebenwinkel desjenigen Asymptotenwinkels, in dem sich die Hyperbel

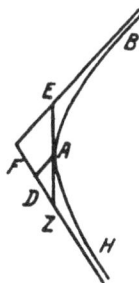

befindet. Der gegebene Punkt sei K (Fig. 49 d). Es ist von K aus die Tangente an die Hyperbel zu legen. Die Tangente sei gefunden, sie sei KA. Es werde K mit F verbunden, und es werde KF für F hinaus verlängert. KF ist mit seiner Verlängerung konstruierbar.

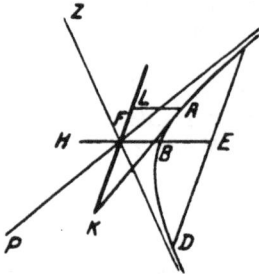

Fig. 49 d.

Wenn aber auf der Hyperbel ein beliebiger Punkt C gegeben ist und durch C wird die Parallele CD zu KF gezogen, wenn weiter CD in E halbiert und E mit F verbunden wird, so ist EF ein zu KF konjugierter Durchmesser, FC ist also konstruierbar. Es werde BF über F hinaus um sich selbst bis H verlängert und es werde durch A die Parallele AL zu BF gezogen. Da nun KL und BH konjugierte Durchmesser sind, da weiter AK Tangente ist und parallel BH gezogen ist, so ist $KF \cdot FL$ gleich dem vierten Teile des zum Durchmesser BH gehörigen Hyperbelrechtecks (I, § 38). Es ist demnach $KF \cdot FL$ bekannt. KF ist aber gegeben. Somit ist FL konstruierbar. Da nun F bekannt ist, so ist L konstruierbar. Durch L aber geht, zu BH parallel, LA. Demnach ist LA konstruierbar. Die Hyperbel ist nun gegeben. Damit ist der Punkt A konstruierbar. K ist aber gegeben. Demnach ist auch AK konstruierbar.

Konstruktion: Die sonstigen Voraussetzungen seien dieselben wie zuvor. Der Punkt K liege in der angegebenen Fläche. Es werde K mit F verbunden, es werde KF verlängert. Es werde irgendein Punkt C auf der Hyperbel angenommen. Durch C werde parallel zu KF die Sehne CD gezogen und in E halbiert. Es werde EF gezogen und über F hinaus um sich selbst bis H verlängert. Dann ist HB ein eigentlicher Durchmesser der Hyperbel. Er ist dem Durchmesser KFL konjugiert. Es werde nun L so konstruiert, daß $KF \cdot FL$ gleich dem vierten Teile des zum Durchmesser BH gehörigen Hyperbelrechtecks ist. Durch L werde parallel zu BH, LA gezogen. Es werde alsdann K mit A verbunden. Es ist dann klar, daß KA die Hyperbel berührt, nämlich auf Grund der Umkehrung des in I, § 38 bewiesenen Lehrsatzes.

Wenn aber der gegebene Punkt innerhalb der Fläche ZFP liegt, so ist die Aufgabe unlösbar. Denn die Tangente würde dann HF schneiden. Sie würde also sowohl ZF als auch FP schneiden. Dies ist aber unmöglich auf Grund von I, § 31, und II, § 3.

Unter sonst gleichen Voraussetzungen sei der Kegelschnitt eine Ellipse (Fig. 49 e). Der gegebene Punkt liege auf der Ellipse und heiße A. Es ist gefordert, durch A die Tangente an die Ellipse zu legen. Die Tangente sei gefunden, sie sei AH. Es werde von A das Lot AD auf die Achse der Ellipse gefällt. Dann ist D konstruierbar. Es ist nun

$$CD : DB = CH : HB \quad \text{(I, § 36).}$$

Da das Verhältnis $CD:DB$ bekannt ist, so ist auch das Verhältnis $CH:HB$ gegeben und somit der Punkt H. Da aber auch der Punkt A gegeben ist, so ist AH konstruierbar.

Konstruktion: Es werde von A das Lot AD auf die Achse der Ellipse gefällt. H werde konstruiert gemäß der Proportion

$$CD:DB = CH:HB.$$

Es werde A mit H verbunden. Dann ist klar, daß AH die gesuchte Tangente ist, genau wie im Falle der Hyperbel.

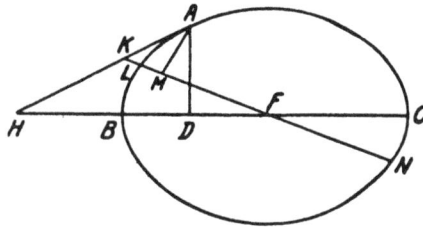

Fig. 49e.

Weiter sei K der gegebene Punkt. Es ist gefordert, von K aus die Tangente an die Ellipse zu legen. Die Tangente sei gefunden, sie sei KA. Es werde K mit dem Mittelpunkt der Ellipse F verbunden und so der Durchmesser $KLFN$ gezeichnet. Er ist konstruierbar. Wenn nun AM geordnet zu diesem Durchmesser gezogen wird, so ist

$$NK:KL = NM:ML.$$

Das Verhältnis $NK:KL$ ist nun gegeben und somit auch das Verhältnis $NM:ML$. Damit ist der Punkt M gegeben. MA ist konstruierbar, denn es ist MA parallel der Tangente in L. Somit ist A konstruierbar. Aber der Punkt K ist gegeben. Somit ist KA konstruierbar.

Die Konstruktion erfolgt nach Maßgabe dieser Analysis.

§ 50.

Ein Kegelschnitt sei gegeben. Es ist eine Tangente an den Kegelschnitt zu legen, die mit der Achse des Kegelschnittes einen gegebenen spitzen Winkel bildet. Der spitze Winkel öffnet sich nach der Seite hin, auf der der Kegelschnitt liegt.

Es sei der Kegelschnitt zunächst eine Parabel mit der Achse AB (Fig. 50a). Es ist also gefordert, eine Tangente an die Parabel zu legen, die mit der Achse AB einen gegebenen spitzen Winkel bildet.

Die Tangente sei gefunden, sie sei CD. Dann ist der Winkel BDC gegeben. Es werde von B das Lot BC auf die Achse gefällt. Es ist also auch der Winkel bei B

Fig. 50a.

gegeben. Demnach ist das Verhältnis $DB:BC$ gegeben. Somit ist auch das Verhältnis $AB:BC$ gegeben. Somit sind die Winkel BAC und ABC gegeben. Da BA konstruierbar ist, so ist auch AC konstruierbar. Auch die Parabel ist gegeben. Somit ist der Punkt C konstruierbar. CD ist Tangente. Damit ist auch CD konstruierbar.

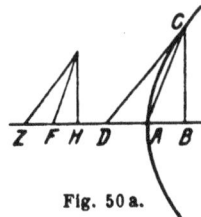

Konstruktion: Es sei zunächst eine Parabel mit der Achse AB gegeben, sowie der spitze Winkel EZH. Es werde auf EZ ein beliebiger Punkt E angenommen, von ihm aus auf den anderen Schenkel das Lot EH gefällt, alsdann ZH in F halbiert und F mit E verbunden. In A werde an BA der Winkel $BAC = HFE$ angetragen und von C aus auf die Achse das Lot CB gefällt. Es werde BA über A hinaus um sich selbst bis D verlängert und C mit D verbunden. Dann ist CD die Parabeltangente, die gesucht wurde.

Ich behaupte nun, daß der Winkel CDB gleich dem Winkel EZH ist. Denn da

$$ZH : HF = DB : BA \text{ ist, außerdem}$$
$$FH : HE = AB : BC, \text{ so folgt}$$
$$ZH : HE = DB : BC.$$

Ferner sind aber die Winkel bei H und B als Rechte einander gleich. Daher ist der Winkel bei Z gleich dem Winkel bei D.

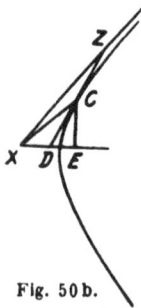

Der Kegelschnitt sei nunmehr eine Hyperbel (Fig. 50b). Die Tangente sei gefunden, sie sei CD. X sei der Mittelpunkt der Hyperbel. Er werde mit C verbunden. Es werde von C das Lot CE auf die Achse der Hyperbel gefällt. Dann ist das Verhältnis

$$XE \cdot ED : EC^2$$

gegeben. Denn dies Verhältnis ist gleich dem des eigentlichen Durchmessers zum uneigentlichen Durchmesser (I, § 37). Aber das Verhältnis $CE^2 : ED^2$ ist gegeben, denn die Winkel CDE und DEC sind gegeben. Demnach ist das Verhältnis $XE \cdot ED : ED^2$, und somit das Verhältnis $XE : ED$ gegeben.

Fig. 50b.

Der Winkel bei E ist gegeben, somit ist auch, da der Winkel bei X gegeben ist, X konstruierbar. Da die Richtung von EX gegeben ist, ist XC der Richtung nach konstruierbar. Die Hyperbel ist gegeben. Somit ist der Punkt C konstruierbar. Da CD Tangente ist, so ist auch CD konstruierbar.

Es werde die Asymptote der Hyperbel ZX konstruiert. CD schneidet, verlängert, die Asymptote, der Schnittpunkt sei Z. Es ist daher $\measuredangle ZDE > \measuredangle ZXD$. Es ist daher, damit die Konstruktion möglich ist, notwendig, daß der gegebene spitze Winkel größer ist als die Hälfte des Asymptotenwinkels.

Konstruktion: Es sei eine Hyperbel gegeben, deren Achse AB ist (Fig. 50c). Die Asymptote sei XZ. Der gegebene spitze Winkel sei $\measuredangle KFH > \measuredangle AXZ$. Es sei $\measuredangle AXZ = \measuredangle KFL$. Es werde in A auf AB das Lot AZ errichtet. Auf HF werde ein beliebiger Punkt H angenommen. Von H werde das Lot auf FK, HK gefällt. Da nun

$\not\subset ZXA = \not\subset LFK$ ist, da weiter die Winkel bei A und K Rechte sind, so ist

$$XA:AZ = FK:KL. \text{ Es ist aber}$$
$$FK:KL > FK:HK. \text{ Daher ist}$$
$$XA:AZ > FK:HK \text{ und auch}$$
$$XA^2:AZ^2 > FK^2:HK^2. \text{ Es ist aber}$$
$$XA^2:AZ^2 = 2\,a:p,$$

wenn mit $2\,a$ die Hauptachse, mit p der Parameter der Hyperbel bezeichnet wird. Es ist also

$$2\,a:p > FK^2:HK^2.$$

Wenn man nun eine Größe u so bestimmt, daß

$$2\,a:p = u:HK^2 \text{ ist, so ist}$$
$$u > FK^2.$$

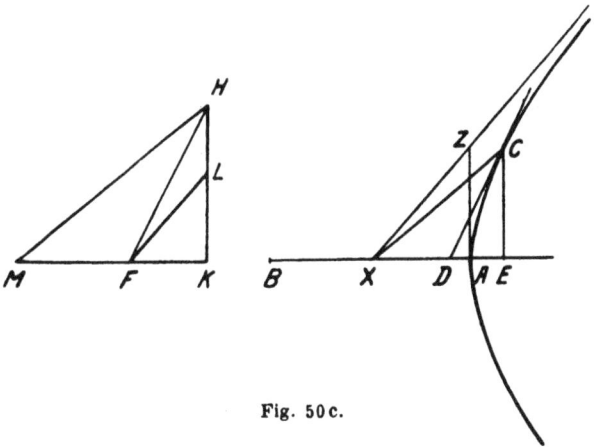

Fig. 50 c.

Es sei nun diese Größe $u = MK \cdot KF$. Es werde H mit M verbunden.

Da nun

$$MK^2 > MK \cdot KF, \text{ so ist}$$
$$MK^2:KH^2 > MK \cdot KF:KH^2, \text{ also}$$
$$MK^2:KH^2 > XA^2:AZ^2.$$

Wenn man nun eine Größe v so bestimmt, daß

$$MK^2:KH^2 = XA^2:v^2 \text{ ist, so ist}$$
$$v^2 < AZ^2.$$

Wenn nun von A aus auf AZ die Strecke v, AV abgetragen wird, so wird das Dreieck XAV ähnlich sein dem Dreieck MKH. Deshalb ist

$$\not\subset ZXA > \not\subset HMK.$$

Es werde nun gemacht $\sphericalangle HMK = \sphericalangle AXC$.

Dann schneidet XC die Hyperbel. Der Schnittpunkt sei C. Die Tangente in C schneide AX in D. Das von C auf AX gefällte Lot sei CE. Dann ist das Dreieck CXE ähnlich dem Dreieck HMK.

Also ist $\qquad\qquad XE^2 : EC^2 = MK^2 : KH^2$.

Es ist aber $\qquad XE \cdot ED : EC^2 = 2a : p$ (I, § 37).

Anderseits war $\quad MK \cdot KF : HK^2 = 2a : p$. Also ist

$$XE \cdot ED : EC^2 = MK \cdot KF : HK^2$$

oder $\qquad\qquad CE^2 : XE \cdot ED = HK^2 : MK \cdot KF$.

Da nun $\qquad\qquad XE^2 : EC^2 = MK^2 : KH^2$ war,

so folgt durch Multiplikation

$$XE^2 : XE \cdot ED = MK^2 : MK \cdot KF \text{ oder}$$
$$XE : ED = MK : KF.$$

Es war aber $\qquad CE : EX = HK : KM$, also ist

$$CE : ED = HK : KF.$$

Die Winkel bei E und K sind Rechte. Also ist

$$\sphericalangle EAC = \sphericalangle HFK.$$

Es sei endlich der Schnitt eine Ellipse. Die Achse sei AB (Fig. 50d). Es ist gefordert, eine Tangente an die Ellipse zu legen, die mit der Achse

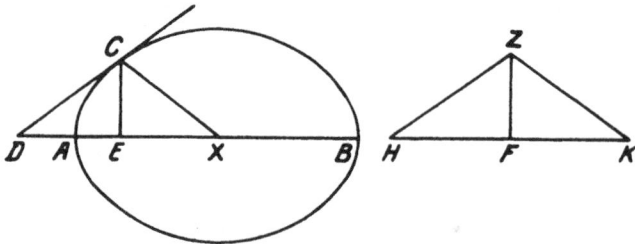

Fig. 50d.

einen spitzen Winkel bildet, welcher sich nach der Seite öffnet, auf der die Ellipse liegt.

Die Tangente sei gefunden. Sie sei CD (Fig. 50d). Gegeben ist also der Winkel CDA. Es werde das Lot CE gefällt. Dann ist das Verhältnis $DE : EC$ gegeben. Es sei X der Mittelpunkt der Ellipse. Es werde C mit X verbunden. Dann ist das Verhältnis

$$CE^2 : DE \cdot EX = 2a : p \text{ (I, § 37)}$$

gegeben. Dabei bezeichnet $2a$ die Hauptachse, $2b$ die Nebenachse der Ellipse. Demnach ist auch das Verhältnis $DE^2 : DE \cdot EX$ gegeben und somit das Verhältnis $DE:EX$. Es ist aber auch das Verhältnis $DE:EC$ gegeben und somit das Verhältnis $EC:EX$. Der Winkel bei E ist ein Rechter. Daher ist auch der Winkel bei X gegeben. X selbst ist gegeben. Daher ist der Punkt C konstruierbar. CD ist die Tangente in C. Also ist CD konstruierbar.

Konstruktion: Es sei ZHF der gegebene spitze Winkel. Es werde auf ZH ein Punkt Z angenommen und von ihm das Lot ZF auf den anderen Schenkel gefällt. K werde so bestimmt, daß

$$ZF^2 : HF \cdot FK = 2a : p \text{ ist.}$$

Es werde K mit Z verbunden. X sei der Mittelpunkt der Ellipse. Es werde der Winkel AXC gleich dem Winkel AKZ gemacht. In C werde die Tangente konstruiert. Ich behaupte, daß CD der Aufgabe genügt, d. h. daß der Winkel CDE gleich dem Winkel ZHF ist.

Denn da $\qquad XE:EC = KF:ZF$ ist, so ist

$$XE^2 : EC^2 = KF^2 : ZF^2.$$

Es ist aber auch $CE^2 : DE \cdot EX = ZF^2 : KF \cdot FH$.

Denn beide Seiten dieser Gleichung haben den Wert $2a:p$.

Durch Multiplikation folgt

$$XE^2 : DE \cdot EX = KF^2 : KF \cdot FH \text{ oder}$$
$$XE : DE = KF : FH.$$

Es ist aber auch $\qquad XE:CE = KF:ZF.$

Durch Division folgt $\quad DE:CE = HF:ZF.$

Die Winkel bei E und F sind Rechte. Daher ist der Winkel CDE gleich dem Winkel ZHF. CD genügt daher der Aufgabe.

§ 51.

In einem gegebenen Kegelschnitt eine Tangente zu konstruieren, die mit dem zum Berührungspunkt gehörigen Durchmesser einen gegebenen spitzen Winkel bildet.

Es sei der gegebene Kegelschnitt zunächst eine Parabel (Fig. 51a). Die Achse der Parabel sei AB. Der gegebene Winkel sei F. Es wird gefordert, eine Tangente an die Parabel zu legen, die mit dem Durchmesser des Berührungspunktes einen Winkel bildet, der gleich dem Winkel F ist.

Die Tangente sei gefunden. Sie sei CD und bilde mit dem Durchmesser EC des Berührungspunktes E einen Winkel, der gleich dem Winkel F ist. CD schneide die Achse in D. Da nun AD par-

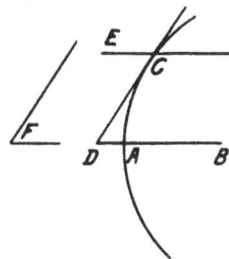

Fig. 51a.

allel EC ist, so ist der Winkel ADC gleich dem Winkel ECD. Der Winkel ECD ist aber gegeben. Er ist nämlich gleich dem Winkel F. Es ist also der Winkel ADC gegeben.

Konstruktion: Es sei eine Parabel gegeben. Ihre Achse sei AB. Der gegebene Winkel sei F. Es werde diejenige Tangente CD konstruiert, die mit der Achse einen dem Winkel F gleichen Winkel ADC bildet (II, § 50) und es werde durch C die Parallele EC zu AB gezogen. Da nun der Winkel F dem Winkel ADC gleich ist, anderseits der Winkel ADC dem Winkel ECD gleich ist, so ist auch der Winkel F dem Winkel ECD gleich.

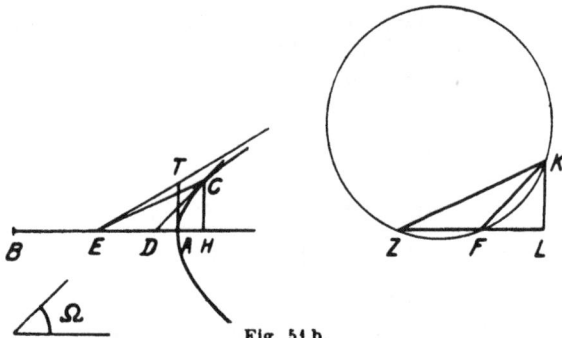

Fig. 51 b.

Es sei weiterhin der Kegelschnitt eine Hyperbel (Fig. 51b). Die Achse der Hyperbel sei AB, der Mittelpunkt E. ET sei die Asymptote. Der gegebene spitze Winkel sei Ω und die Tangente sei CD. Es werde C mit E verbunden. C sei der Punkt, der der Aufgabe genügt. Von C werde auf die Achse das Lot CH gefällt. Es ist nun das Verhältnis $2a:p$ gegeben, wo $2a$ die Hauptachse, p den Parameter bedeutet, daher auch das Verhältnis $EH \cdot HD : CH^2$ (I, § 37). Es sei nun ZF eine Strecke (Fig. 51c). Über ihr werde der Kreisbogen konstruiert, der den gegebenen Winkel Ω als Peripheriewinkel faßt. Dieser Kreisbogen ist größer als der Halbkreis. Von irgendeinem Punkt dieses Kreisbogens K werde das Lot KL auf die Gerade ZF gefällt, KL. Der Punkt K sei so gewählt, daß

$$ZL \cdot LF : LK^2 = 2a:p \text{ ist.}$$

Es werde Z mit K und K mit F verbunden. Da nun der Winkel ZKF gleich dem Winkel ECD ist, anderseits

$$EH \cdot HD : CH^2 = 2a:p \text{ ist,}$$

so ist das Dreieck KZL dem Dreieck ECH und das Dreieck ZFK dem Dreieck ECD ähnlich.[15]

Konstruktion: AC sei die gegebene Hyperbel, AB die Achse, E das Zentrum, Ω der gegebene Winkel, $XW : XV$ (Fig. 51c) sei das Verhältnis

2a:p. VW werde in *Y* halbiert. Es werde eine Strecke *ZF* gezeichnet. Über ihr werde der Kreisbogen konstruiert, der größer ist als der Halbkreis und den Winkel *Ω* als Peripheriewinkel faßt. Es sei der Kreisbogen

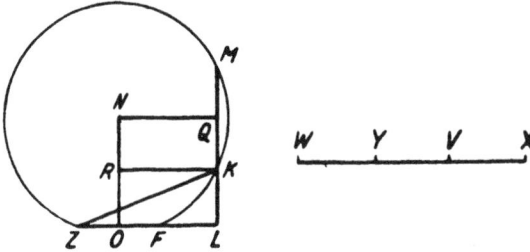

Fig. 51 c.

ZKF. Vom Mittelpunkt *N* des Kreises werde auf *ZF* das Lot *NO* gefällt. *NO* werde im Punkte *R* so geteilt, daß

$$NR: RO \cdot YV: VX$$

ist. Durch *R* werde die Parallele zu *ZF*, *RK* gezogen. Von *K* werde auf *ZF* das Lot *KL* gefällt. Es werde *K* mit *Z* und *F* verbunden. *LK* werde bis zum abermaligen Schnitt mit dem Kreise, *M*, verlängert. Von *N* aus werde auf diese Verlängerung das Lot *NQ* gefällt; es ist *ZF* parallel. Deshalb ist auch

$$NR: RO = YV: VX = QK: KL.$$

Daher ist, weil $2YV = WV$ und $2QK = MK$ ist,

$$WV:VX = MK:KL$$
$$(WV + VX):VX = (MK + KL): KL$$
$$WX:VX = ML: KL.$$

Nun ist

$$ML: KL = ML \cdot KL: KL^2, \text{ also ist}$$
$$WX:VX = ML \cdot KL: KL^2 \text{ oder nach Anwendung}$$

des Sekantensatzes $WX:VX = ZL \cdot LF: KL^2.$

Es war aber $WX:VX = 2a:p,$ also ist

$$ZL \cdot LF: KL^2 = 2a:p.$$

Es werde nun in *A* das Lot *AT* auf *AB* errichtet. Da nun

$$EA^2: AT^2 = 2a:p \text{ ist, anderseits aber}$$
$$ZL \cdot LF: KL^2 = 2a:p \text{ war, da weiter}$$
$$ZL^2 \cdot KL^2 > ZL \cdot LF: KL^2 \text{ ist, so ist}$$
$$ZL^2: KL^2 > EA^2: AT^2.$$

Die Winkel bei *A* und *L* sind Rechte. Es ist also der Winkel bei *Z* kleiner als der Winkel bei *E*. Es werde nun der Winkel *AEC* gleich dem

Winkel *LZK* gemacht. Dann schneidet *EC* die Hyperbel, der Schnittpunkt sei *C*. In *C* werde die Tangente *CD* konstruiert, ferner werde von *C* auf die Achse das Lot *CH* gefällt. Es ist nun

$$EH \cdot HD : CH^2 = 2a : p \quad (I, \S\ 37).$$

Also ist $\qquad ZL \cdot LF : LK^2 = EH \cdot HD : CH^2.$

Somit ist das Dreieck *KZL* dem Dreieck *ECH* und das Dreieck *KFL* dem Dreieck *CHD* und das Dreieck *KZF* dem Dreieck *CED* ähnlich.[16]

Wenn $2a : p = 1 : 1$ ist, so berührt *KL* den Kreis *ZKF* und die Verbindungslinie *NK* ist parallel *ZF* und stellt die Lösung der Aufgabe dar.

§ 52.

Verbindet man den Endpunkt der kleinen Achse einer Ellipse mit den Endpunkten der großen Achse, so ist der Nebenwinkel des so entstehenden Winkels nicht größer als der Winkel, den jede Ellipsentangente mit der Verbindungslinie ihres Berührungspunktes und des Mittelpunktes der Ellipse bildet.

Es sei eine Ellipse gegeben (Fig. 52a). Ihre Achsen seien *AB* und *CD*. Der Mittelpunkt der Ellipse sei *E*. *AB* sei die große Achse. *HZA* sei eine Ellipsentangente. Es seien die Verbindungslinien *AC*, *CB*, *ZE* gezogen. *BC* werde bis *L* verlängert. Ich behaupte, daß der Winkel *LZE* nicht kleiner ist als der Winkel *LCA*.

ZE und *LB* sind entweder parallel oder nicht.

Die Geraden *ZE* und *LB* seien zunächst parallel. Es ist $AE = EB$. Es ist also auch $AF = FC$. *ZE* ist ein Durchmesser. Also ist die Tangente

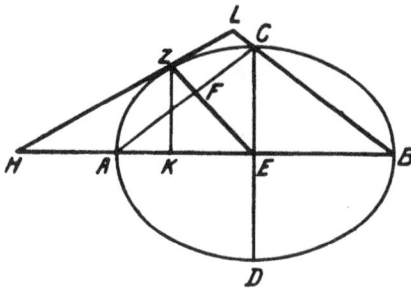

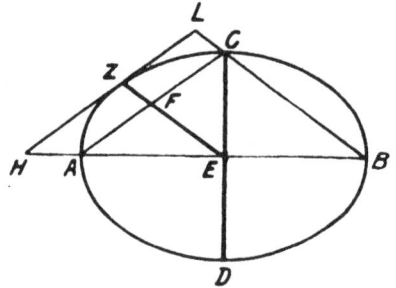

Fig. 52a.   Fig. 52b.

in *Z* parallel *AC* (II, § 6). Es ist aber auch *ZE* parallel *LB*. Also ist *ZFCL* ein Parallelogramm. Deswegen ist der Winkel *LZF* gleich dem Winkel *LCF*.

Und da sowohl *AE* als auch *BE* größer ist als *EC*, so ist der Winkel *ACB* stumpf. Also ist *LCA* spitz. Daher ist auch *LZE* spitz und somit *HZE* stumpf.

Es sei nunmehr nicht *EZ* parallel *LB* (Fig. 52b). Es werde das Lot *ZK* gefällt. Es ist also der Winkel *LBE* nicht gleich dem Winkel *ZEA*.

Der rechte Winkel bei E ist dem Winkel bei K gleich. Es verhält sich also nicht BE^2 zu EC^2 wie EK^2 zu KZ^2. Aber es ist

$$BE^2 : EC^2 = AE \cdot EB : EC^2 = 2a : p \quad (I, \S 21),$$

wobei $2a$ die Hauptachse der Ellipse, p der Parameter ist. Außerdem ist

$$HK \cdot KE : KZ^2 = 2a : p.$$

Es ist also nicht $\quad HK \cdot KE : KZ^2 = EK^2 : KZ^2$

und daher sind HK und KE verschieden. Es werde nun ein Kreissegment MYN gezeichnet, das den stumpfen Winkel ACB als Peripheriewinkel faßt. Das Kreissegment ist also kleiner als der zugehörige Halbkreis. Es werde nun auf NM der Punkt Q so gewählt, daß

$$HK : KE = NQ : QM$$

ist. In Q werde das Lot YQX errichtet. Es seien nun die Verbindungslinien NY, YM gezogen. Es werde MN in T halbiert und in N das Lot OTR errichtet. Dies Lot ist also ein Durchmesser. Es sei P der Mittelpunkt des Kreises. In P werde das Lot PS errichtet. Es werde O mit N und M verbunden. Da nun der Winkel MON gleich dem Winkel ACB ist, da weiter sowohl AB in E als auch MN in T halbiert ist, da ferner die Winkel bei E und T Rechte sind, so sind die Dreiecke OTN und BEC einander ähnlich. Es ist also

$$TN^2 : TO^2 = BE^2 : EC^2.$$

Fig. 52c.

Da nun $TP = SQ$ und $PO > SY$ ist, so ist also

$$PO : PT > SY : SQ$$
$$PO : (PO - PT) < SY : (SY - SQ)$$
$$PO : OT < SY : YQ$$
$$RO : OT < XY : YQ$$
$$(RO - OT) : OT < (XY - YQ) : YQ$$
$$RT : OT < XQ : YQ.$$

Es ist aber $\quad RT : OT = TN^2 : TO^2$ (Höhensatz),

also $\quad RT : OT = BE^2 : EC^2 = 2a : p$ oder

$$RT : OT = HK \cdot KE : KZ^2.$$

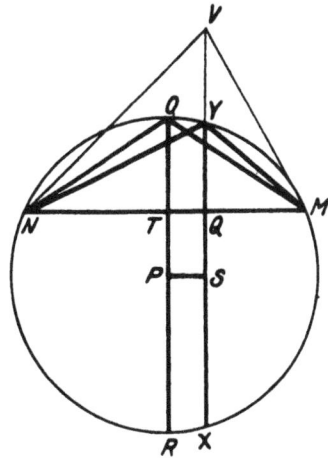

Also ist $\qquad HK \cdot KE: KZ^2 < XQ: YQ$ oder

$\qquad\qquad HK \cdot KE: KZ^2 < XQ \cdot QY: YQ^2$ oder

$\qquad\qquad HK \cdot KE: KZ^2 < NQ \cdot QM: YQ^2$ (Sehnensatz)

Wenn man also auf der Geraden XY dem Punkt V so wählt, daß

$$HK \cdot KE: KZ^2 = NQ \cdot QM: VQ^2$$

ist, so ist $VQ > YQ$. Da nun

$$HK: KE = NQ: QM \text{ ist, da weiter}$$

KZ auf AB und QV auf NM senkrecht steht und da

$$HK \cdot KE: KZ^2 = NQ \cdot QM: VQ^2$$

ist, so ist der Winkel HZE gleich dem Winkel NVM[17]) Es ist also der Winkel MYN, der doch gleich dem Winkel ACB ist, größer als der Winkel HZE. Der Winkel HZE ist also auch größer als der Winkel LCF.

Es ist also der Winkel LCF nicht größer als der Winkel LZF.

§ 53.

An eine gegebene Ellipse ist eine Tangente zu legen, die mit der Geraden, welche den Mittelpunkt der Ellipse mit dem Berührungspunkt verbindet, einen Winkel bildet, der einem gegebenen spitzen Winkel gleich ist. Dabei ist erforderlich, daß dieser gegebene spitze Winkel nicht kleiner ist als der Nebenwinkel des Winkels, der entsteht, wenn man den Endpunkt der kleinen Achse der Ellipse mit den Endpunkten der großen Achse verbindet.

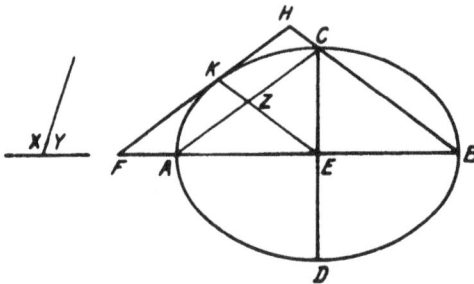

Fig. 53a.

Es sei eine Ellipse gegeben. Die große Achse sei AB, die kleine CD (Fig. 53a). Der Mittelpunkt der Ellipse sei E. Es werde C mit A und B verbunden. Der gegebene Winkel Y sei nicht kleiner als der Winkel ACH, der Winkel ACB also nicht kleiner als der Winkel X.

Der Winkel Y ist also entweder größer als der Winkel ACH oder er ist ihm gleich.

Es sei zunächst der Winkel Y gleich dem Winkel ACH. Es werde dann durch E die Parallele EK zu BC gezogen und in K die Tangente KF konstruiert. Da nun $AE = EB$ ist und

$$AE: EB = AZ: ZC$$

ist, so ist $AZ = ZC$. Nun ist KE ein Durchmesser. Die Tangente in K, d. h. die Gerade FKH ist also CA parallel. Es ist aber auch EK parallel HB. Es ist also das Viereck $KZCH$ ein Parallelogramm. Deswegen ist der Winkel HKZ gleich dem Winkel HZC. Der Winkel HCZ ist aber dem gegebenen Winkel Y gleich. Also ist auch der Winkel HKE dem Winkel Y gleich.

Es sei nunmehr der Winkel Y größer als der Winkel ACH. Dann ist der Winkel X kleiner als der Winkel ACB.

Es werde ein Kreis gezeichnet (Fig. 53b, c). Von ihm werde ein Segment MNR abgeschnitten, das den Winkel X als Peripheriewinkel faßt. Es werde MR in O halbiert. In O werde auf MR das Lot NOP errichtet. Es werde M mit N und R verbunden. Der Winkel MNR ist also kleiner

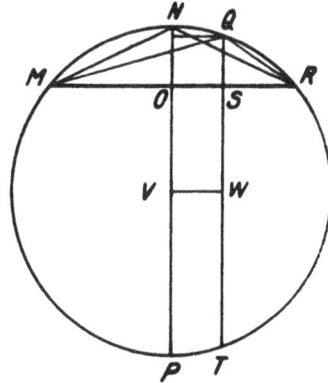

Fig. 53 b.

als der Winkel ACB. Aber die Hälfte des Winkels MNR ist der Winkel MNO, die Hälfte des Winkels ACB ist der Winkel ACE. Die Winkel bei E und O sind Rechte. Es ist also

$$AE : EC > OM : NO$$

Daher ist auch $\qquad AE^2 : EC^2 > OM^2 : ON^2.$

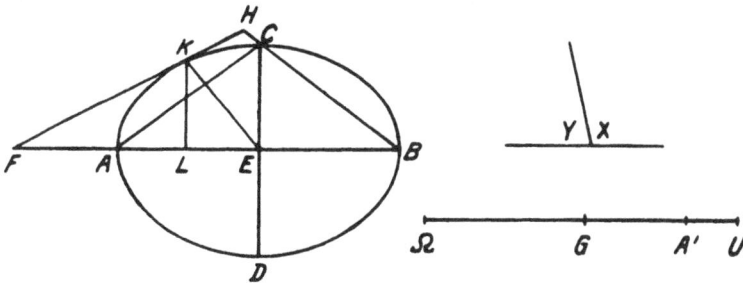

Fig. 53 c.

Es ist aber $\qquad AE^2 = AE \cdot EB$ und $OM^2 = MO \cdot OR = NO \cdot OP.$

Also ist $\qquad AE \cdot EB : EC^2 > OP : ON.$

Es ist weiter $AE \cdot EB : EC^2 = 2a : p$, also ist

$$2a : p > OP : ON$$

Es sei nun $\qquad \Omega A' : A'U = 2a : p$

und es werde ΩU in G halbiert. Da nun

$$2a:p > OP:ON, \text{ so ist auch}$$
$$\Omega A':A'U > OP:ON$$
$$(\Omega A' + A'U):A'U > (OP + ON):ON$$
$$\Omega U:A'U > PN:ON.$$

Der Mittelpunkt des Kreises sei V. Daher ist auch

$$GU:A'U > VN:NO$$
$$(GU - A'U):A'U > (VN - NO):NO$$
$$GA':A'U > VO:NO.$$

Es werde nun auf VN der Punkt J so bestimmt, daß

$$GA':A'U = VO:JO \text{ ist.}$$

Es ist also JO kleiner als NO. Es werde durch J parallel zu MR, JQ gezogen und durch Q parallel zu NP, QT. Durch V werde parallel zu MR, YW gezogen. Es ist dann

$$GA':A'U = WS:SQ$$
$$(GA' + A'U):A'U = (WS + SQ):SQ$$
$$GU \ :A'U = WQ:SQ$$
$$\Omega U:A'U = TQ:SQ$$
$$(\Omega U - A'U = (TQ - SQ):SQ$$
$$\Omega A':A'U = TS:SQ$$

Es ist nun $\quad\quad \Omega A':A'U = 2a:p,$ also

$$TS:SQ = 2a:p.$$

Es werde nun Q mit M und R verbunden. Es werde weiter in E an EA der Winkel AEK gleich dem Winkel MRQ angetragen. Jn K werde die Ellipsentangente KF konstruiert, und es werde das Lot KL auf AB gefällt. Da nun der Winkel MRQ gleich dem Winkel AEK ist, da weiter die Winkel bei S und L Rechte sind, so hat das Dreieck RQS die gleichen Winkel wie das Dreieck EKL. Es war nun

$$TS:SQ = 2a:p, \text{ also auch}$$
$$TS \cdot SQ:SQ^2 = 2a:p.$$

Auf Grund des Sehnensatzes folgt

$$MS \cdot SR:SQ^2 = 2a:p.$$

Es ist daher nicht nur das Dreieck EKL dem Dreieck RQS ähnlich, sondern auch das Dreieck KFE dem Dreieck MQR.[19]) Deshalb ist der Winkel MQR gleich dem Winkel FKE. Der Winkel MQR ist aber gleich

dem Winkel MNQ, das heißt gleich dem Winkel X. Somit ist der Nebenwinkel HKE gleich dem Winkel Y.

Es ist also wirklich die Tangente HF gefunden, die mit dem zum
Berührungspunkte gehörigen Durchmesser EK einen Winkel HKE bildet,
der dem gegebenen Winkel Y gleich ist, was zu beweisen war.

Anmerkungen zu Buch II.

1. Als Scheitel der Hyperbel wird jeder Endpunkt eines Durchmessers bezeichnet.

2. Als „Hyperbelrechteck" wird das Rechteck bezeichnet, das gebildet wird
aus dem Durchmesser und dem zu ihm gehörigen Parameter.

3. Es ist nämlich
$$AF \cdot FB = (CF + AC)(CF - BC)$$
$$AF \cdot FB = CF^2 - AC^2, \text{ also}$$
$$AF \cdot FB < CF^2.$$

4. In der Figur sind F und K innerhalb ZH angenommen. Läge z. B. F
außerhalb ZH, so wäre EF Asymptote und es wäre zwischen dem Durchmesser
EB und der Asymptote EF eine weitere Asymptote gelegen. Dies ist ebenfalls
nach § 2 unmöglich.

5. Es ist nicht ersichtlich, welche Tangente gemeint ist. Der Satz gilt
natürlich für jede Tangente. Die Worte „der Tangente" können also weglassen
werden.

6. Aus
$$KL \cdot LF = FM \cdot MK \text{ folgt}$$
$$\frac{KL}{MK} = \frac{FM}{LF}, \text{ hieraus durch Addition von 1}$$
$$\frac{KL + MK}{MK} = \frac{FM + LF}{LF}, \text{ also da}$$
$$KL + MK = FM + LF \text{ ist,}$$
$$MK = LF.$$

7. Nach I, § 60, ist $BA \cdot AM = CD^2$ und ebenso $BA^2 = CD \cdot CN$.
Durch Division entsteht
$$BA : AM = CN : CD.$$

8. Es ist nämlich
$$\frac{\triangle XCR}{\triangle HFX} = \frac{XC \cdot XR}{XF \cdot XH} = \frac{XC}{XF} \cdot \frac{XR}{XH} = \frac{XC}{XF} \cdot \frac{XC}{XL} = \frac{XC^2}{XF \cdot XL}.$$
Es ist aber $XF \cdot XL = XC^2$ nach I, § 37, also ist
$$\triangle XCR = \triangle HFX.$$

9. Nennt man $KE = FL$ (§ 16) a und $EM = FN$ (§ 8) b, so ist

$$FM = (c + b) \qquad\qquad FK = a + 2b + c$$
$$ME = b \qquad\qquad KE = a,\ \text{also}$$
$$FM \cdot ME + KE \cdot KE = (c + b)\, a + (a + 2b + c)\, a$$
$$= (a + b + c)\,(a + b) = LM \cdot MK.$$

10. Die kausale Verknüpfung der Sätze dieses Schlußabschnitts ist nicht logisch. Der Text muß hier verderbt sein.

11. Genauer müßte der Schluß heißen: „Die durch E gehende Gerade muß wenigstens eine der Geraden DX oder CX schneiden — sie könnte nämlich auch einer dieser Geraden parallel sein — sie schneide etwa DX." In Wahrheit kommt freilich der Fall des Parallelismus nicht vor, aber es ist in diesem Stadium des Beweises nicht von vorneherein selbstverständlich.

12. Es ist $KM^2 - PK^2 = (KM + PK)\,(KM - PK) = PN \cdot MP$.

13. Wenn $CP^2 : SL^2 = \lambda$ gesetzt wird, so ist

$$MP \cdot PN : MS \cdot SN = \lambda.$$

Aus der Differenzengleichung folgt dann

$$SL^2 \cdot (\lambda - 1) = MS \cdot SN \cdot (\lambda - 1)$$

oder, da λ von 1 verschieden ist,

$$SL^2 = MS \cdot SN \text{ und ebenso}$$
$$CP^2 = MP \cdot PN.$$

14. Denn da C ein beliebiger Punkt der Ellipse ist, so ist für jeden Punkt C, $KC = KM$. Also ist die ganze Kurve ein Kreis.

15. Wird der Winkel $ZKF = a$, der Winkel $KZL = \beta$, $KL = b$ genannt, so ist

$$ZL = \frac{b}{\sin \beta} \qquad\qquad FL = \frac{b}{\sin(a + \beta)}.$$

Also ist

$$ZL \cdot LF : LK^2 = \frac{1}{\sin \beta \cdot \sin(a + \beta)}.$$

Wird nun der Winkel $CEH = \beta'$ genannt, so folgt ebenso, da $ECD = a$ ist,

$$EH \cdot HD : CH^2 = \frac{1}{\sin \beta' \cdot \sin(a + \beta')}.$$

Es ist also, da $ZL \cdot LF : LK^2 = EH \cdot HD : CH^2$ ist

$$\frac{1}{\sin \beta \cdot \sin(a + \beta)} = \frac{1}{\sin \beta' \cdot \sin(a + \beta')} \quad \text{oder}$$

$$\frac{\sin \beta}{\sin \beta'} = \frac{\sin(a + \beta')}{\sin(a + \beta)}.$$

Wenn nun K, wie Apollonius stillschweigend voraussetzt, so gewählt ist, daß seine Projektion in die Verlängerung von ZF über F hinausfällt, so ist β

ein spitzer Winkel. Aber auch $a + \beta'$ ist ein spitzer Winkel. Ebenso ist sowohl β wie $a + \beta$ ein spitzer Winkel. Ist nun $\beta' > \beta$, so ist $\sin \beta' > \sin \beta$. Dann ist aber $\sin (a + \beta') > \sin (a + \beta)$. Die abgeleitete Proportion kann also unmöglich bestehen. Ebenso ist die Proportion unmöglich, wenn $\beta' < \beta$ ist. Es muß also $\beta' = \beta$ sein, d. h. die Dreiecke ZFK und EDC sind einander ähnlich. Hieraus folgt auch sofort, daß das Dreieck KZL dem Dreieck ECH ähnlich ist.

16. Dies kann ähnlich wie in Anm. 15 erschlossen werden. Hier ist $\beta' = \beta$, aber von den beiden Winkeln, die als a und a' bezeichnet werden mögen, ist die Gleichheit von vornherein nicht bekannt. Es entsteht so die Gleichung

$$\frac{\sin \beta}{\sin \beta} = \frac{\sin (a' + \beta)}{\sin (a + \beta)} \quad \text{oder}$$

$$\sin (a' + \beta) = \sin (a + \beta)$$

Diese Gleichung ist nun erfüllt, wenn $a = a'$ ist

17. Es sei
$$HK = q, \; KE = r, \; KZ = h$$
$$NQ = q', \; QM = r', \; QV = h' \text{ gesetzt, also}$$
$$q : r = q' : r' \text{ und}$$
$$qr : H^2 = q'r : h'^2.$$

Durch Division der Proportionen entsteht
$$h^2 : r^2 = h'^2 : r'^2 \text{ oder}$$
$$h : r = h' : r'.$$

Also ist der Winkel KEZ gleich dem Winkel QMV. Entsprechendes folgt nun sofort über die Winkel ZHK und VNQ. Die ganze Herleitung des Apollonius ist ein Meisterstück der Behandlung einer Maximalaufgabe mit elementargeometrischen Mitteln.

18. Es ist nämlich $FL \cdot LE : KL^2 = 2a : p$, also folgt
$$MS \cdot SR : SQ^2 = FL \cdot LE : KL^2.$$

Wegen der Gleichheit der Winkel QRS und KEL ist nun
$$SR : SQ = LE : KL.$$

Durch Division dieser beiden Gleichungen folgt
$$MS : SQ = FL : KL,$$

d. h. die Winkel MQS und FKL sind gleich. Sämtliche entsprechenden Winkel sind daher gleich.

III. Buch.

§ 1.

Wenn an einen Kegelschnitt zwei Tangenten gelegt und zum Schnitt gebracht werden, wenn weiter durch die Berührungspunkte die Durchmesser gelegt und mit den Tangenten zum Schnitt gebracht werden, so werden die entstehenden Scheiteldreiecke einander gleich sein.

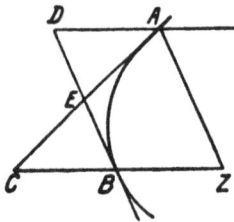

Fig. 1 a.

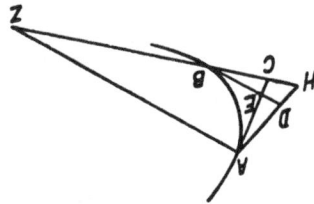

Fig. 1 b.

Es sei AB ein Kegelschnitt oder Kreis (Fig. 1 a). AC und BD seien Tangenten, ihr Schnittpunkt sei E. Es mögen die Durchmesser durch die Punkte A und B, DA und CB gezogen werden, die die Tangenten in

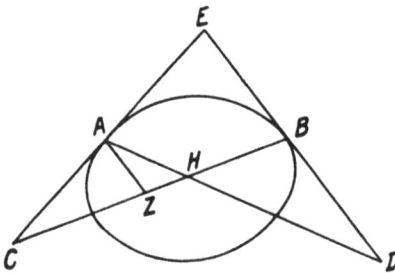

Fig. 1 c.

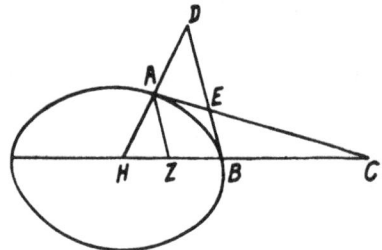

Fig. 1 d.

C und D schneiden. Ich behaupte, daß das Dreieck ADE dem Dreieck EBC flächengleich ist.

Es werde nämlich durch A parallel zu BD die Gerade AZ gezogen. Sie ist also geordnet zum Durchmesser BC gezogen. Im Falle der Parabel

ist nun das Viereck $ADBZ$ dem Dreieck ACZ flächengleich (I, § 42).
Bringt man die Fläche $AEBZ$ in Abzug, so folgt, daß das Dreieck ADE
dem Dreieck CBE flächengleich ist.

Bei den übrigen Kegelschnitten (Fig. 1b, 1c, 1d) schneiden die Durchmesser einander im Mittelpunkt des Kegelschnittes H.

Da nun AZ gezogen ist und AC Tangente ist, so ist

$$ZH \cdot HC = BH^2 \ (\text{I, § 37})$$
$$ZH : BH = BH : HC, \text{ es ist aber}$$
$$ZH : HC = ZH^2 : BH^2 \text{ und}$$
$$ZH^2 : BH^2 = \Delta AHZ : \Delta DHB \text{ sowie}$$
$$ZH : HC = \Delta AHZ : \Delta HCA. \text{ Also ist}$$
$$\Delta AHZ : \Delta DHB = \Delta AHZ : \Delta HCA.$$

Also ist $\qquad \Delta AHC = \Delta DHB.$
Es ist nun $\qquad DHCE = DHCE.$

Bildet man aus diesen Gleichungen die Differenz, so folgt

$$\Delta AED = \Delta CEB.$$

§ 2.

Wenn unter den gleichen Voraussetzungen durch einen Punkt des
Kegelschnittes oder Kreises Parallelen zu den Tangenten bis zum Schnitt
mit den Durchmessern gezogen werden, so ist das Parallelogramm, das
von einer Tangente und einem Durchmesser begrenzt wird, gleich dem

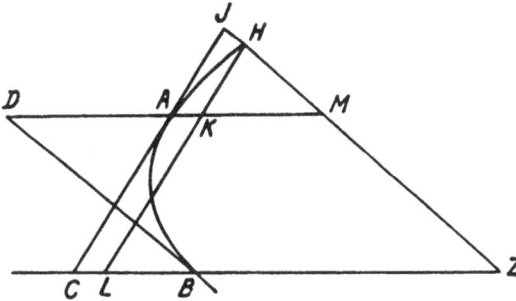

Fig. 2a.

Dreieck, das von derselben Tangente und dem anderen Durchmesser begrenzt wird.

Es sei AB ein Kegelschnitt oder Kreis (Fig. 2a, b). AEC und BED
seien Tangenten. AD und BC seien Durchmesser. H sei ein Punkt der

Kurve. Es mögen *HKL* und *HMZ* parallel den Tangenten gezogen werden. Ich behaupte, daß das Dreieck *AIM* dem Parallelogramm *CDHI* flächengleich ist.

Denn, da bewiesen ist (I, § 42 und § 43), daß das Dreieck *HKM* dem Viereck *AKLC* flächengleich ist, so entsteht durch Addition oder Subtraktion des Vierecks *JHKA* die Gleichung

$$\Delta AIM = CLHI.$$

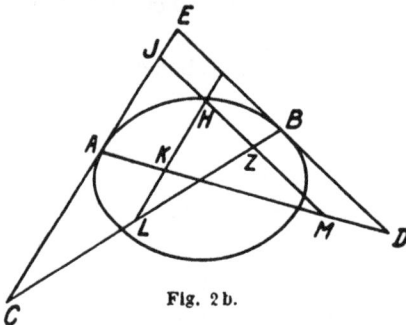

Fig. 2b.

§ 3.

Wenn unter den gleichen Voraussetzungen auf einem Kegelschnitt oder einem Kreise zwei Punkte angenommen und durch sie Parallelen zu den Tangenten bis zu den Durchmessern gezogen werden, so sind die Vierecke, die von diesen Parallelen begrenzt werden und bis zu den Durchmessern reichen, einander inhaltsgleich.

Die Kurve, die Tangenten und die Durchmesser seien, wie angegeben, gezeichnet (Fig. 3a, b, c). Es mögen auf der Kurve zwei beliebige Punkte *Z* und *H* ange-

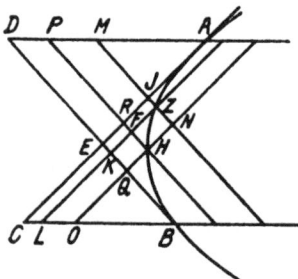

Fig. 3a.

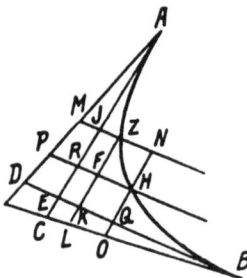

Fig. 3b.

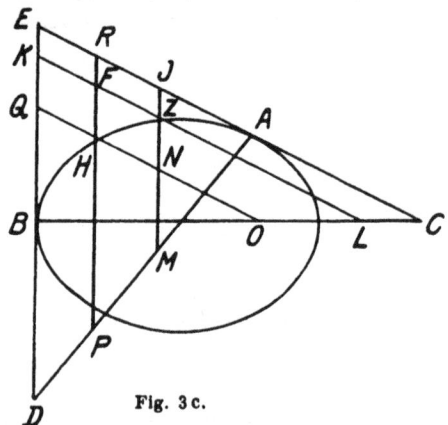

Fig. 3c.

nommen werden. Durch *Z* mögen Parallelen zu den Tangenten, *ZFKL* und *NZJM* gezogen werden, sowie durch *H* die Parallelen *HQO* und *FRP*. Ich behaupte, daß das Viereck *LFHO* dem

Viereck *MZFP* und das Viereck *LZNO* dem Viereck *MNHP* inhaltsgleich ist.

Da nämlich (III, § 3) bewiesen worden ist, daß das Dreieck *PRA*
gleich dem Viereck *CRHO* und das Dreieck *AMI* gleich dem Viereck
CJZL, da weiter

$$APR = AMI + RIMP \text{ ist, so folgt}$$
$$CRHO = CIZL + RIMP \text{ oder auch}$$
$$CRHO = CRFL + FZMP. \text{ Es werde subtrahiert}$$
$$CRFL = CRFL, \text{ und es entsteht}$$
$$LFHO = FZMP. \text{ Also ist auch}$$
$$LZNO = PHNM.$$

§ 4.

Wenn zwei Tangenten von zwei zugehörigen Hyperbeln einander
schneiden, und wenn die zu den Berührungspunkten gehörigen Durchmesser bis zum Schnitt mit den Tangenten gezogen werden, so sind die
an den Durchmessern liegenden Dreiecke
einander gleich.

Es seien *A* und *B* zwei zugehörige
Hyperbeln (Fig. 4), *AC* und *BC* seien die
Tangenten, *C* ihr Schnittpunkt. *D* sei der
Mittelpunkt der Hyperbeln. Es werde *A*
mit *B* und *C* mit *D* verbunden. Die Ver-
bindungslinien mögen einander in *E* schnei-
den. Es werde *D* mit *A* und *B* verbunden.
Die Verbindungslinien seien bis *Z* und *H*

Fig. 4.

verlängert. Ich behaupte, daß das Dreieck *AHD* gleich dem Dreieck *BDZ*
und das Dreieck *ACZ* gleich dem Dreieck *BCH* ist.

Es werde in *F* die Tangente *FL* konstruiert. Sie ist parallel *AH*.
Und da $AD = DF$ ist, so ist das Dreieck *AHD* dem Dreieck *FLD* gleich.
Aber das Dreieck *FLD* ist gleich dem Dreieck *BDZ* (III, § 1). Es ist also
das Dreieck *AHD* dem Dreieck *BDZ* gleich. Daher ist auch das Dreieck
AZC gleich dem Dreieck *BHC*.

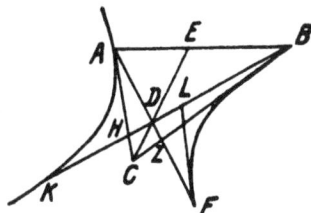

§ 5.

Wenn zwei Tangenten von zwei zugehörigen Hyperbeln einander
schneiden, und wenn auf einer der beiden Hyperbeln ein beliebiger Punkt
angenommen wird und durch ihn zwei Gerade gezogen werden, die eine
parallel der einen Tangente, die andere parallel der die Berührungspunkte
verbindenden Geraden, so wird das Dreieck, von dem diese beiden Geraden zwei Seiten bilden, während die dritte der durch den Schnittpunkt

der Tangenten gelegte Durchmesser ist, sich von dem Dreieck, das von jenem ersten durch die Tangente abgeschnitten wird, unterscheiden um die Fläche des Dreiecks, das gebildet wird durch die Tangente, den Durchmesser ihres Berührungspunktes und die Parallele durch den beliebigen Punkt zur Verbindungslinie der beiden Berührungspunkte.

Es seien A und B zwei zugehörige Hyperbeln, C der Mittelpunkt (Fig. 5 a, b), die Tangenten ED und DZ, D ihr Schnittpunkt. Es werde E mit Z und C mit D verbunden und die Verbindungslinien seien verlängert.

Es werde Z mit C und E mit C verbunden. Die Verbindungslinien seien verlängert. Es werde auf der Kurve ein beliebiger Punkt H angenommen. Durch H sei parallel EZ die Gerade $HKFL$ und parallel DZ

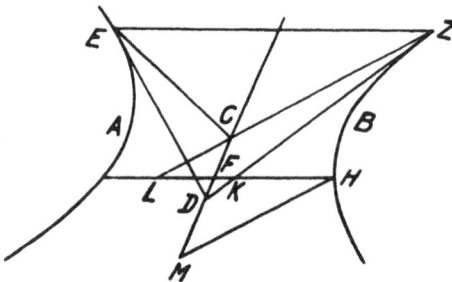

Fig. 5 a.

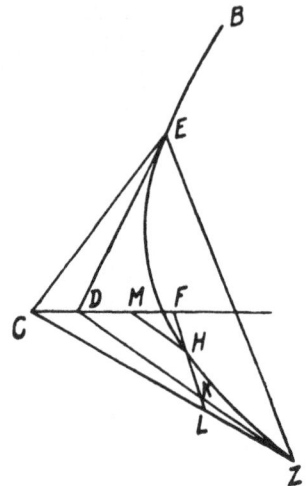

Fig. 5 b.

die Gerade HM gezogen. Ich behaupte, daß das Dreieck HFM sich von dem Dreieck KFD um den Inhalt des Dreiecks KLZ unterscheidet.

Da nämlich bewiesen ist, daß CD ein Durchmesser der Hyperbeln ist, CZ aber geordnet zu ihm gezogen ist (II, § 38 und 39), anderseits HM parallel DZ gezogen ist, so unterscheidet sich das Dreieck MHF vom Dreieck CLF um das Dreieck CDZ (I, § 45). Daher unterscheidet sich das Dreieck MHF vom Dreieck KFD um das Dreieck KZL.

Und es ist klar, daß das Dreieck KZL dem Dreieck $MHKD$ gleich ist.

§ 6.

Wenn unter den gleichen Voraussetzungen auf einer von zwei zugehörigen Hyperbeln ein Punkt angenommen wird, und es werden durch ihn Parallelen zu den Tangenten gezogen, die die Tangenten und die Durchmesser schneiden, so wird das von ihnen gebildete Viereck, das von der einen Tangente und dem einen Durchmesser gebildet wird, gleich sein dem Dreieck, das an derselben Tangente und dem anderen Durchmesser liegt.

Es seien zwei zugehörige Hyperbeln gegeben, deren Durchmesser *AEC* und *BED* sind (Fig. 6). *AZ* und *BH* seien Tangenten, die einander in *F* schneiden. Es werde ein Punkt *K* auf der Hyperbel angenommen. Durch *K* möge die Parallele *KML* zu *AZ* und die Parallele *KNQ* zu *BH* gezogen werden. Ich behaupte, daß das Viereck *KIZL* gleich dem Dreieck *AIN* ist.

Da nämlich die zugehörigen Hyperbeln *AB* und *CD* gegeben sind und *AZ* die Hyperbel *AB* berührt

Fig. 6.

und *BD* schneidet, da weiter *KL* parallel *AZ* gezogen ist, so ist (III, § 2) das Dreieck *AIN* gleich dem Viereck *KIZL*.

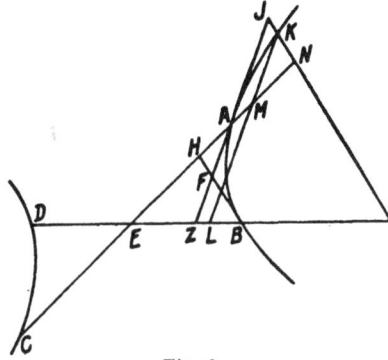

§ 7.

Wenn unter den gleichen Voraussetzungen auf beiden zugehörigen Hyperbeln Punkte gewählt werden und durch sie Parallelen zu den Tangenten gezogen werden, die die Tangenten und die Durchmesser schneiden, so werden die von diesen Parallelen begrenzten Vierecke, die an die Durchmesser grenzen, einander gleich sein.

Es sei die frühere Figur gegeben. Es mögen auf den beiden Hyperbeln die Punkte *K* und *L* gewählt werden (Fig. 7), und es mögen durch diese Punkte parallel *AZ* gezogen werden *MKRPX* und *NSTLU* und parallel *BH* die Geraden *NIOKQ* und *XVYLW*. Ich behaupte, daß das oben Gesagte gilt.

Da nämlich das Dreieck *AOI* dem Viereck *PKOZ* gleich ist (III, § 2), so möge beiderseits hinzugefügt werden das

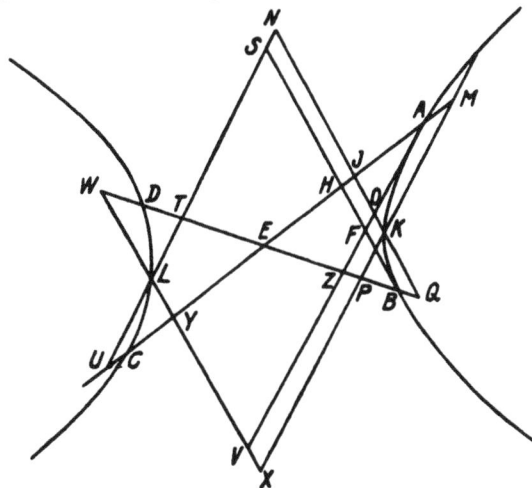

Fig. 7.

Viereck *EZOI*. Dann folgt, daß das Dreieck *AEZ* gleich ist dem Viereck *PKIE*. Es ist aber auch das Dreieck *BEH* gleich dem Viereck *LYET*[1]) und das Dreieck *AEZ* gleich dem Dreieck *BHE* (III, § 1). Daher ist auch das Viereck *LYET* gleich dem Viereck *IKPE*. Es werde beiderseits das Viereck *NIET* hinzugefügt, dann ergibt sich, daß das Viereck *TPKN* gleich dem Viereck *IYLN* ist, und daß auch das Viereck *KXYL* gleich dem Viereck *PTLX* ist.

§ 8.

Unter den sonst gleichen Voraussetzungen mögen statt der Punkte *K* und *L* die Punkte *C* und *D* gewählt werden, in denen die Durchmesser die Hyperbeln schneiden. Durch diese Punkte mögen die Parallelen zu den Tangenten gezogen werden (Fig. 8).

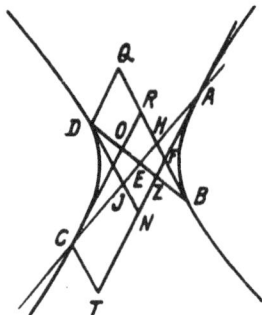

Fig. 8.

Ich behaupte, daß das Viereck *DEHQ* gleich dem Viereck *ZECT* und das Viereck *QDJH* gleich dem Viereck *OZTC* ist. Denn, da bewiesen wurde (III, § 1), daß das Dreieck *AHF* dem Dreieck *FBZ* gleich ist, und da die Gerade *AB* parallel der Geraden *HZ* ist[2]), so ist

$$AE : EH = BE : EZ$$
$$EA : AH = EB : BZ.$$

Es ist aber auch *CA* : *AE* = *DB* : *BE*, denn jedes Vorderglied ist doppelt so groß wie sein Hinterglied. Daher ist

$$CA : AH = DB : BZ \text{ und somit ist}$$
$$\Delta CTA : \Delta AFH = \Delta QBD : \Delta FBZ$$

Es ist aber (III, § 1)

$$\Delta AFH = \Delta FBZ, \text{ daher ist}$$
$$\Delta CTA = \Delta QBD. \text{ Es werde subtrahiert}$$
$$\Delta AFH = \Delta FBZ. \text{ So entsteht die Gleichung}$$
$$CTFH = QFZD. \text{ Somit ist auch}$$
$$CTZE = QHED.$$

Da nun *CO* parallel *AZ* ist, so ist

$$\Delta COE = \Delta AEZ. \text{ Ebenso ist}$$
$$\Delta DEI = \Delta BEH. \text{ Es ist aber auch}$$
$$\Delta BEE = \Delta AEZ. \text{ Daher ist auch}$$
$$\Delta COH = \Delta DEI. \text{ Es war nun}$$
$$CTZE = QHED. \text{ Also ist}$$
$$CTZO = QHID.$$

§ 9.

Wenn unter den gleichen Voraussetzungen der eine Hyperbelpunkt zwischen den Durchmessern liegt, wie K (Fig. 9), der andere Hyperbelpunkt aber mit dem einen der beiden Punkte C, D zusammenfällt, z. B. mit C, und wenn die Parallelen gezogen werden, so behaupte ich, daß das Dreieck CEO dem Viereck $KIEM$ und das Viereck $LIOC$ gleich dem Viereck $LKMC$ ist.

Es ist klar, daß dies der Fall sein muß. Da nämlich gezeigt wurde, daß

$\Delta CEO = \Delta AEZ$ ist, da anderseits so folgt

$\Delta AEZ = KIEM$ (s. Anm. 1) ist,

$\Delta CEO = KIEM$. Es ist also auch

$\Delta CPM = KIOP$ und

$LKMC = LIOC$.

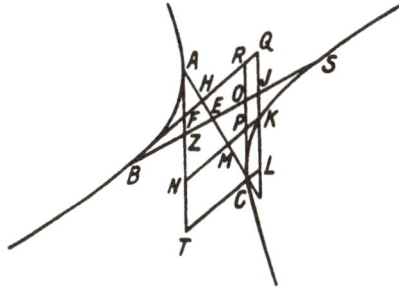

Fig. 9.

§ 10.

Unter den gleichen Voraussetzungen mögen als Punkte K und L andere Punkte als die Endpunkte der Durchmesser (Fig. 10) gewählt werden.

Es ist zu beweisen, daß das Viereck $LTPX$ gleich dem Viereck $UXKI$ ist.

Da nämlich AZ und BH Tangenten sind und AE und BE die Durchmesser ihrer Berührungspunkte sind, da weiter LT und KI den Tangenten parallel gezogen sind, so ist

$\Delta TYE = \Delta YUL + \Delta EZA$ [3]).

Ebenso ist

$\Delta QEI = \Delta QPK + \Delta BEH$. Es ist aber

$\Delta AEZ = \Delta BEH$ (III, § 1), daher ist

$\Delta TYE - \Delta YUL = \Delta QEI - \Delta QPK$

$\Delta TYE + \Delta QPK = \Delta QEI + \Delta YUL$.

Es werde zu beiden Seiten addiert $KQEYLX$. Es folgt alsdann

$LTPX = UXKI$.

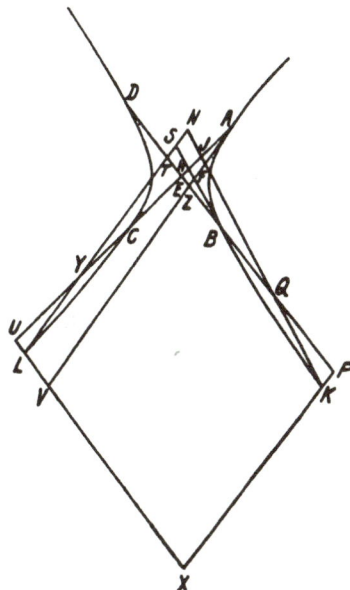

Fig. 10.

128

Wenn unter den gleichen Voraussetzungen auf einer der Hyperbeln ein Punkt angenommen wird und durch ihn Parallelen gezogen werden, einerseits zu einer Tangente, anderseits zur Verbindungslinie der Berührungspunkte, so wird sich das Dreieck, das enthalten ist zwischen diesen beiden Geraden und dem Durchmesser, der zu dem Schnittpunkt der Tangenten gehört, sich von dem Dreieck, das von diesem Durchmesser, der Parallele zur Verbindungslinie und der einen Tangente begrenzt wird, unterscheiden um den Flächeninhalt des Dreiecks, das begrenzt wird von der Tangente, dem zum Berührungspunkt gehörenden Durchmesser und der Parallele zur Verbindungslinie der beiden Berührungspunkte.

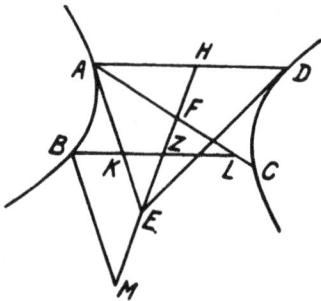
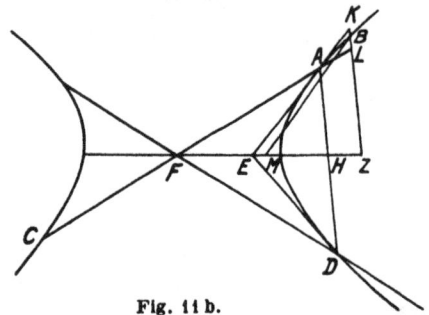

Fig. 11 a.   Fig. 11 b.

Es seien AB und CD zwei zugehörige Hyperbeln (Fig. 11a und 11b). AE und CD seien Tangenten, die einander in E schneiden mögen. F sei der Mittelpunkt der Hyperbeln. Es möge AD und EFH gezogen werden. Es werde auf der Hyperbel AB ein beliebiger Punkt B angenommen werden, durch welchen parallel der Geraden AH, BZL und parallel der Geraden AE, BM gezogen werde. Ich behaupte, daß sich das Dreieck BZM um das Dreieck AKL vom Dreieck KEZ unterscheidet[4]).

Es ist nämlich klar, daß AD von EF halbiert wird (II, § 39) und daß EF geordnet gezogen ist zu der Richtung AD. AH ist also zu EH geordnet gezogen.

Da nun HE ein Durchmesser und AE Tangente ist, AH aber geordnet gezogen ist, da weiter durch den Hyperbelpunkt B geordnet zu EH und parallel zu AH, BZ gezogen ist, BM aber parallel AE gezogen ist, so ist klar (I, § 45), daß die Dreiecke BZM und KZE sich um den Inhalt des Dreiecks AKL unterscheiden.

Und zugleich ist bewiesen, daß

$$BKEM = \triangle LKA \text{ ist.}$$

§ 12.

Wenn unter denselben Voraussetzungen auf einer der beiden Hyperbeln zwei Punkte angenommen werden und durch jeden von ihnen Paral-

Fig. 12 a.

lelen gezogen werden, so sind
die von ihnen gebildeten Vierecke
einander gleich.

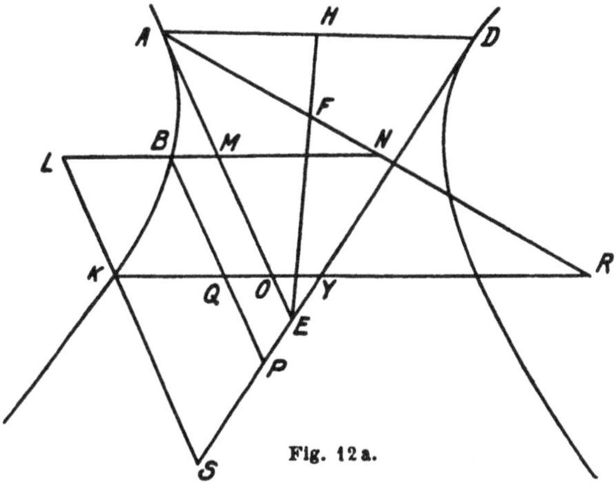

Es sei das übrige so wie
früher. Es mögen auf der Hyperbel AB zwei beliebige Punkte B
und K angenommen werden
(Fig. 12). Durch B und K mögen
parallel zu AD gezogen werden
$LBMN$ und $KQOYR$. Zu AE
seien die Parallelen BQP und LKS
gezogen. Ich behaupte, daß das
Viereck $BNRQ$ gleich ist dem
Viereck $KQPS$.

Da nämlich bewiesen worden
ist, daß das Dreieck AOR gleich
dem Viereck $KOES$ ist (Zusatz
zu III, § 11) und da das Dreieck AMN aus demselben Grunde
gleich dem Viereck $BMEP$ ist, so
entsteht durch Subtraktion

$$MNRO = KQPS \mp BMOQ$$

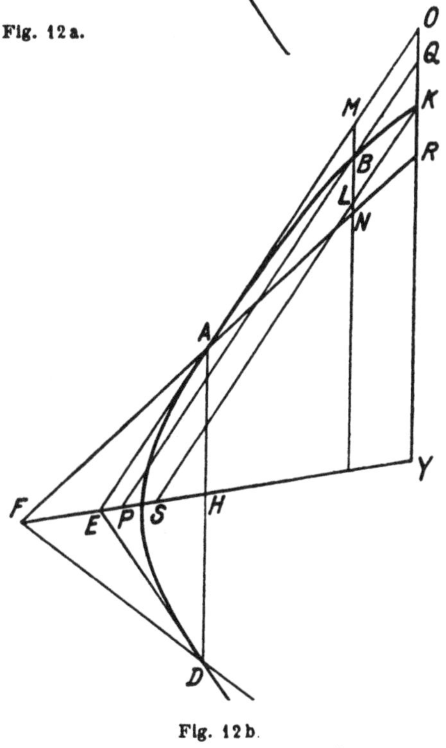

Fig. 12 b.

(wobei in Fig. 12a, das obere, in Fig. 12b das untere Vorzeichen gilt).

Durch Addition bzw. Subtraktion von $BMOQ$ entsteht die Gleichung

$$BNRQ = KQPS.$$

§ 13.

Wenn in konjugierten zugehörigen Hyperbeln Tangenten von benachbarten Kurvenzweigen einander schneiden, und wenn durch die Berührungspunkte die Durchmesser gezogen werden, so werden die Dreiecke, deren gemeinsame Spitze im Mittelpunkt der Hyperbeln liegt, einander gleich sein.

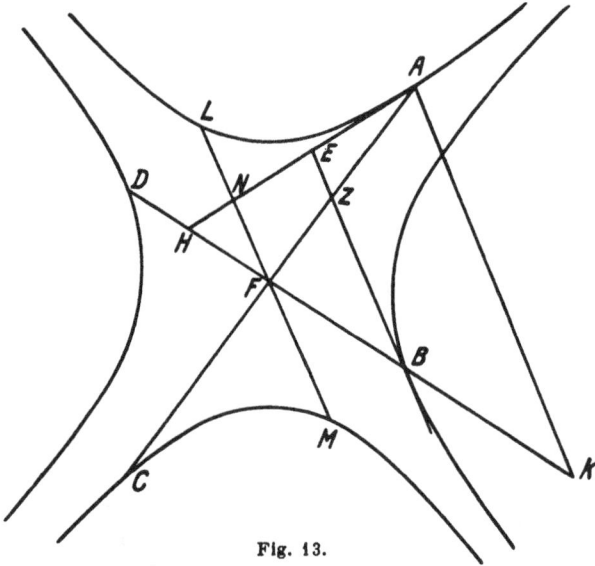

Fig. 13.

Es seien konjugierte, zugehörige Hyperbeln gegeben, auf denen die Punkte A, B, C, D liegen (Fig. 13). Die Tangente AE in A und die Tangente BE in B mögen einander in E schneiden. Es seien die Durchmesser AF und BF gezogen und bis C und D verlängert. Ich behaupte, daß das Dreieck BZF gleich dem Dreieck AHF ist.

Es mögen nämlich durch A und F zu BE parallel die Geraden AK und LFM gezogen werden. Da nun BZE die Hyperbel B berührt und durch den Berührungspunkt der Durchmesser DFB gezogen ist, da weiter LM parallel BE gezogen ist, so ist der Durchmesser LM der zum Durchmesser BD gehörige konjugierte Durchmesser (II, § 20). Daher ist AK geordnet zu BD gezogen. AH aber ist eine Tangente. Daher ist (I, § 38)

$$KF \cdot HF = BF^2 \text{ oder}$$
$$KF : BF = BF : HF$$

Es ist aber $\qquad KF : BF = KA : BZ = AF : FZ.$ Daher ist
$$AF : FZ = BF : HF$$

Es ist aber $\qquad \measuredangle BFZ + \measuredangle HFZ = 2\,R,$ also ist
$$\triangle AHF = \triangle BFZ^5).$$

§ 14.

Wenn unter den gleichen Voraussetzungen auf einer der Hyperbeln
ein Punkt angenommen wird und durch ihn Parallelen zu den Tangenten
bis zu den Durchmessern gezogen werden, so wird sich das am Mittelpunkt der Hyperbeln entstehende Dreieck von seinem Scheiteldreieck
unterscheiden um den Inhalt des Dreiecks, das die Tangente zur Grundlinie, den Mittelpunkt der Hyperbeln zur Spitze hat.

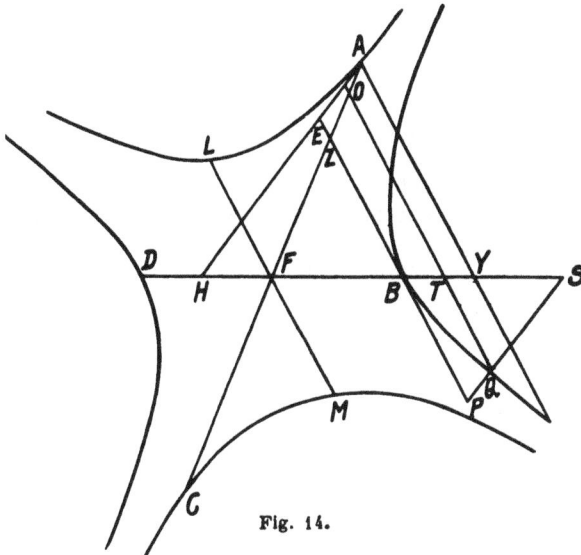

Fig. 14.

Es sei das übrige so konstruiert wie früher. Es werde auf der Hyperbel
B (Fig. 14) ein Punkt Q angenommen. Durch ihn werde parallel zu AH
PQS gezogen und parallel zu BE, QTO. Ich behaupte, daß

$$OFT = QST + FBZ \text{ ist.}$$

Es werde nämlich durch A parallel BZ, AY gezogen. Da nun aus gleichen Gründen wie zuvor LFM ein Durchmesser der Hyperbel, DFB aber

der zu ihm konjugierte Durchmesser, und da durch A die Tangente AH gezogen ist, AY aber parallel LM gezogen ist, so ist

$$AY : YH = [FY : YA] \cdot [2\,a : p],$$

wenn $LM = 2a$ gesetzt wird und mit p der zu LM gehörige Parameter bezeichnet wird (I, § 40).

Es ist aber $\quad AY : YH = QT : TS$

$$FY : YA = FT : TO = FB : BZ$$

und $\quad\quad\quad\quad 2\,a : p = p' : 2\,a'$ (I, § 56),

wenn $BD = 2\,a'$ gesetzt wird und mit p' der zu BD gehörige Parameter bezeichnet wird. Daher ist

$$QT : TS = [FB : BZ] \cdot [p' : 2\,a'].$$

Aus I, § 41[6]) folgt nun

$$\varDelta TFO = \varDelta QTS + \varDelta BZF.$$

Daher ist auch $\quad \varDelta TFO = \varDelta QTS + \varDelta AHF$ (III, § 13).

§ 15.

Wenn konjugierte zugehörige Hyperbeln gegeben sind und 2 Tangenten an eine der 4 Kurven, die einander schneiden, wenn weiter die Durchmesser der Berührungspunkte konstruiert werden, und wenn auf einer der zu der genannten Hyperbel konjugierten Hyperbeln ein Punkt angenommen wird und durch ihn Parallelen zu den Tangenten gezogen werden bis zu den Durchmessern, so wird das Dreieck, dessen eine Ecke dieser Punkt und dessen Seiten diese Parallelen sind, im Vergleich zu dem am Mittelpunkt entstehenden Dreieck größer sein um das Dreieck, das die Tangente zur Basis und den Mittelpunkt der Hyperbeln zur Spitze hat.

Es seien AB, HS, T, Q (Fig. 15) konjugierte zugehörige Hyperbeln, F sei der Mittelpunkt. Es mögen ADE und BDC Tangenten der Hyperbel AB sein. Es mögen durch die Berührungspunkte A und B die Durchmesser $AFZV$, BFT gezogen werden. Es werde auf der Kurve HS ein beliebiger Punkt S angenommen. Durch ihn werde parallel BC die Gerade SZL und parallel AE die Gerade SY gezogen. Ich behaupte, daß

$$\varDelta SLY = \varDelta FLZ + \varDelta FCB \text{ ist.}$$

Es werde nämlich durch F parallel BC die Gerade QFH und parallel AE durch H die Gerade KIH gezogen, parallel BT, ferner SO. Es ist nun klar, daß QH und BT konjugierte Durchmesser sind, und daß SO, da es ja BT parallel ist, geordnet zu FHO gezogen ist, und daß $SLFO$ ein Parallelogramm ist.

Da nun BC Tangente ist und durch den Berührungspunkt B der Durchmesser BF gezogen ist, da ferner AE eine andere Tangente ist, so soll MN der Proportion gemäß bestimmt werden.

$$DB : BE = MN : 2\,BC.$$

Daher ist (I, § 51) MN der zum Durchmesser BT gehörige Parameter. Es möge MN in R halbiert werden. Dann ist

$$DB : BE = MR : BC.$$

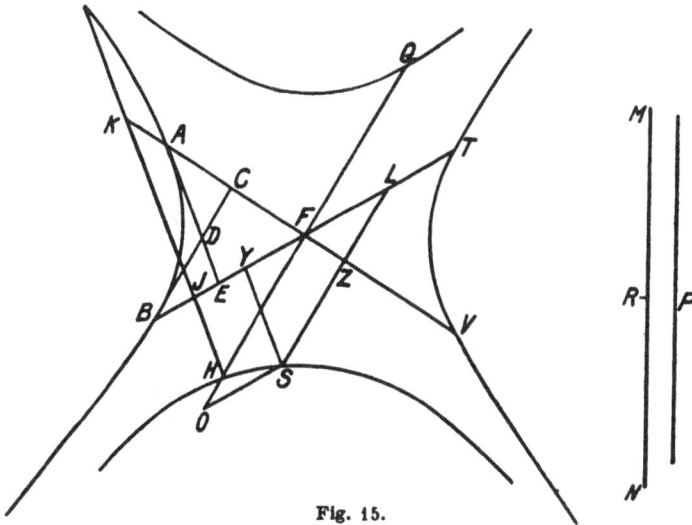

Fig. 15.

Es sei nun die Strecke P so bestimmt, daß

$$QH : TB = TB : P \text{ ist.} \quad \text{Dann ist } P \text{ der zu } QH$$

gehörige Parameter. Da nun

$$DB : BE = MR : BC, \text{ anderseits}$$
$$DB : BE = DB^2 : DB \cdot BE \text{ und}$$
$$MR : CB = MR \cdot BF : CB \cdot BF \text{ ist, so folgt}$$
$$DB^2 : DB \cdot BE = MR \cdot BF : CB \cdot BF.$$

Es ist aber $\quad MR \cdot BF = FH^2$, weil

$$QH^2 = TB \cdot MN$$

und $\quad MR \cdot BF = \tfrac{1}{4}\,TB \cdot MN$ sowie

$$HF^2 = \tfrac{1}{4}\,HQ^2 \text{ ist.}$$

Daher ist $\quad DB^2 : DB \cdot BE = FH^2 : CB \cdot BF$ oder
$$DB^2 : FH^2 = DB \cdot BE : CB \cdot BF.$$
Es ist aber $\quad DB^2 : FH^2 = \varDelta DBE : \varDelta HFI,$

denn diese Dreiecke sind einander ähnlich. Ferner ist
$$DB \cdot BE : CB \cdot BF = \varDelta DBE : \varDelta CBF.$$
Daher ist $\quad \varDelta DBE : \varDelta HFI = \varDelta DBE : \varDelta CBF.$

Es ist also $\quad \varDelta HFI = \varDelta CBF$

Weiter ist nun $\qquad \dfrac{FB}{BC} = \dfrac{FB}{MR} \cdot \dfrac{MR}{BC}$

und $\qquad \dfrac{FB}{MR} = \dfrac{TB}{MN} = \dfrac{P}{QH}$

sowie $\qquad \dfrac{MR}{BC} = \dfrac{DB}{BE}$ (siehe oben).

Daher ist $\qquad \dfrac{FB}{BC} = \dfrac{P}{QH} \cdot \dfrac{DB}{BE}$ oder

$$\dfrac{FL}{LZ} = \dfrac{P}{QH} \cdot \dfrac{FH}{FI}.$$

Da nun die Hyperbel AS, QH zum Durchmesser hat, P aber der zu diesem gehörige Parameter ist, und durch den Punkt S, SO geordnet gezogen ist, da weiter über dem Durchmesser FH die Figur FIH konstruiert ist, über $FL = SO$ aber die der Figur CBF [$= FIH$] ähnliche Figur FLZ, über $FO = SL$ aber die ebenfalls ähnliche Figur SLY errichtet ist, und da die genannte Proportion besteht, so ist

$$\varDelta SLY = \varDelta FLZ + \varDelta CBF[7]).$$

§ 16.

Wenn zwei Tangenten eines Kegelschnitts oder einer Kreisperipherie einander schneiden, und es wird durch einen Punkt der Kurve eine die Kurve schneidende Parallele zu der einen Tangente und außerdem eine Parallele zur anderen Tangente gezogen, so verhalten sich die Quadrate über den Tangenten wie das Rechteck, gebildet aus den Abschnitten der die Kurve schneidenden Parallele zur einen Tangente zum Quadrat des auf der anderen Tangente durch diese Parallele beim Berührungspunkt gebildeten Abschnitt.

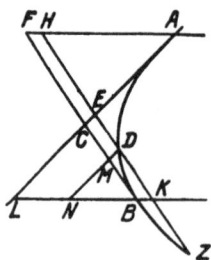

Fig. 16.

Es sei AB (Fig. 16a, b, c) eine Kegelschnitt- oder eine Kreisperipherie. AC und CB seien Tangenten, die einander in C schneiden. Es werde auf AB ein beliebiger Punkt D angenommen. Durch D werde parallel zu CB EDZ gezogen. Ich behaupte, daß

$$BC^2 : AC^2 = ZE \cdot ED : EA^2 \text{ ist.}$$

Man ziehe nämlich durch A und B die Durchmesser AHF und KBL und durch D die Parallele DMN zu AL. Es ist nun klar, daß $DK = KZ$ und daß $\triangle AEH = LCMN$ (III, § 2) und $\triangle BLC = \triangle ACF$ (III, § 1) ist.

Da nun

$$ZK = KD \text{ ist, so ist}$$
$$ZE \cdot ED + DK^2 = KE^2.$$

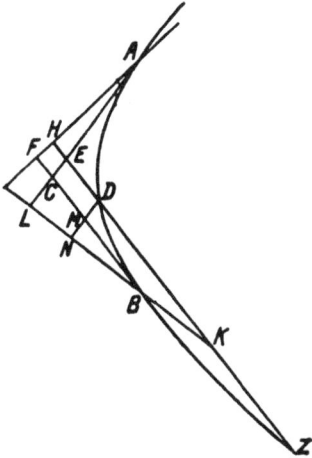

Fig. 16b.

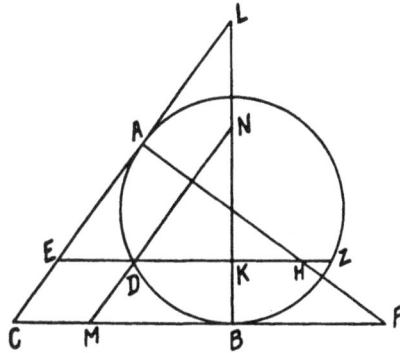

Fig. 16c.

Da weiter das Dreieck ELK dem Dreieck DNK ähnlich ist, so ist

$$EK^2 : KD^2 = \triangle EKL : \triangle DNK$$
$$EK^2 : \triangle EKL = KD^2 : \triangle DNK$$
$$[EK^2 - KD^2] : [\triangle EKL - \triangle DNK] = EK^2 : \triangle EKL$$
$$ZE \cdot ED : EDNL = EK^2 : \triangle EKL$$

Es ist aber
$$EK^2 : \triangle EKL = CB^2 : \triangle CBL, \text{ daher ist}$$
$$ZE \cdot ED : EDNL = CB^2 : \triangle CBL.$$

Es ist nun
$$EDNL = \triangle AEH \text{ [III, § 2] und}$$
$$\triangle CBL = \triangle AFC, \text{ daher ist}$$
$$ZE \cdot ED : \triangle AEH = CB^2 : \triangle AFC$$
$$ZE \cdot ED : CB^2 = \triangle AEH : \triangle AFC.$$

Nun ist
$$\triangle AHE : \triangle AFC = AE^2 : AC^2, \text{ mithin}$$
$$ZE \cdot ED : CB^2 = AE^2 : AC^2 \text{ oder auch}$$
$$BC^2 : AC^2 = ZE \cdot ED : EA^2.$$

§ 17.

Wenn zwei Tangenten eines Kegelschnittes oder Kreises einander
schneiden, und es werden auf der Kurve zwei beliebige Punkte angenommen,

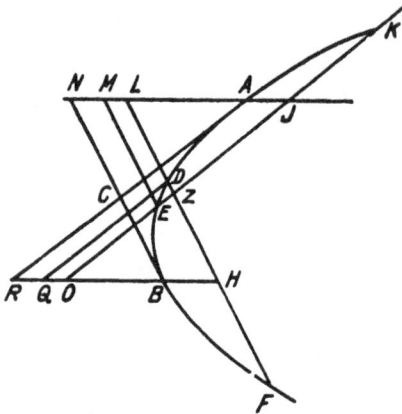

Fig. 17 a.

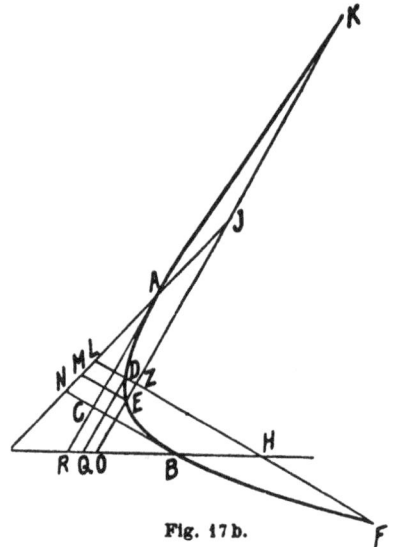

Fig. 17 b.

und durch diese werden Sekanten, welche den Tangenten parallel sind
und einander schneiden, gezogen, so verhalten sich die Quadrate über

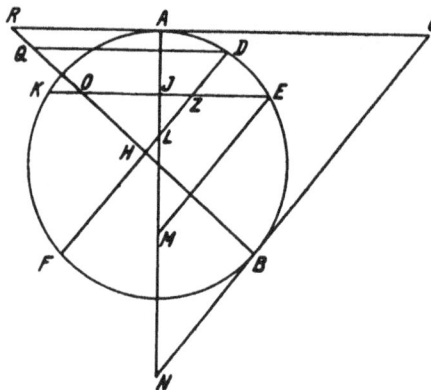

Fig. 17 c.

den Tangenten zueinander wie die
Rechtecke, gebildet aus je einer
Sekante und einem ihrer Ab-
schnitte.

Es sei AB ein Kegelschnitt
oder ein Kreis (Fig. 17 a, b, c). AC
und CB seien Tangenten, die einander in C schneiden. Es seien
auf der Kurve zwei beliebige
Punkte D und E angenommen.
Durch sie ziehe man zu AC und
CB parallel die Geraden $EZIK$
und $DZHF$. Ich behaupte, daß

$$AC^2 : CB^2 = KZ \cdot ZE : FZ \cdot ZD \text{ ist.}$$

Man ziehe nämlich durch A
und B die Durchmesser $ALMN$ und $BOQR$. Man verlängere die
Tangenten und Parallelen bis zu den Durchmessern und ziehe durch D

und E den Tangenten parallel die Geraden DQ und EM. Es ist nun klar, daß $KI = IE$ und $FH = HD$ ist.

Da nun KE in I halbiert ist, in Z aber in ungleiche Teile geteilt wird, so ist

$$KZ \cdot ZE + ZI^2 = EI^2.$$

Weil die Dreiecke IME und ILZ ähnlich sind, so ist

$$EI^2 : \Delta IME = IZ^2 : \Delta ILZ$$
$$[EI^2 - IZ^2] : [\Delta IME - \Delta ILZ] = EI^2 : \Delta IME$$
$$KZ \cdot ZE : LZEM = EI^2 : \Delta IME.$$

Es ist aber $\qquad EI^2 : \Delta IME = CA^2 : \Delta CAN$

Also ist $\qquad KZ \cdot ZE : LZEM = CA^2 : \Delta CAN$

Nun ist das Dreieck CAN gleich dem Dreieck CRB [III, § 1] und das Viereck $LZEM$ gleich dem Viereck $ZDQO$ (III, § 3). Also ist

$$KZ \cdot ZE : ZDQO = CA^2 : \Delta CRB.$$

In gleicher Weise kann man zeigen, daß auch

$$FZ \cdot ZD : ZDQO = CB^2 : \Delta CRB\,{}^{8})$$

ist. Daher folgt

$$AC^2 : BC^2 = KZ \cdot ZE : FZ \cdot ZD.$$

§ 18.

Wenn zwei Tangenten von zugehörigen Hyperbeln einander schneiden, und es wird durch irgendeinen Kurvenpunkt eine zur einen Tangente parallele Sekante und eine zur anderen Tangente parallele Gerade gezogen, so verhalten sich die Quadrate der Tangenten zueinander wie das Produkt aus den Abschnitten der Sekante zu dem Quadrat des auf der Tangente durch jene Sekante und den Berührungspunkt gebildeten Abschnitts.

Es seien AB und MN (Fig. 18) zugehörige Hyperbeln, ACL und BCF seien Tangenten, durch

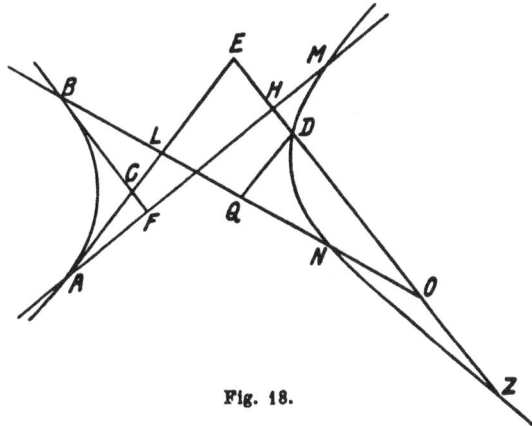

Fig. 18.

deren Berührungspunkte die Durchmesser AM und BN gezogen seien. Es werde auf der Hyperbel MN ein beliebiger Punkt D angenommen.

Durch ihn ziehe man parallel *BF* die Gerade *EDZ*. Ich behaupte, daß die Gleichung gilt:

$$BC^2 : CA^2 = ZE \cdot ED : AE^2.$$

Man ziehe nämlich durch *D* die zu *AE* parallele Gerade *DQ*. Da nun *AB* eine Hyperbel ist, *BN* ein Durchmesser, *BF* eine Tangente und *DZ* parallel *BF* ist, so ist also *ZO = OD*. Es ist also

$$ZE \cdot ED + DO^2 = EO^2.$$

Da *EL* parallel *DQ* ist, so ist das Dreieck *EOL* dem Dreieck *DQO* ähnlich. Es ist also

$$EO^2 : \varDelta EOL = DO^2 : \varDelta QDO$$
$$[EO^2 - DO^2] : [\varDelta EOL - \varDelta QDO] = EO^2 : \varDelta EOL$$
$$ZE \cdot ED : EDQL = EO^2 : \varDelta EOL$$

Es ist aber $\qquad EO^2 : \varDelta EOL = BC^2 : \varDelta BCL$

und somit $\qquad ZE \cdot ED : EDQL = BC^2 : \varDelta BCL$

Es ist aber weiter $\qquad EDQL = \varDelta AEH$ (III, § 6) und

$$\varDelta BCL = \varDelta ACF \text{ (III, § 1)}.$$

Daher ist $\qquad ZE \cdot ED : \varDelta AEH = BC^2 : \varDelta ACF.$

Es ist nun $\qquad \varDelta AEH : EA^2 = \varDelta ACF : AC^2$, also folgt

$$BC^2 : CA^2 = ZE \cdot ED : EA^2.$$

§ 19.

Wenn zwei Tangenten von zugehörigen Hyperbeln einander schneiden, und es werden Sekanten gezogen, die den Tangenten parallel sind und einander schneiden, so verhalten sich die Quadrate der Tangenten zueinander wie die Produkte aus den Abschnitten der Sekanten.

Es seien zugehörige Hyperbeln gegeben, *AC* und *BD* (Fig. 19) seien Durchmesser, *E* sei der Mittelpunkt. Die Tangenten *AZ* und *ZD* mögen einander in *Z* schneiden. *HFIKL* sei eine zu *AZ* parallele Sekante, *MNQOL* sei eine zu *DZ* parallele Sekante. Ich behaupte, daß

$$AZ^2 : ZD^2 = HD \cdot DI : ML \cdot LQ \text{ ist.}$$

Man ziehe parallel *AZ* und *BZ* durch *Q* und *J* die Geraden *JR* und *QP*. Da nun

$$AZ^2 : \varDelta AZS = FL^2 : \varDelta FLO = FI^2 : \varDelta FIR$$

ist, so folgt

$$[FL^2 - FI^2] : [\varDelta FLO - \varDelta FIR] = AZ^2 : \varDelta AZS \text{ oder}$$
$$HL : LI : IROL = AZ^2 : \varDelta AZS.$$

Es ist aber

$$\Delta AZS = \Delta DZT \text{ (III, § 4) und } IROL = KPQL \text{ (III, § 7).}$$

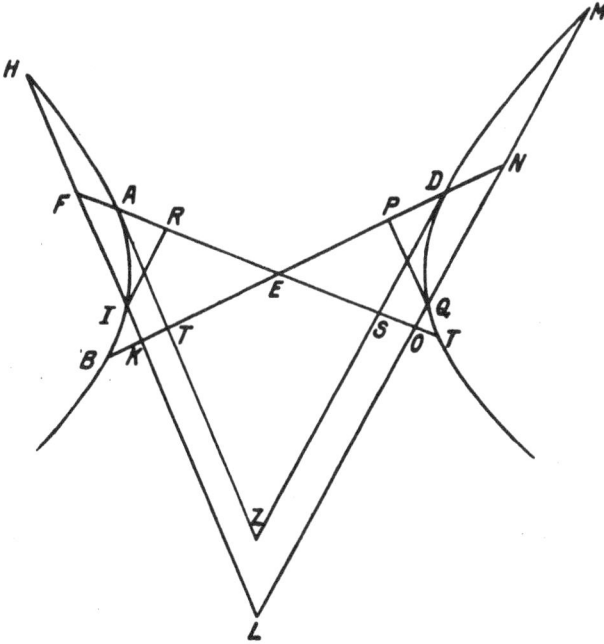

Fig. 19.

Daher folgt $\qquad AZ^2 : \Delta DZT = HL \cdot LI : KPQL.$

Da nun ebenso $\qquad \Delta DZT : ZD^2 = KPQL : ML \cdot LQ$ ist

so folgt $\qquad AZ^2 : ZD^2 = HL \cdot LI : ML \cdot LQ.$

§ 20.

Wenn zwei Tangenten von zugeordneten Hyperbeln einander schneiden, und wenn durch ihren Schnittpunkt eine Gerade gezogen wird, die der Verbindungslinie der Berührungspunkte parallel ist und beide Hyperbeln schneidet, wenn ferner eine weitere Gerade, die dieser parallel ist und die ebenfalls beide Hyperbeln und beide Tangenten schneidet, gezogen wird, so verhält sich das Produkt aus den Abschnitten der Geraden, die durch den Tangentenschnittpunkt geht, beiderseits bis zu den Hyperbeln gemessen, zum Quadrat der Tangente wie das Produkt der auf der letzten Parallelen durch diese Tangente gebildeten Abschnitte zum Quadrate des Abschnittes der Tangente, der durch diese letzte Parallele und den Berührungspunkt der Tangente gebildet wird.

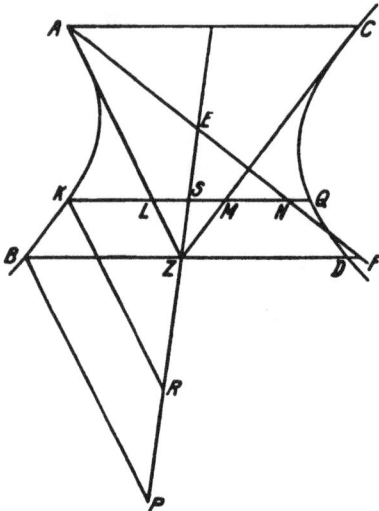

Es seien AB und CD zwei zugehörige Hyperbeln (Fig. 20). E sei der Mittelpunkt der Hyperbeln, AZ und CZ seien Tangenten. Man verbinde A mit C, E mit Z, A mit E. Man verlängere EZ und AE und ziehe durch Z parallel AC die Gerade BZF. Man wähle einen beliebigen Hyperbelpunkt K und ziehe durch ihn parallel AC die Gerade $KLSMNQ$. Ich behaupte, daß

$$BZ \cdot ZD : ZA^2 = KL \cdot LQ : AL^2.$$

Man ziehe nämlich durch K und B parallel AZ die Geraden KR und BP. Da nun

$$BZ^2 : \Delta BZP = KS^2 : \Delta KSR =$$
$$= LS^2 : \Delta LSZ \text{ ist, so ist}$$
$$[KS^2 - LS^2] : [\Delta KSR - \Delta LSZ] =$$
$$= BZ^2 : \Delta BZP \text{ oder}$$
$$KL \cdot LQ : KLZR = BZ^2 : \Delta BZP.$$

Fig. 20.

Es ist aber
$$\Delta BZP = \Delta AZF \text{ (III, § 11) und}$$
$$KLZR = ALN \text{ (III, § 5)}$$
und
$$BZ^2 = BZ \cdot ZD. \text{ Also ist}$$
$$BZ \cdot ZD : \Delta AZF = KL \cdot LQ : \Delta ALN.$$
Nun ist
$$\Delta AZF : ZA^2 = \Delta ALN : AL^2, \text{ daher}$$
$$BZ \cdot ZD : ZA^2 = KL \cdot LQ : AL^2.$$

§ 21.

Wenn unter den gleichen Voraussetzungen auf der Kurve zwei Punkte angenommen werden, und wenn durch sie Parallelen zur einen Tangente und Parallelen zu der Verbindungslinie der Berührungspunkte gezogen werden, die einander und die Kurven schneiden, so verhält sich das Produkt aus den Abschnitten der Geraden, die durch den Tangentenschnittpunkt geht, beiderseits bis zu den Hyperbeln gemessen, zum Quadrat der Tangente wie das Rechteck, gebildet aus den Abschnitten der einen Parallele zum Produkt aus den Abschnitten der Sekante.

Es liege im übrigen die gleiche Figur wie bisher vor (Fig. 21). Es seien zwei Hyperbelpunkte H und K gewählt. Durch diese mögen parallel

AZ die Geraden $NQHORP$ und KST gezogen werden, parallel AC die Geraden HLM und $KOVIXWU$. Ich behaupte, daß die Gleichung gilt

$BZ \cdot ZD : ZA^2 = KO \cdot OU : NO \cdot OH.$

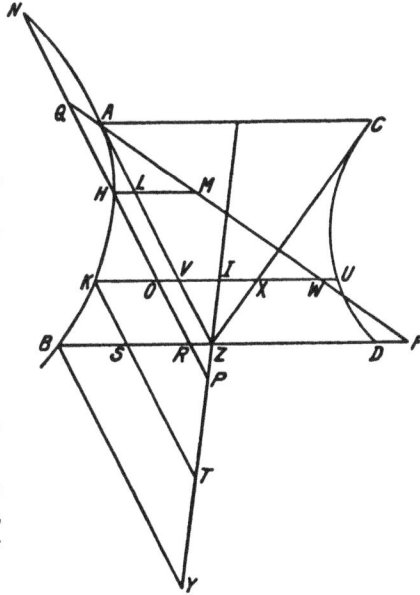

Da nämlich

$AZ^2 : \Delta AZF = AL^2 : \Delta ALM =$
$= QO^2 : \Delta QOW = QH^2 : \Delta QHM,$

so folgt

$[QO^2 - QH^2] : [\Delta QOW -$
$- \Delta QHM] = AZ^2 : \Delta AZF$
$NO \cdot OH : HOWM = AZ^2 : \Delta AZF.$

Es ist aber

$\Delta AZF = \Delta BYZ$ (III, § 11) und
$HOWM = KOPT$ (III, § 12).

Daher ist

$AZ^2 : \Delta BYZ = NO \cdot OH : KOPT.$

Es wurde aber (III, § 20) bewiesen, daß

$\Delta BYZ : BZ^2 = KOPT : KO \cdot OU =$
$= \Delta BYZ : BZ \cdot ZD$ ist. Daher ist

$AZ^2 : BZ \cdot ZD = NO \cdot OH : KO \cdot OU$

oder auch

$BZ \cdot ZD : ZA^2 = KO \cdot OU : NO \cdot OH.$

Fig. 21.

§ 22.

Wenn zwei parallele Geraden zugehörige Hyperbeln berühren, und es werden gewisse Geraden gezogen, die einander und die Kurve schneiden, nämlich eine parallel der Tangente, eine andere parallel der Verbindungslinie der Berührungspunkte, so verhält sich der die Berührungspunkte verbindende Durchmesser zu dem zu ihm gehörigen Parameter wie das Rechteck, das gebildet wird von den Abschnitten der Geraden, die der Verbindungslinie der Berührungspunkte parallel ist, zu dem Rechteck, das gebildet wird von den Abschnitten der Geraden, die der Tangente parallel ist. Dabei sollen die Abschnitte von dem Schnittpunkt dieser beiden Geraden jeweils bis zur Kurve gemessen werden.

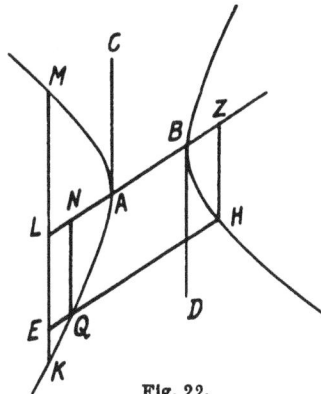

Fig. 22.

Es seien A, B zwei zugehörige Hyperbeln (Fig. 22). AC und BD seien parallele Tangenten. AB sei gezogen. Man ziehe EQH parallel AB und $KELM$ parallel AC. Ich behaupte, daß

$$AB : p = HE \cdot EQ : KE \cdot EM$$

ist, wobei p der zum Durchmesser AB gehörige Parameter ist.

Man ziehe durch H und Q parallel AC die Geraden QN und HZ. Da AC und BD parallele Tangenten sind, so ist AB ein Durchmesser. KL, QN, HZ sind geordnet zu diesem Durchmesser gezogen. Es ist daher

$$AB : p = BL \cdot LA : LK^2 \text{ (I, § 21) und ebenso}$$
$$AB : p = BN \cdot NA : LE^2.$$

Nun ist $\qquad\qquad BN \cdot NA = ZA \cdot AN$, da $NA = BZ$ (I, § 21).

Es ist also $\quad [BL \cdot LA - ZA \cdot AN] : [LK^2 - LE^2] = AB : p$

oder $\qquad\qquad\qquad\qquad ZL \cdot LN : KE \cdot EM = AB : p^9)$

oder endlich, da $\qquad\qquad ZL \cdot LN = HE \cdot EQ$ ist,

$$AB : p = HE \cdot EQ : KE \cdot EM.$$

§ 23.

Wenn konjugierte zugehörige Hyperbeln gegeben sind und zwei Tangenten zweier gegenüberliegender Kurven schneiden einander, und wenn dann irgend zwei Geraden diesen Tangenten parallel gezogen werden, die einander und das andere Paar zugehöriger Hyperbeln schneiden, so verhalten sich die Quadrate der Tangenten zueinander wie die Produkte aus den Abschnitten der Parallelen.

Es seien AB, CD, EZ, HF (Fig. 23) konjugierte zugehörige Hyperbeln, K sei der Mittelpunkt. $AVCL$ und $EXDL$ seien Tangenten, die einander in L schneiden. Man verbinde A und E mit K und verlängere diese Geraden bis B und Z. Es sei durch H parallel AL die Gerade $HMNQO$, durch F aber parallel AL die Gerade $FRPQS$ gezogen. Ich behaupte, daß die Gleichung besteht

$$EL^2 : LA^2 = FQ \cdot QS : HQ \cdot QO.$$

Man ziehe nämlich durch S parallel AL die Gerade ST und durch O parallel EL die Gerade OY. Da nun BE ein Durchmesser der Hyperbeln ist, EL die Kurve berührt, FS dieser Tangente parallel gezogen ist, so ist $FR = RS$. Aus demselben Grunde ist $HM = MO$. Da nun

$$EL^2 : \Delta EVL = RS^2 : \Delta RTS = RQ^2 : \Delta RNQ \text{ ist, so}$$

folgt $\qquad [RS^2 - RQ^2] : [\Delta RTS - \Delta RNQ] = EL^2 : \Delta EVL$
$$FQ \cdot QS : TNQS = EL^2 : \Delta EVL.$$

Es ist aber

$$\varDelta EVL = \varDelta ALX \text{ (III, § 4) und } TNQS = QPYO \text{ (III, § 15)}.$$

Daher ist
$$EL^2 : \varDelta ALX = FQ \cdot QS : QPYO.$$

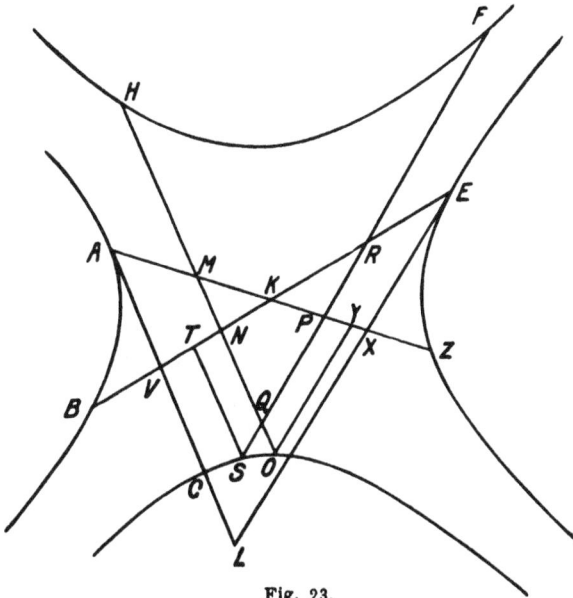

Fig. 23.

Ebenso ergibt sich
$$\varDelta ALX : AL^2 = QPYO : HQ \cdot QO.$$

Also ist
$$EL^2 : AL^2 = FQ \cdot QS : HQ \cdot QO.$$

§ 24.

Wenn konjugierte zugehörige Hyperbeln gegeben sind, und es werden zwei konjugierte Durchmesser gezogen, die wir in Hinsicht auf das eine Paar zugehöriger Hyperbeln als eigentlichen und uneigentlichen Durchmesser bezeichnen wollen, wenn weiter zwei Geraden gezogen werden, die diesen Durchmessern parallel sind und die Kurven und einander schneiden, und wenn ihr Schnittpunkt in der Fläche zwischen den vier Hyperbeln liegt, so ist das Rechteck aus den Abschnitten der zum eigentlichen Durchmesser parallelen Geraden vermehrt um ein gewisses Flächenstück gleich der Hälfte des Quadrats des eigentlichen Durchmessers. Das gewisse Flächenstück ist dadurch bestimmt, daß es sich zum Rechteck, gebildet aus den Abschnitten der Parallelen zum uneigentlichen Durchmesser verhält wie das Quadrat des eigentlichen Durchmessers zum Quadrat des uneigentlichen Durchmessers.

Es seien A, B, C, D (Fig. 24a) konjugierte zugehörige Hyperbeln, E sei der Mittelpunkt. Durch E werde der eigentliche Durchmesser AEC und der uneigentliche Durchmesser DEB gezogen. Parallel AC und DB seien die Geraden $ZHFIKL$ und $MNQORP$ gezogen. Sie mögen einander in Q schneiden. Es liege zunächst Q innerhalb des Winkels SEV oder des Winkels YET. Ich behaupte, daß

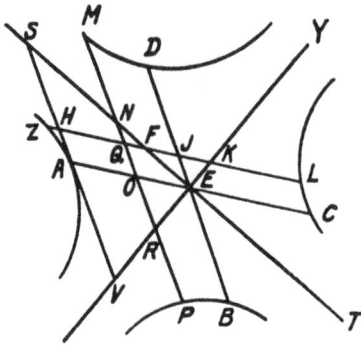

Fig. 24 a.

$ZQ \cdot QL + \Omega = 2 AE^2$ ist, wobei
$\Omega : MQ \cdot QP = AC^2 : DB^2$ ist.

Man ziehe nämlich die Asymptoten SET und YEV und durch A die Tangente $SAHV$. Da nun

$$SA \cdot AV = DE^2 \text{ ist, so ist}$$
$$SA \cdot AV : EA^2 = DE^2 : EA^2.$$

Es ist nun $\quad SA : AE = NQ : QF$

und $\qquad\qquad AV : AE = RQ : QK.$

Also ist $\qquad DE^2 : EA^2 = RQ \cdot QN : KQ \cdot QF.$

Daraus folgt $\quad DE^2 : EA^2 = [DE^2 + RQ \cdot QN] : [EA^2 + KQ \cdot QF].$

Es ist nun $DE^2 = RM \cdot MN$ (II, § 11) $= PN \cdot MN$ (II, § 16)

und $\qquad\qquad AE^2 = KZ \cdot ZF = LF \cdot ZF.$

Es folgt demnach

$$DE^2 : AE^2 = [RQ \cdot QN + PN \cdot NM] : [KQ \cdot QF + LZ \cdot ZF].$$

Es ist nun

$$RQ \cdot QN + PN \cdot NM = PQ \cdot QM^{10})$$

Daher ist

$$DE^2 : AE^2 = PQ \cdot QM : [KQ \cdot QF + KZ \cdot ZF].$$

Es ist demnach nur noch zu beweisen, daß

$$KQ \cdot QF + KZ \cdot ZF + ZQ \cdot QL = 2 AE^2 \text{ ist, oder da}$$
$$KZ \cdot ZF = AE^2 \text{ ist, daß}$$
$$KQ \cdot QF + ZQ \cdot QL = AE^2 \text{ ist.}$$

Dies ist aber in der Tat der Fall. Denn es ist

$$KQ \cdot QF + ZQ \cdot QL = LF \cdot FZ = KZ \cdot ZF,$$

und es war $KZ \cdot ZF = AE^2$.

Es mögen zweitens ZL und MP einander auf einer der Asymptoten in F schneiden (Fig. 24b). Dann ist

$$ZF \cdot FL = AE^2 \text{ (II, § 16)}$$

und ebenso $\qquad MF \cdot FP = DE^2, \text{ daher}$

$$DE^2 : AE^2 = MF \cdot FP : ZF \cdot FL.$$

Hier ist also der Wert von $\Omega = ZF \cdot FL = AE^2$.
Es ist also die Gleichung $ZF \cdot FL + AE^2 = 2 AE^2$ richtig.

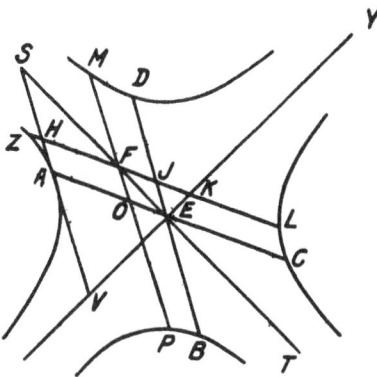

Fig. 24 b.

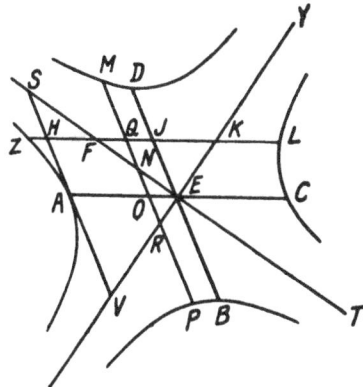

Fig. 24 c.

Endlich liege Q innerhalb des Winkels SEK oder VET (Fig. 24 c). Dann ist ähnlich wie früher

$$DE^2 : EA^2 = RQ \cdot QN : KQ \cdot QF.$$

Es ist aber $\qquad DE^2 = RM \cdot MN = PN \cdot NM \text{ und}$

$$EA^2 = LF \cdot FZ.$$

Es ist also $\qquad PN \cdot NM : LF \cdot FZ = RQ \cdot QN : KQ \cdot QF$

$$[PN \cdot NM - RQ \cdot QN] : [LF \cdot FZ - KQ \cdot QF] = DE^2 : EA^2$$

$$PQ \cdot QM : [AE^2 - KQ \cdot QF] = DE^2 : EA^2.$$

Es beibt also nur noch zu beweisen, daß

$$ZQ \cdot QL + AE^2 - KQ \cdot QF = 2 AE^2 \text{ ist.}$$

Dies ist aber der Fall, da $ZQ \cdot QL - KQ \cdot QF = AE^2$ ist.

§ 25.

Unter den im übrigen gleichen Voraussetzungen liege der Schnittpunkt der Parallelen zu den Durchmessern Q innerhalb einer der Hyperbeln D und B (Fig. 25).

Ich behaupte, daß das Rechteck aus den Abschnitten der zum eigentlichen Durchmesser parallelen Geraden, also $OQ \cdot QN$, um ein gewisses Flächenstück Ω größer ist als das Quadrat der Hälfte des eigentlichen Durchmessers. Das Flächenstück Ω ist dadurch bestimmt, daß es sich

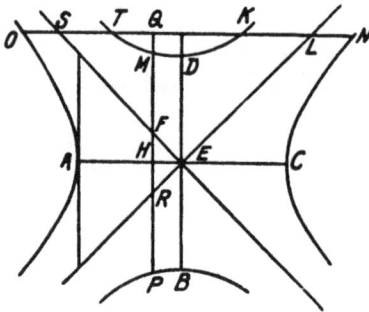

Fig. 25.

zum Rechteck, gebildet aus den Abschnitten der Parallelen zum uneigentlichen Durchmesser, nämlich $PQ \cdot QM$, verhält wie das Quadrat des eigentlichen Durchmessers zum Quadrat des uneigentlichen Durchmessers.

Aus denselben Gründen wie vorher ist

$$DE^2 : EA^2 = RQ \cdot QF : SQ \cdot QL.$$

Es ist aber

$$DE^2 = RM \cdot MF \text{ (II, § 11) und}$$
$$AE^2 = LO \cdot OS. \text{ Es folgt also}$$
$$DE^2 : AE^2 = RM \cdot MF : LO \cdot OS.$$

Da nun also $RQ \cdot QF : LQ \cdot QS = RM \cdot MF : LO \cdot OS$ ist und

$$LO \cdot OS = ST \cdot TL^{11}) \text{ ist, so folgt}$$
$$RQ \cdot QF : LQ \cdot QS = RM \cdot MF : ST \cdot TL$$

Daher ist

$$[RQ \cdot QF - RM \cdot MF] : [LQ \cdot QS - ST \cdot SL] = DE^2 : EA^2$$
$$PQ \cdot QM : TQ \cdot QK = DE^2 : EA^2 {}^{12})$$

Wir haben also nur noch zu zeigen, daß

$$OQ \cdot QN = TQ \cdot QK + 2\,AE^2 \text{ ist.}$$

Nun ist $OQ \cdot QN - TQ \cdot QK = OT \cdot TN$. Aber $OT \cdot TN$ ist nach II, § 23 = $2\,AE^2$.

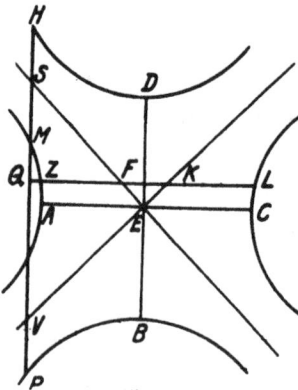

Fig. 26.

§ 26.

Wenn aber der Punkt Q innerhalb einer der Hyperbeln A, C (Fig. 26) liegt, so ist das Rechteck, gebildet aus den Abschnitten der zum eigentlichen Durchmesser parallelen Geraden, also $LQ \cdot QZ$ im Vergleich zu einem gewissen Flächenstück Ω kleiner um das Quadrat der Hälfte des eigentlichen Durchmessers. Das Flächenstück Ω ist dadurch bestimmt, daß es sich zum Rechteck, gebildet aus den Abschnitten der Parallelen, nämlich $PQ \cdot QH$, verhält wie das Quadrat des eigentlichen Durchmessers zum Quadrat desuneigentlichen Durchmessers.

Da nämlich aus den gleichen Gründen wie zuvor

$$DE^2 : EA^2 = VQ \cdot QS : KQ \cdot QF \text{ ist, so folgt }^{13})$$

$$\frac{PQ \cdot QH}{KQ \cdot QF + AE^2} = \frac{DE^2}{EA^2}.$$

Es ist also nur noch zu beweisen, daß

$$LQ \cdot QZ + 2\,AE^2 = KQ \cdot QF + AE^2 \text{ oder daß}$$

$$LQ \cdot QZ + AE^2 = KQ \cdot QF \text{ ist.}$$

Es ist nun $AE^2 = LF \cdot FZ$ (II, § 16). Also ist zu beweisen, daß $LQ \cdot QZ + LF \cdot FZ = KQ \cdot QF$ ist. Dies ist aber in der Tat der Fall.

§ 27.

Wenn zwei konjugierte Durchmesser einer Ellipse oder einer Kreisperipherie gezogen werden, von denen der eine der erste, der andere der zweite heißen soll, und wenn zwei Parallelen zu ihnen gezogen werden, die einander und die Kurve schneiden, so ist die Summe der Quadrate über den Abschnitten der Parallelen zum ersten Durchmesser, vermehrt um die über den Abschnitten der Parallelen zum zweiten Durchmesser konstruierten Rechtecke, welche den dem zweiten Durchmesser anliegenden Ellipsenrechtecken ähnlich sind und ähnlich liegen, gleich dem Quadrat über dem ersten Durchmesser.

Es sei $ABCD$ (Fig. 27 a, b) eine Ellipse oder Kreisperipherie mit dem Mittelpunkte E. Man ziehe zwei konjugierte Durchmesser, den ersten BED

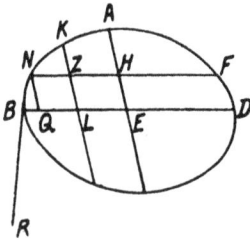

Fig. 27 a.

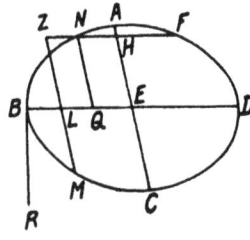

Fig. 27 b.

und den zweiten AEC und die Parallelen $NZHF$ und $KZLM$. Ich behaupte, daß $NZ^2 + ZF^2$, vermehrt um die über KZ und ZM konstruierten Rechtecke, die den AC anliegenden Ellipsenrechtecken ähnlich sind und zu ihnen ähnlich liegen, gleich BD^2 ist $^{14})$.

10*

Man ziehe durch N parallel AE die Gerade NQ. Sie ist also bezüglich BD geordnet gezogen. BR sei der zum Durchmesser BD gehörige Parameter. Da nun

$$BR : AC = AC : BD \text{ ist, so folgt}$$
$$BR : BD = AC^2 : BD^2.$$

BD^2 ist nun gleich dem zu AC gehörigen Ellipsenrechteck. Es verhält sich aber das Quadrat von AC zu dem zu AC gehörigen Ellipsenrechteck wie NQ^2 zu dem über NQ konstruierten, dem Ellipsenrechteck ähnlichen und zu ihm ähnlich liegenden Rechteck. Es verhält sich also BR zu BD wie NQ^2 zu dem über NQ konstruierten, dem zu AC gehörigen Ellipsenrechteck ähnlichen Rechteck. Anderseits ist

$$BR : BD = NQ^2 : BQ \cdot QD \quad (\text{I}, \S\ 21).$$

Es ist demnach das über $NQ = ZL$ konstruierte, dem zu AC gehörigen Ellipsenrechteck ähnliche und ähnlich liegende Rechteck gleich $BQ \cdot QD$. In gleicher Weise werden wir beweisen, daß das über KL konstruierte, dem zu AC gehörigen Ellipsenrechteck ähnliche und ähnlich liegende Rechteck gleich $BL \cdot LD$ ist. Da NF in H halbiert wird und in Z in ungleiche Teile geteilt wird, so ist

$$FZ^2 + ZN^2 = 2\ [FH^2 + HZ^2], \text{ d. h.}$$
$$FZ^2 + ZN^2 = 2\ [NH^2 + HZ^2]. \text{ Ebenso ist}$$
$$MZ^2 + ZK^2 = 2\ [KL^2 + ZL^2].$$

Wenn man daher einerseits über MZ und ZK, anderseits über KL und ZL Rechtecke beschreibt, die dem Ellipsenrechteck, das zu AC gehört, ähnlich sind und ähnlich zu ihm liegen, so ist die Summe jener Rechtecke doppelt so groß wie die Summe dieser Rechtecke. Aber die über KL und ZL konstruierten Rechtecke sind, wie oben bewiesen wurde, beziehungsweise gleich $BQ \cdot QD$ und $BL \cdot LD$. Es ist nun

$$NH^2 + HZ^2 = QE^2 + EL^2.$$

Es ist also die Summe der Quadrate NZ^2 und FZ^2, vermehrt um die Rechtecke, die über MZ und ZK konstruiert sind und dem zu AC gehörigen Ellipsenrechteck ähnlich sind, doppelt so groß, wie die Summe

$$BQ \cdot QD + BL \cdot LD + QE^2 + EL^2.$$

Da nun BD durch E in gleiche, durch Q in ungleiche Teile geteilt wird, so ist

$$BQ \cdot QD + QE^2 = BE^2. \text{ Ebenso ist}$$
$$BL \cdot LD + LE^2 = BE^2, \text{ daher ist}$$
$$BQ \cdot QD + BL \cdot LD + QE^2 + LE^2 = 2\ BE^2.$$

Somit ist die Summe der Quadrate NZ^2 und FZ^2, vermehrt um die Rechtecke, die über MZ und ZK konstruiert sind und dem zu AC gehörigen

Ellipsenrechteck ähnlich sind, viermal so groß wie BE^2, also gleich dem Quadrat von BD. Es ist also $NZ^2 + FZ^2$, vermehrt um die Rechtecke, die über MZ und ZK konstruiert sind und dem zu AC gehörigen Ellipsenrechteck ähnlich sind und ähnlich zu ihm liegen, gleich dem Quadrat über BD.

§ 28.

Wenn in konjugierten zugehörigen Hyperbeln zwei konjugierte Durchmesser gezogen werden, von denen der eine der erste, der andere der zweite heißen soll, und wenn zwei Parallelen zu ihnen gezogen werden, die einander und die Kurven schneiden, so verhält sich die Summe der Quadrate der Abschnitte der Parallelen zum zweiten Durchmesser zur Summe der Quadrate der Abschnitte der Parallelen zum ersten Durchmesser wie das Quadrat des ersten Durchmessers zum Quadrat des zweiten Durchmessers.

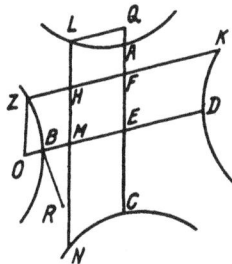

Es seien A, B, C, D konjugierte zugehörige Hyperbeln (Fig. 28), der zweite Durchmesser sei AEC, der erste BED. Es seien die Parallelen $ZHFK$ und $LHMN$ gezogen, die einander und die Kurven schneiden. Ich behaupte, daß die Gleichung gilt

Fig. 28.

$$[LH^2 + HN^2] : [ZH^2 + HK^2] = AC^2 : BD^2.$$

Man ziehe nämlich durch Z und L die Geraden LQ und ZO geordnet. Sie sind also parallel AC und BD. Von B aus werde BR gezogen. BR sei der Parameter, der zum Durchmesser BD gehört. Es ist nun klar, daß

$$BR : BD = AC^2 : BD^2 = AE^2 : EB^2 \text{ ist.}$$

Ferner ist (I, § 21, § 56)

$$AE^2 : EB^2 = ZO^2 : BO \cdot DO = QA \cdot QC : LQ^2.$$

In einer laufenden Proportion verhält sich aber jedes Vorderglied zu seinem Hinterglied wie die Summe aller Vorderglieder zur Summe aller Hinterglieder. Demnach ist

$$AC^2 : BD^2 = [QA \cdot QC + AE^2 + OZ^2] : [BO \cdot DO + EB^2 + LQ^2]$$
$$= [QA \cdot QC + AE^2 + EF^2] : [BO \cdot DO + EB^2 + ME^2].$$

Es ist aber $\quad QA \cdot QC + AE^2 = QE^2$ und
$$BO \cdot DO + BE^2 = OE^2. \text{ Daher ist}$$
$$AC^2 : BD^2 = [QE^2 + EF^2] : [OE^2 + ME^2]$$
$$= [LM^2 + MH^2] : [ZF^2 + FH^2].$$

Es ist aber (III, § 27)

$$NH^2 + HL^2 = 2 \cdot [LM^2 + MH^2] \text{ und}$$
$$ZH^2 + HK^2 = 2 \cdot [ZF^2 + FH^2], \text{ daher ist}$$
$$AC^2 : BD^2 = [LH^2 + HN^2] : [ZH^2 + HK^2].$$

§ 29.

Wenn unter sonst gleichen Voraussetzungen die zum zweiten Durchmesser parallele Gerade die Asymptoten schneidet, so verhält sich die
Summe der Quadrate der Abschnitte der
zwischen den Asymptoten liegenden, dem
zweiten Durchmesser parallelen Strecke,
vermehrt um die Hälfte des Quadrates des
zweiten Durchmessers, zur Summe der
Quadrate der Abschnitte der zwischen den
Hyperbeln liegenden, dem ersten Durchmesser parallelen Strecke, wie das Quadrat
des zweiten zum Quadrat des ersten Durchmessers.

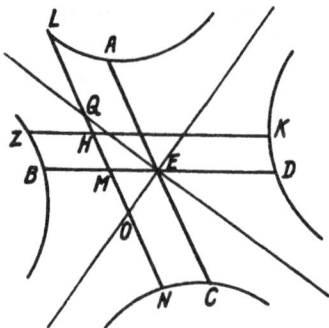

Fig. 29.

Es sei das Übrige so wie früher konstruiert, NL werde aber (Fig. 29) mit den
Asymptoten in Q und O zum Schnitt gebracht. Es ist zu beweisen, daß

$$[QH^2 + HO^2 + \tfrac{1}{2} AC^2] : [ZH^2 + HK^2] = AC^2 : BD^2 \text{ ist.}$$

Da nämlich $\qquad LQ = ON$ ist (II, § 16), so ist

$$[LH^2 + HN^2] - [QH^2 + HO^2] = 2 \, NQ \cdot QL.$$

Es ist also $\quad [QH^2 + HO^2] + 2 \, AE^2 = [LH^2 + HN^2]$ (II, § 16) oder

$$[QH^2 + HO^2 + \tfrac{1}{2} AC^2] = LH^2 + HN^2.$$

Anderseits ist

$$[LH^2 + HN^2] : [ZH^2 + HK^2] = AC^2 : BD^2 \text{ (III, § 28),}$$
daher ist $\quad [QH^2 + HO^2 + \tfrac{1}{2} AC^2] : [ZH^2 + HK^2] = AC^2 : BD^2.$

§ 30.

Wenn zwei Tangenten einer Hyperbel einander schneiden und durch
die Berührungspunkte eine Gerade, durch den Tangentenschnittpunkt
aber eine Parallele zu einer Asymptote gezogen wird, die die Kurve und
die Verbindungslinie der Berührungspunkte schneidet, so wird diese,
soweit sie zwischen dem Schnittpunkt der Tangenten und der Verbindungslinie der beiden Berührungspunkte liegt, durch die Kurve
halbiert werden.

Es sei ABC eine Hyperbel (Fig. 30). AD und CD seien Tangenten, ZE und ZH die Asymptoten. Es werde A mit C verbunden. Durch D sei parallel ZE, DKL gezogen. Ich behaupte, daß $DK = KL$ ist.

Man ziehe nämlich $ZDBM$ und verlängere es nach beiden Seiten. Es sei $ZF = BZ$ gemacht. Durch die Punkte B und K seien zu AC parallel gezogen BE und KN. Diese Geraden sind also geordnet gezogen. Da nun das Dreieck BEZ dem Dreieck DNK ähnlich ist, so ist

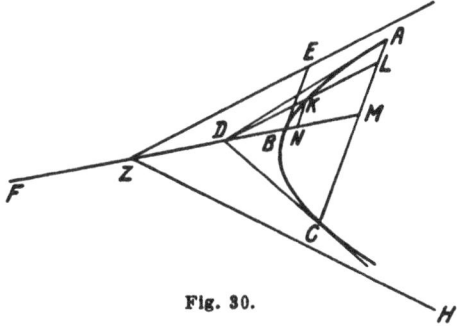

Fig. 30.

$$DN^2 : NK^2 = BZ^2 : BE^2.$$

Es ist aber $BZ^2 : BE^2 = FB : p$, wenn der Parameter mit p bezeichnet wird (II, § 1). Weiter ist

$$FB : p = FN \cdot NB : NK^2, \text{ also folgt}$$
$$DN^2 : NK^2 = FN \cdot NB : NK^2. \text{ Daher ist}$$
$$FN \cdot NB = DN^2. \text{ Es ist aber auch}$$
$$MZ \cdot ZD = ZB^2 \text{ (I, § 37, Mitte),}$$

weil AD Tangente ist und AM geordnet gezogen ist. Daher ist

$$FN \cdot NB + ZB^2 = MZ \cdot ZD + DN^2.$$

Nun ist $\qquad FN \cdot NB + ZB^2 = ZN^2$, daher ist

$$MZ \cdot DZ + DN^2 = ZN^2.$$

Daher ist DM in N halbiert[15]). Aber KN und LM sind parallel. Daher ist $DK = KL$.

§ 31.

Wenn zwei Tangenten von zugehörigen Hyperbeln einander schneiden und die Verbindungslinie ihrer Berührungspunkte gezogen wird, wenn weiter durch den Schnittpunkt der Tangenten die zu einer Asymptote parallele Gerade bis zu jener Verbindungslinie gezogen wird, so wird diese durch die Kurve halbiert.

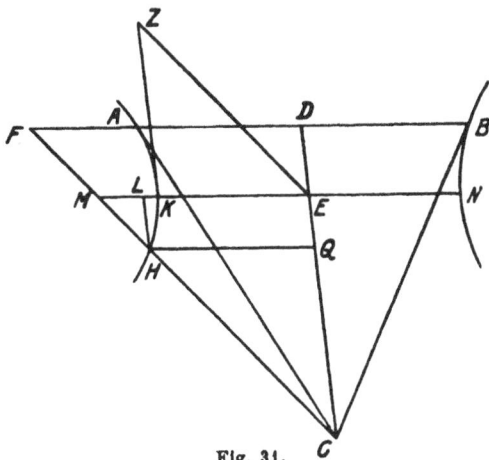

Fig. 31.

Es seien A, B zugehörige Hyperbeln (Fig. 31), AC und BC seien Tangenten. Die Verbindungslinie AB werde verlängert. ZE sei eine Asymtote. Durch C sei CHF parallel EZ gezogen. Ich behaupte, daß $CH = HF$ ist.

Man verbinde nämlich C mit E und verlängere CE bis D. Durch E und H ziehe man parallel AB die Geraden $NEKM$ und HQ. Durch H und K ziehe man parallel CD die Geraden KZ und HL.

Da das Dreieck KZE dem Dreieck MLH ähnlich ist, so ist

$$KE^2 : KZ^2 = ML^2 : LH^2.$$

Es ist aber $\qquad KE^2 : KZ^2 = NL \cdot LK : LH^2,$

wie bewiesen wurde[16]). Daher ist

$$NL \cdot LK = ML^2$$
$$NL \cdot LK + KE^2 = ML^2 + KE^2 = LE^2 \,[17])$$
$$NL \cdot LK + KE^2 = HQ^2.$$

Es ist aber $HQ^2 : [ML^2 + KE^2] = QC^2 : [LH^2 + KZ^2]$ (Ähnlichkeit), daher ist $\qquad QC^2 = LH^2 + KZ^2.$

Es ist aber $\qquad LH^2 = QE^2$

und KZ^2 ist gleich dem Quadrat des halben zu KN konjugierten Durchmessers, also gleich $CE \cdot ED$ (I, § 38), daher ist

$$QC^2 = QE^2 + CE \cdot ED$$
$$[QC - QE][QC + QE] = CE \cdot ED$$
$$[QC - QE] \cdot CE = CE \cdot ED$$
$$QC = QE + ED = QD.$$

Also ist auch, da DF parallel QH ist, $CH = HF$.

§ 32.

Wenn man durch den Schnittpunkt zweier Tangenten einer Hyperbel eine Parallele zur Verbindungslinie der Berührungspunkte der Tangenten und durch den Halbierungspunkt der Verbindungslinie der Berührungspunkte die Parallele zu einer Asymptote legt, so wird diese Parallele, gerechnet bis zur Parallele zur Verbindungslinie der Berührungspunkte durch die Kurve halbiert.

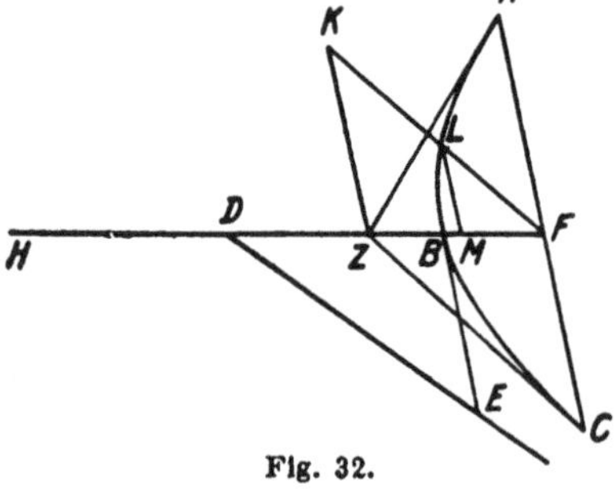

Es sei ABC eine Hyperbel, D ihr Mittelpunkt (Fig. 32). DE sei eine Asymptote. AZ und CZ seien Tangenten. C werde mit A, Z mit D verbunden. Die Verbindungslinien seien

Fig. 32.

bis H und F verlängert. Es ist klar, daß $AF = FC$ ist. Es werde durch Z parallel zu AC die Gerade ZK und durch F parallel zu DE die Gerade FLK gezogen. Ich behaupte, daß $KL = FL$ ist.

Man ziehe durch B und L parallel AC die Geraden BE und ML. Es ist nun, wie gezeigt worden ist (s. Anm. 16 zu III, § 31)

$$DB^2 : BE^2 = FM^2 : ML^2 = BM \cdot HM : ML^2.$$

Daher ist $\qquad\qquad BM \cdot HM = FM^2.$

Es ist aber auch $FD \cdot DZ = DB^2$ (I, § 37), weil AZ eine Tangente ist und AF geordnet gezogen ist. Daher ist

$$HM \cdot BM + DB^2 = FD \cdot DZ + MF^2$$

Es ist aber auch $\quad HM \cdot BM + DB^2 = DM^2.$

Also folgt $\qquad FD \cdot DZ + MF^2 = DM^2$
$$FD \cdot DZ = [DM - MF][DM + MF]$$
$$FD \cdot DZ = [DM - MF] \cdot FD$$
$$DZ = DM - MF$$
$$DM - DZ = MF$$
$$ZM = MF.$$

Nun ist aber KZ parallel LM, also ist auch $KL = LF$.

§ 33.

Wenn man durch den Schnittpunkt zweier Tangenten von zwei zugehörigen Hyperbeln eine Parallele zur Verbindungslinie der Berührungspunkte der Tangenten und durch den Halbierungspunkt der Verbindungslinie der Berührungspunkte die Parallele zu einer Asymptote legt, so wird diese Parallele, gerechnet bis zur Parallele zur Verbindungslinie der Berührungspunkte durch die Kurve halbiert. Es seien ABC, DEZ zugehörige Hyperbeln (Fig. 33). AH und DH seien Tangenten, F der Mittelpunkt, KF eine Asymtote. Es werde FH gezogen und verlängert. Es werde auch ALD gezogen und verlängert. Dann ist klar, daß AD in L halbiert wird (II, § 39). Man ziehe durch H und F parallel AD die Geraden CHZ und BFE, durch L aber parallel FK die Gerade LMN. Ich behaupte, daß $LM = MN$ ist.

Man ziehe nämlich durch E und M parallel HF die Geraden EK und MQ und durch M parallel AD die Gerade MR.

Da nun, wie gezeigt wurde (s. Anm. 16 zu III, § 31)

$$FE^2 : EK^2 = BQ \cdot QE : QM^2 \text{ ist, so folgt}$$
$$FE^2 : EK^2 = [BQ \cdot QE + FE^2] : [KE^2 + QM^2]$$
$$FE^2 : EK^2 = FQ^2 : [KE^2 + QM^2].$$

Wir haben aber gezeigt (I, § 38, und II, § 1), daß

$HF \cdot FL = KE^2$ ist. Ferner ist $QM^2 = FR^2$. Daher ist

$FE^2 : EK^2 = FQ^2 : [HF \cdot FL + FR^2] = MR^2 : [HF \cdot FL + FR^2]$.

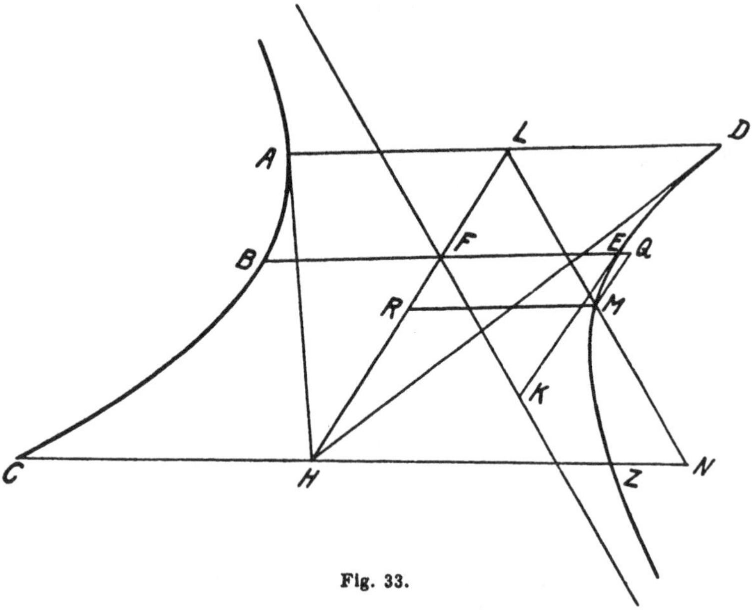

Fig. 33.

Es ist aber $\qquad FE^2 : EK^2 = MR^2 : RL^2$ (Ähnlichkeit).

Daher ist $\qquad MR^2 : RL^2 = MR^2 : [HF \cdot FL + FR^2]$.

Es folgt $\qquad RL^2 = HF \cdot FL + FR^2$.

Daher ist HL in R halbiert. Es sind aber MR und HN einander parallel. Daher ist $LM = MN$.

§ 34.

Wenn von einem Punkte einer Asymptote die Tangente an eine Hyperbel und durch den Berührungspunkt die Parallele zur Asymptote gezogen wird, so wird die durch jenen Punkt der Asymptote gelegte Parallele zur anderen Asymptote durch die Kurve halbiert.

Es sei AB eine Hyperbel (Fig. 34). CD und CE seien die Asymptoten. Es werde auf CD ein beliebiger Punkt C angenommen. Durch ihn werde die Tangente CBE gelegt. Durch B werde parallel CD die Gerade ZBH gezogen, durch C parallel zu DE die Gerade CAH. Ich behaupte, daß $CA = AH$ ist.

Man ziehe nämlich durch A parallel CD die Gerade AF und durch B parallel DE die Gerade BK. Da nun $CB = BE$ ist (II, § 1), so ist auch

$$CK = KD \text{ und } DZ = ZE.$$

Und da

$$KB \cdot BZ = CA \cdot AF \text{ (II, § 12) und}$$
$$BZ = DK = CK$$

und $AF = CD$ ist, so folgt

$$CH \cdot KC = CA \cdot CD.$$

Daher ist

$$CD : CK = CH : CA.$$

Es ist aber

$$CD = 2\,CK, \text{ also ist } CH = 2\,AC,$$

also auch $\quad CA = AH.$

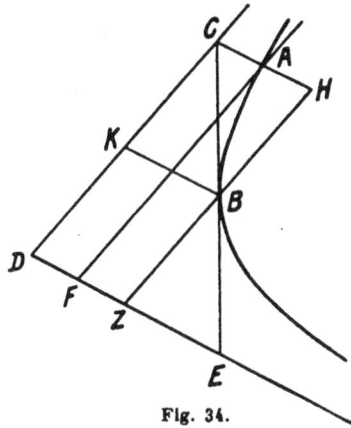

Fig. 34.

§ 35.

Wenn unter denselben Voraussetzungen von dem Punkte der Asymptote eine Sekante durch die Hyperbel gelegt wird, so wird die entstehende Sehne durch den gewählten Punkt und die durch den Berührungspunkt der Tangente zur zweiten Asymptote gelegte Parallele nach demselben Verhältnis geteilt.

Es sei AB eine Hyperbel (Fig. 35). CD und DE seien ihre Asymptoten. CBE sei eine Tangente. FB sei parallel DC gezogen. Durch C sei eine Gerade $CALZH$ gelegt, die die Hyperbel in A und Z schneidet. Ich behaupte, daß $ZC : CA = ZL : LA$ ist.

Man ziehe nämlich durch C, A, B, Z die Parallelen CNQ, KAM,

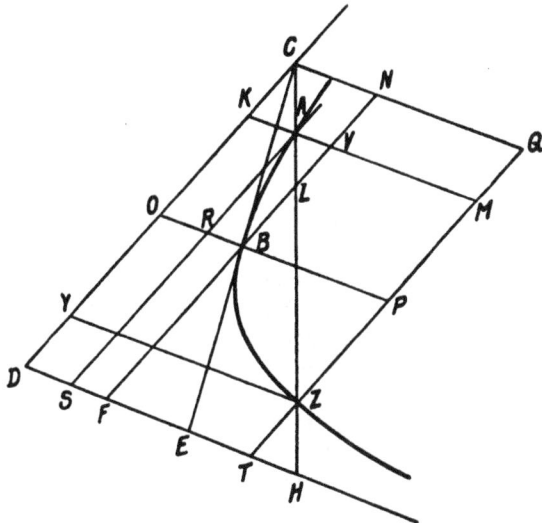

Fig. 35.

$ORBP$, YZ zu DE und durch A und Z die Parallelen ARS und $TZPMQ$ zu CD.

Da nun $AC = ZH$ (II, § 8) ist, so ist auch $KA = TH$. Es ist aber $KA = DS$, daher $TH = DS$. Ebenso ist $CK = DY$. Da $CK = DY$ ist, so ist auch $DK = CY$. Es gilt daher die Proportion

$$DK : KC = YC : CK.$$

Es ist aber

$$YC : CK = ZC : CA \quad \text{und}$$
$$ZC : CA = MK : KA$$

und

$$MK : KA = MTDK : ASDK.$$

Andrerseits ist $\qquad DK : KC = FVKD : KVNC.$

Daher ist $\qquad MTDK : ASDK = FVKD : KVNC.$

Es ist nun $\qquad ASDK = BFDO$ (II, § 12) $= OBNC,$

denn es ist ja $\qquad CB = BE$ und somit $DO = OC.$

Demnach ist $\quad MTDK : OBNC = FVKD : KVNC$
$$[MTDK - FVKD] : [OBNC - KVNC] = MTDK : OBNC$$
$$MTFV : OBVK = MTDK : OBNC.$$

Da nun $ASDK = BFDO$ ist, so entsteht durch Subtraktion von $DORS$, $AROK = BFSR$ und durch Addition von $AVBR$ die Gleichung $OBVK = AVSF$. Daher ist

$$MTDK : ASDK = MTFV : AVFS \quad \text{Nun ist}$$
$$MTDK : ASDK = MK : AK = ZC : AC \quad \text{und}$$
$$MTFV : AVFS = MV : AV = ZL : LA.$$

Also ist $\qquad ZC : CA = ZL : LA.$

§ 36.

Wenn unter den im übrigen gleichen Voraussetzungen die durch den Punkt auf der Asymptote gezogene Gerade weder die Kürve in zwei Punkten schneidet noch der anderen Asymptote parallel ist, so wird sie die zugehörige Hyperbel schneiden. Dann wird dasjenige Stück der Geraden, das durch die Kurven begrenzt wird, durch den gewählten Punkt und die durch den Berührungspunkt der Tangente zur zweiten Asymptote gezogene Parallele nach demselben Verhältnis geteilt.

Es seien A und B zugehörige Hyperbeln (Fig. 36). Es sei C der Mittelpunkt, DE und ZH seien die Asymptoten. Auf CH wurde ein Punkt H gewählt. Durch H werde die Tangente HBE gezogen und die Gerade HF, die weder parallel CE ist, noch die Hyperbel in zwei Punkten schneidet.

Daß die Gerade FH verlängert die Gerade CD schneiden muß und somit auch die Hyperbel A, ist bewiesen worden. Die Gerade FH schneide die andere Hyperbel in A. Man ziehe durch B die Parallele KBL zu CH. Ich behaupte, daß $AK : KF = AH : HF$ ist.

Man ziehe nämlich durch die Punkte A und F parallel CH die Geraden AN und FM und durch B, H, F parallel DE die Geraden $BQ, HR, PFSN$. Da nun $AD = HF$ ist (II, § 16), so ist

$$AH : HF = DF : HF.$$

Es ist nun einerseits

$$AH : HF = NS : SF, \text{ andrerseits}$$
$$DF : HF = CS : SH, \text{ also folgt}$$
$$NS : SF = CS : SH.$$

Es ist nun einerseits

$$NS : SF = NSCI : SFMC, \text{ andrerseits}$$
$$CS : SH = PLCS : PRHS.$$

Also ist

$$NSCJ : SFMC = [NSCI + PLCS] : [SFMC + PRHS]$$
$$NSCJ : SFMC = NILP : [SFMC + PRHS].$$

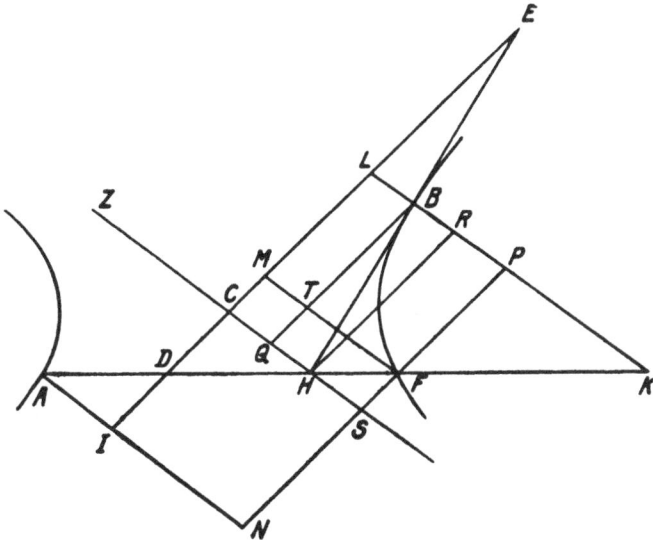

Fig. 36.

Da nun $EB = BH$ [II, § 3) ist, so ist auch $LB = BR$ und $LCQB = BRHQ$. Es ist aber $LCQB = CMFS$ (II, § 12). Demnach ist $BRHQ = CMFS$.

Also ist $\qquad NSCI : SFMC = NILP : PBQS.$

Es ist nun $\qquad\qquad PBQS = LPFM, \text{ da ja}$

$$CMFS = BLCQ \text{ und } MLBT = QTFS \text{ ist.}$$

Also ist $\qquad NSCI : SFMC = NILP : LPFM.$

Nun ist einerseits $\quad NSCI : SFMC = NS : SF = AH : HF,$

andrerseits $\qquad NILP : LPFM = NP : PF = AK : KF.$

Also folgt $\qquad AK : KF = AH : HF.$

§ 37.

Zieht man durch den Schnittpunkt zweier Tangenten eines Kegelschnitts, eines Kreises oder zweier zugehöriger Hyperbeln eine Gerade,
die die Kurve in zwei Punkten schneidet, so wird diejenige Strecke auf
ihr, die zwischen diesen Punkten liegt, durch die Verbindungslinie der
Berührungspunkte der Tangenten und den Tangentenschnittpunkt im
gleichen Verhältnis geteilt.

Es sei AB ein Kegel-
schnitt (Fig. 37a, b, c). AB,
CB seien Tangenten. Es werde
A mit B verbunden, und es

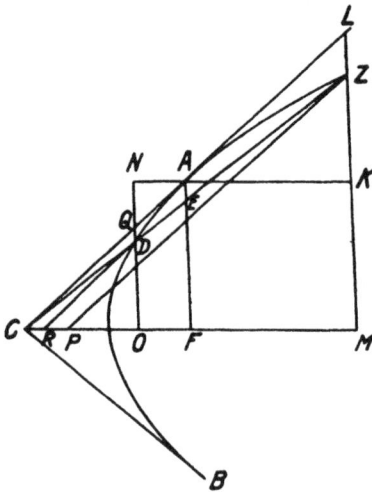

Fig. 37 a.

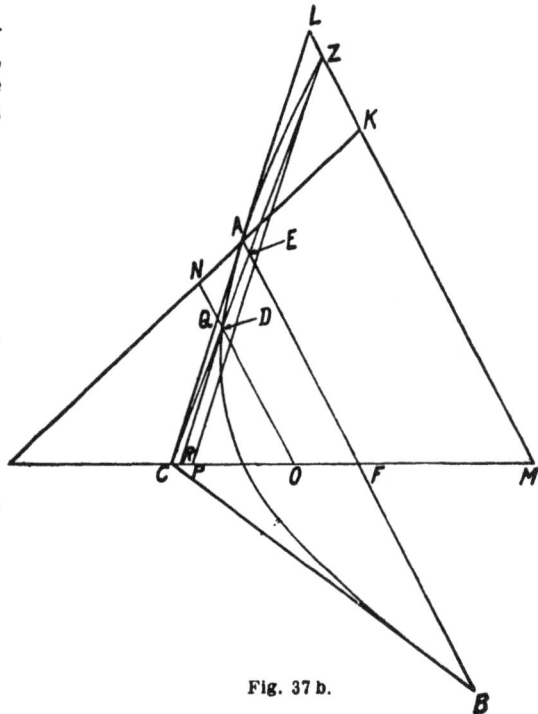

Fig. 37 b.

werde durch C eine Gerade $CDEZ$ gezogen. Ich behaupte, daß $CZ : CD$
$= ZE : ED$ ist.

Man ziehe nämlich durch C und A die Durchmesser CF und AK
und durch Z und D den Geraden AF und AC parallel die Geraden LZM,

ZP, NDO und DR. Da nun die Gerade LZM der Geraden QDO parallel
ist, so ist

$$ZC : CD = LZ : QD \text{ und}$$
$$ZM : DO = LM : QO.$$

Es ist also
$$LM^2 : QO^2 = ZM^2 : DO^2, \text{ aber}$$
$$LM^2 : QO^2 = \Delta LMC : \Delta QCO \text{ und}$$
$$ZM^2 : DO^2 = \Delta ZPM : \Delta DRO.$$

Also folgt
$$\Delta LMC : \Delta QCO = \Delta ZPM : \Delta DRO \text{ oder}$$
$$[\Delta LMC - \Delta ZPM] : [\Delta QCO - \Delta DRO] = LM^2 : QO^2$$
$$LCPZ : QCRO = LM^2 : QO^2.$$

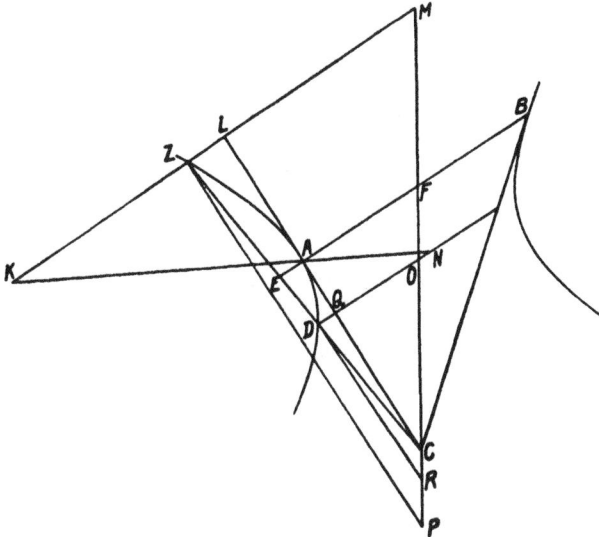

Fig. 37 c.

Es ist nun das Viereck $LCPZ$ gleich dem Dreieck ALK (III, § 2) und
das Viereck $QCRD$ gleich dem Dreieck ANQ (III, § 11).

Also ist
$$LM^2 : QO^2 = \Delta ALK : \Delta ANQ.$$

Nun ist $LM^2 : QO^2 = ZC^2 : CD^2$ und
$$\Delta ALK : \Delta ANQ = LA^2 : AQ^2 = ZE^2 : ED^2.$$

Also ist
$$ZC^2 : CD^2 = ZE^2 : ED^2 \text{ und daher}$$
$$ZC : CD = ZE : DE.\text{[18]})$$

§ 38.

Wenn unter den gleichen Voraussetzungen durch den Schnittpunkt
der beiden Tangenten die Parallele zu der Verbindungslinie der Berührungs-

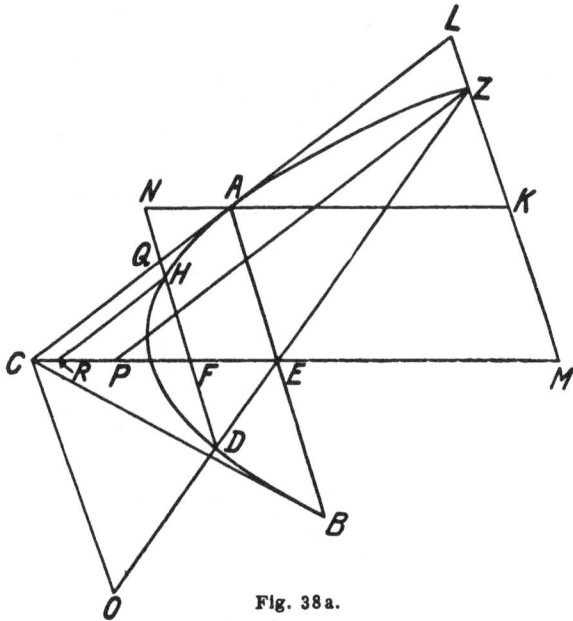

Fig. 38 a.

punkte gezogen wird und wenn durch die Mitte der Verbindungslinie eine
Gerade gezogen wird, die die Kurve und die Parallele schneidet, so wird
das auf dieser Geraden
durch die Kurve begrenzte
Stück durch den Mittel-
punkt der Verbindungs-
linie und jene Parallele
im gleichen Verhältnis geteilt.[19]

Es sei AB ein Kegel-
schnitt (Fig. 38a, b, c). AC
und BC seien Tangenten,
AB die Verbindungslinie
der Berührungspunkte, AN

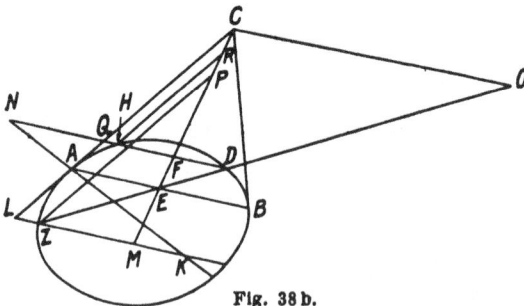

Fig. 38 b.

und CM seien Durchmesser. Es ist nun klar, daß AB in E halbiert wird
(II, § 30 und § 39).

Man ziehe durch C die Parallele CO zu AB und durch E die beliebige Gerade $ZEDO$. Ich behaupte, daß

$$ZO:OD = ZE:ED \text{ ist.}$$

Man ziehe nämlich durch Z und D parallel AB die Geraden $LZKM$ und $DFHQN$ und durch Z und H parallel LC die Geraden ZP und HR. Genau so wie früher (III, § 37) werden wir nun zeigen können, daß

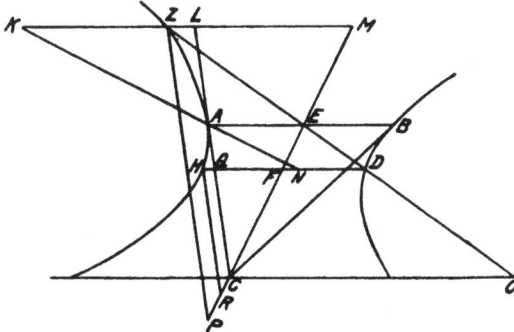

$LM^2:QF^2 = LA^2:AQ^2$ ist.

Nun ist

$$LM^2:QF^2 = LC^2:QC^2 =$$
$$= ZO^2:OD^2 \text{ und}$$
$$LA^2:AQ^2 = ZE^2:ED^2.$$

Also folgt

$$ZO^2:OD^2 = ZE^2:ED^2$$

und daher

$$ZO:OD = ZE:ED.$$

Fig. 38c.

§ 39.

Wenn man die Berührungspunkte zweier Tangenten an zwei zugehörige Hyperbeln mit einander verbindet, die Verbindungslinie verlängert und durch den Schnittpunkt der Tangenten eine Gerade legt, die beide Kurven und jene Verbindungslinie schneidet, so wird das Stück dieser Geraden, das von den Kurven abgeschnitten wird durch den Schnittpunkt der Tangenten und jene Verbindungslinie nach demselben Verhältnis geteilt.

Es seien A und B zugehörige Hyperbeln (Fig. 39). Der Mittelpunkt sei C, AD und BD seien Tangenten. Es sei A mit B und C mit D verbunden. Die Verbindungslinien seien verlängert. Durch D ziehe man eine beliebige Gerade $EDZH$. Ich behaupte, daß $EH:HZ = ED:DZ$ ist.

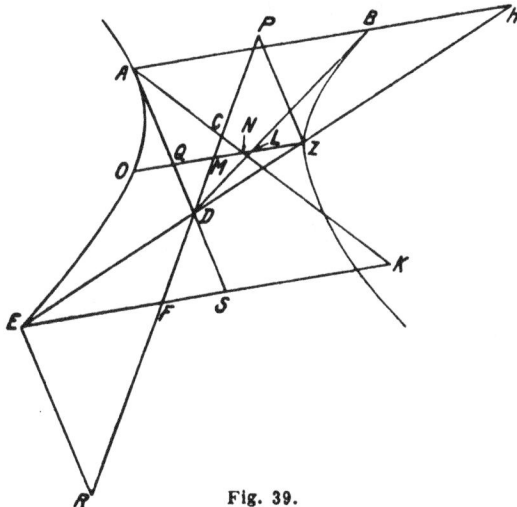

Fig. 39.

Czwalina, Kegelschnitte.

11

Man verbinde nämlich A mit C, verlängere AC und ziehe durch E und Z parallel AB die Geraden EFS und $ZLHMQO$ sowie parallel AD die Geraden ER und ZP.

Da nun ZQ und ES parallel sind und EZ, SQ, FM durch denselben Punkt D gezogen sind, so ist

$$EF : FS = ZM : MQ \text{ oder}$$
$$EF : ZM = FS : MQ$$
$$EF^2 : ZM^2 = FS^2 : MQ^2.$$

Nun ist
$$EF^2 : ZM^2 = \Delta EFR : \Delta ZPM \text{ und}$$
$$FS^2 : MQ^2 = \Delta DFS : \Delta QMD$$

Also ist
$$\Delta EFR : \Delta ZPM = \Delta DFS : \Delta QMD$$

Es ist nun
$$\Delta EFR = \Delta ASK + \Delta FDS \text{ und}$$
$$\Delta ZPM = \Delta AQN + \Delta QMD \text{ (III, § 11)}.$$

Also ist

$$[\Delta ASK + \Delta FDS] : [\Delta AQN + \Delta QMD] = \Delta DFS : \Delta QMD \text{ oder}$$
$$\Delta ASK : \Delta AQN = \Delta DFS : \Delta QMD.$$

Nun ist $\Delta ASK : \Delta AQN = KA^2 : AN^2 = EH^2 : ZH^2$ und
$$\Delta DFS : \Delta QMD = FD^2 : DM^2 = ED^2 : DZ^2.$$

Also ist
$$EH : ZH = ED : DZ.$$

§ 40.

Wenn unter denselben Voraussetzungen durch den Schnittpunkt der Tangenten eine der Verbindungslinie der Berührungspunkte parallele Gerade gezogen wird und durch den Mittelpunkt der Verbindungslinie eine beliebige Gerade, die sowohl die Hyperbeln als auch die Parallele schneiden, so wird das Stück dieser beliebigen Geraden, das von den Kurven begrenzt wird, durch den Mittelpunkt der Verbindungslinie der Berührungspunkte und jene Parallele im gleichen Verhältnis geteilt werden.

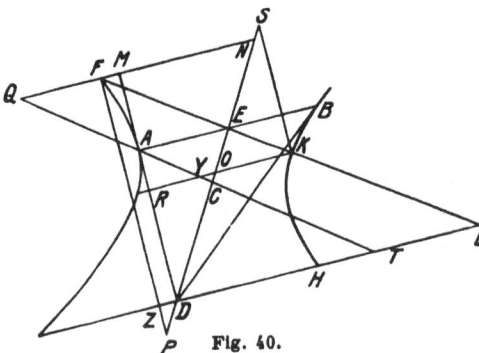

Fig. 40.

Es seien A und B die zugehörigen Hyperbeln (Fig. 40). Es sei C der Mittelpunkt, AD und BD seien die Tangenten. Es sei AB und CDE gezogen. Dann ist also $AE = EB$

(II, § 39). Durch D werde parallel AB, ZDH und durch E werde beliebig LE gezogen. Ich behaupte, daß $FL : LK = FE : EK$ ist.

Man ziehe nämlich durch F und K parallel AB die Geraden $NMFQ$ und KOR und parallel AD die Geraden FR und KS. Außerdem sei $QACT$ gezogen.

Da nun QM und KR parallel sind, so ist

$$QA : AY = MA : AR.$$

Es ist aber $\quad QA : AY = FE : EK$ und

$$FE : EK = FN : KO, \text{ da } \Delta FEN \sim \Delta KEO.$$

Also ist $\quad\quad FN : KO = MA : AR$ oder

$$FN^2 : KO^2 = MA^2 : AR^2.$$

Es ist nun $\quad\quad FN^2 : OK^2 = \Delta FPN : \Delta KSO$ und

$$MA^2 : AR^2 = \Delta QMA : \Delta AYR.$$

Also ist $\quad \Delta FPN : \Delta KSO = \Delta QMA : \Delta AYR.$

Es ist nun $\quad\quad\quad \Delta FPN = \Delta QMA + \Delta MND$ und

$$\Delta KSO = \Delta AYR + \Delta DOR \text{ (II, § 11)}.$$

Also ist $\quad [\Delta QMA + \Delta MND] : [\Delta AYR + \Delta DOR] = \Delta QMA : \Delta AYR$

$$\Delta MND : \Delta DOR = \Delta QMA : \Delta AYR$$

Es ist aber $\quad \Delta QMA : \Delta AYR = QA^2 : AY^2$ und

$$\Delta MND : \Delta DOR = MN^2 : RO^2.$$

Also ist $\quad\quad QA^2 : AY^2 = MN^2 : RO^2.$

Es ist nun $\quad MN^2 : RO^2 = ND^2 : OD^2 = FL^2 : LK^2$ und

$$QA^2 : AY^2 = FE^2 : EK^2.$$

Also ist $\quad\quad FE^2 : EK^2 = FL^2 : LK^2$ und daher

$$FE : EK = FL : LK.$$

§ 41.

Wenn drei Tangenten einer Parabel einander schneiden, so schneiden sie einander nach dem gleichen Verhältnis.

Es sei ABC eine Parabel (Fig. 41). ADE, EZC, DBZ seien Tangenten. Ich behaupte, daß

$$CZ : ZE = ED : DA = ZB : BD \text{ ist.}$$

Man verbinde nämlich A mit C und halbiere AC in H. Daß EH ein Durchmesser der Parabel ist (II, § 29) ist klar.

Wenn dieser Durchmesser nun durch B geht, so ist DZ parallel AC (II, § 5) und wird in B durch EH halbiert. Daher ist $AD = DE$ und $CZ = ZE$ und die Behauptung ist erwiesen.

Es gehe nunmehr EH nicht durch B, sondern durch F und es werde parallel AC die Gerade KFL gezogen. Dann ist KFL eine Tangente, und aus den erörterten Gründen ist $AK = KE$ und $LC = LE$. Man ziehe nun durch B parallel der Geraden EH die Gerade $MNBQ$ und durch A und C parallel der Geraden DZ die Geraden AO und CR. Da nun MB ein Durchmesser und CM Tangente ist, CR aber geordnet gezogen ist, so ist $MB = BR$ (I, § 35). Daher ist auch $MZ = ZC$. Da nun $MZ = ZC$ und $EL = LC$ ist, so ist

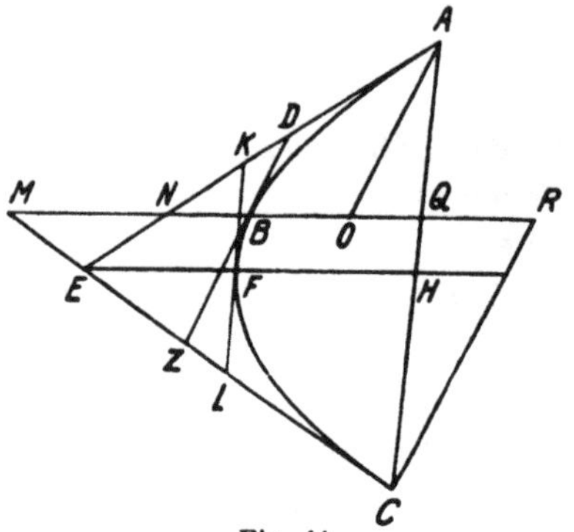

$$MC : CZ = EC : CL, \text{ also}$$
$$MC : EC = CZ : CL.$$

Es ist nun $MC : CE = QC : CH$.

Also ist $ZC : CL = QC : CH$.

Nun ist $CL : CE = HC : CA = 1 : 2$

Durch Multiplikation folgt

$$ZC : CE = QC : CA \text{ oder}$$
$$EC : [EC - CZ] = CA : [CA - CQ]$$
$$EC : EZ = CA : AQ$$
$$[EC - EZ] : EZ = [CA - AQ] : AQ$$
$$CZ : EZ = CQ : AQ.$$

Fig. 41.

Da nun MB ein Durchmesser ist und AN Tangente ist, AO aber geordnet gezogen ist, so ist $NB = BO$ [I, § 35] und daher $ND = DA$.

Es ist aber auch $\quad EK = KA$. Also ist
$$AE : AK = NA : AD$$
$$AE : NA = AK : AD.$$

Es ist nun $\quad AE : NA = HA : AQ$, also ist
$$AK : AD = HA : AQ.$$

Es ist nun $\quad EA : AK = CA : HA = 1 : 2$.

Durch Multiplikation folgt
$$CA : AQ = EA : AD$$
$$[CA - AQ] : AQ = [EA - AD] : AD$$
$$CQ : AQ = ED : AD.$$

Es war aber oben gezeigt worden, daß
$$CQ : AQ = CZ : EZ \text{ ist. Also ist}$$
$$CZ : ZE = ED : AD.$$

Da nun also auch
$$CQ : AQ = CR : AO \text{ ist und}$$
$$CR = 2\,BZ, \text{ da } CM = 2\,MZ \text{ und}$$
$$AO = 2\,BD, \text{ da } AN = 2\,ND \text{ ist, so folgt}$$
$$CQ : AQ = BZ : BD = CZ : EZ = ED : AD.$$

§ 42.

Wenn in einer Hyperbel, einer Ellipse, einem Kreise oder zwei zugehörigen Hyperbeln von den Endpunkten eines Durchmessers aus Geraden geordnet gezogen werden und wenn außerdem eine beliebige Tangente gezogen wird, so schneidet diese von den geordnet gezogenen Geraden Strecken ab, deren Produkt gleich dem vierten Teile des zum Durchmesser gehörigen Kurvenrechteckes ist.

Es sei einer der angegebenen Kegelschnitte gegeben (Fig. 42a, b). AB sei ein Durchmesser. Von A und B aus seien die Geraden AC und BD geordnet gezogen. CED sei irgendeine Tangente. Ich behaupte, daß

$$AC \cdot BD = \tfrac{1}{4} \cdot AB \cdot p$$

ist, wenn p den zum Durchmesser AB gehörigen Parameter bedeutet.

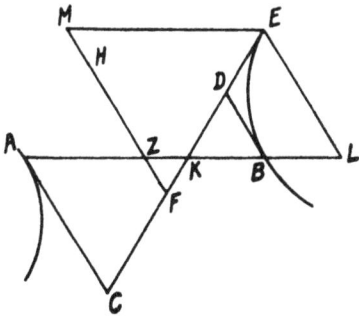 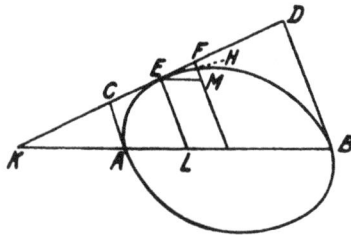

Fig. 42a.   Fig. 42b.

Es sei nämlich Z der Mittelpunkt der Kurve. Durch Z sei parallel AC und BD die Gerade ZHF gezogen. Da nun AC und BD parallel sind, aber auch ZH parallel ist, so ist ZH der konjugierte Durchmesser zu AB. Es ist $ZH^2 = \tfrac{1}{4} AB \cdot p$.

Wenn nun im Falle der Ellipse oder des Kreises H auf E fällt, so ist $AC = ZH = BD$. Und es ist daher klar, daß $AC \cdot BD$ dem Quadrat von ZH, also dem vierten Teile des Kurvenrechtecks gleich ist.

Es falle nunmehr H nicht mit E zusammen. Es mögen DC und BA einander in K schneiden. Durch E werde parallel AC die Gerade EL, parallel AB die Gerade EM gezogen. Da nun

$$KZ \cdot ZL = AZ^2 \text{ (I, § 37) ist, so ist}$$
$$KZ : AZ = AZ : ZL \text{ und daher}$$
$$[KZ \pm AZ] : [AZ \pm ZL] = KZ : AZ$$
$$KA : AL = KZ : AZ = KZ : BZ.$$

Daher ist $\qquad BZ : KZ = AL : AK$

$$[BZ \mp KZ] : KZ = [AL \mp AK] : AK$$

$$BK : KZ = KL : AK$$

Daher ist auch $\qquad DB : ZF = EL : AC$ und somit

$$DB : AC = ZF \cdot EL = ZF \cdot ZM.$$

Es ist nun $\qquad ZF \cdot ZM = ZH^2$ [I, § 38) $= \frac{1}{4} AB \cdot p$.

Also ist $\qquad DB \cdot AC = \frac{1}{4} AB \cdot p$.

§ 43.

Jede Tangente einer Hyperbel schneidet auf den Asymptoten Abschnitte ab, die dasselbe Produkt haben, wie die von der Scheitel-tangente auf der Asymptote gebildeten Abschnitte.

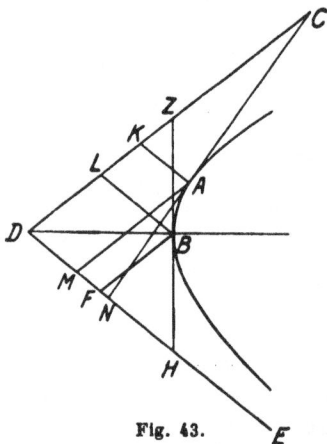

Fig. 43.

Es sei AB eine Hyperbel (Fig. 43). CD und DE seien die Asymptoten, BD sei die Achse. Es werde durch B die Tangente ZBH gezogen und außerdem eine beliebige andere Tangente CAN. Ich behaupte, daß

$$ZD \cdot DH = CD \cdot DN \text{ ist.}$$

Man ziehe nämlich durch A und B parallel zu DH die Geraden AK und BL und parallel CD die Geraden AM und BF. Da nun CAN berührt, so ist $CA = AN$ (II, § 3). Daher ist $CN = 2NA$ und $CD = 2AM$ und $DN = 2AK$. Also ist

$$CD \cdot DN = 2 KA \cdot AM.$$

In gleicher Weise werden wir zeigen können, daß

$$ZD \cdot DH = 2 LB \cdot BF \text{ ist.}$$

Es ist aber $\qquad KA \cdot AM = LB \cdot BF$ (II, § 12).

Daher ist $\qquad CD \cdot DN = ZD \cdot DH.$

In gleicher Weise werden wir den Satz beweisen können, auch wenn DB ein anderer Durchmesser, also nicht Achse ist.

§ 44.

Wenn zwei Tangenten einer Hyperbel oder zweier zugehöriger Hyperbeln die Asymptoten schneiden, so sind die Verbindungslinien dieser Schnittpunkte der Verbindungslinie der Berührungspunkte parallel.

Es sei AB eine Hyperbel oder zwei zugehörige Hyperbeln (Fig. 44a, b). CD und DE seien die Asymptoten. $CAFZ$ und $EBFH$ seien Tangenten. Es

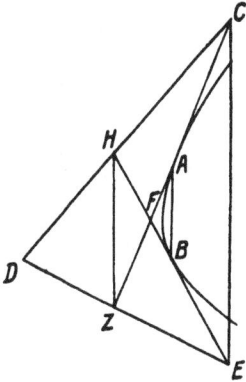

Fig. 44a.

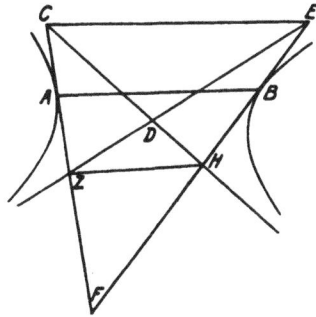

Fig. 44b.

sei A mit B und Z mit H sowie C mit E verbunden. Ich behaupte, daß diese Verbindungslinien parallel sind.

Da nämlich

$$CD \cdot DZ = HD \cdot DE \quad \text{(III, § 43) ist, so ist}$$
$$CD : DE = HD : DZ$$

Demnach ist CE parallel ZH. Aus diesem Grunde aber ist

$$FZ : ZC = FH : HE$$

Es ist aber $\quad HE : HB = CZ : AZ,$

denn jedes Vorderglied ist doppelt so groß wie das entsprechende Hinterglied (II, § 3). Es folgt durch Multiplikation

$$FH : HB = FZ : AZ.$$

Also sind ZH und AB auch einander parallel.

§ 45.

Wenn in den Endpunkten der Achse einer Hyperbel, einer Ellipse, eines Kreises oder zweier zugehöriger Hyperbeln Lote errichtet werden, und wenn auf der Achse, bei der Ellipse und dem Kreise innen, bei der Hyperbel außen, diejenigen beiden Punkte bestimmt werden, deren jeder die Achse so teilt, daß das Produkt der Abschnitte gleich dem vierten Teile des Kurvenrechtecks ist, so werden bei jedem dieser Punkte rechte Winkel entstehen, wenn man diese Punkte mit denjenigen beiden Punkten verbindet, in denen eine beliebige Tangente die erwähnten Lote schneidet.[20]

Es sei *AB* eine der genannten Kurven (Fig. 45a, b). Die Achse sei *AB*, *AC* und *BD* seien Lote auf der Achse, *CED* sei eine Tangente. *Z* und *H* seien die beiden Punkte von der Eigenschaft, daß $AZ \cdot ZB = AH \cdot HB = \frac{1}{4} \cdot 2\,a\,p$ ist (wo *p* der zur Achse 2 *a* gehörige Parameter ist). Es sei

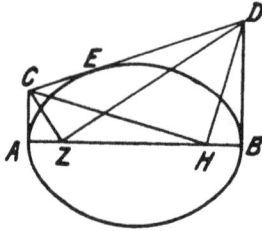 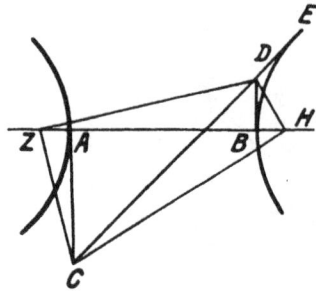

Fig. 45 a.   Fig. 45 b.

C mit *Z* und *H*, *D* mit *Z* und *H* verbunden. Ich behaupte, daß die Winkel *CZD* und *CHD* Rechte sind.

Da nämlich (III, § 42) gezeigt wurde, daß

$$AC \cdot BD = \frac{1}{4} \cdot AB \cdot p \text{ und anderseits}$$
$$AZ \cdot ZB = \frac{1}{4} \cdot AB \cdot p \text{ ist, so folgt}$$
$$AC \cdot BD = AZ \cdot ZB$$
$$AC : AZ = ZB : BD.$$

Die Winkel bei *A* und *B* sind aber Rechte. Also ist

$$\sphericalangle\,ACZ = \sphericalangle\,BZD \text{ und}$$
$$\sphericalangle\,AZC = \sphericalangle\,ZDB.$$

Da nun der Winkel *CAZ* ein Rechter ist, so ist auch

$$\sphericalangle\,ACZ + \sphericalangle\,AZC = R, \text{ also ist auch}$$
$$\sphericalangle\,BZD + \sphericalangle\,AZC = R, \text{ demnach auch}$$
$$\sphericalangle\,CZD = R.$$

In gleicher Weise können wir zeigen, daß auch

$$\sphericalangle\,CHD = R \text{ ist.}$$

§ 46.

Unter denselben Voraussetzungen ist der Winkel, den die Tangente mit der Verbindungslinie des Punktes bildet, in dem sie eines der in den Endpunkten der Achse errichteten Lote schneidet, und des einen Teilpunktes der Achse gleich dem Winkel, den das in Frage stehende Lot mit der Verbindungslinie nach dem anderen Teilpunkte der Achse bildet.

Ich behaupte also, daß der Winkel *ACZ* gleich dem Winkel *DCH* und der Winkel *CDZ* gleich dem Winkel *BDH* ist (Fig. 46a, b).

Da nämlich (III, § 45) bewiesen wurde, daß die Winkel *CDZ* und *CHD* Rechte sind, so wird der über dem Durchmesser *CD* beschriebene Kreis durch *Z* und *H* gehen. Daher ist der Winkel *DCH* gleich dem Winkel

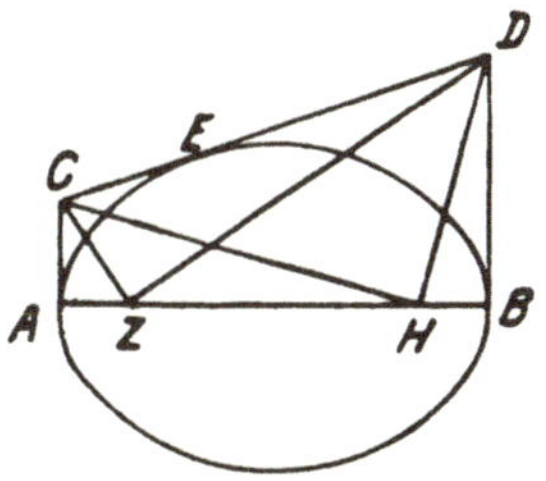

Fig. 46a. 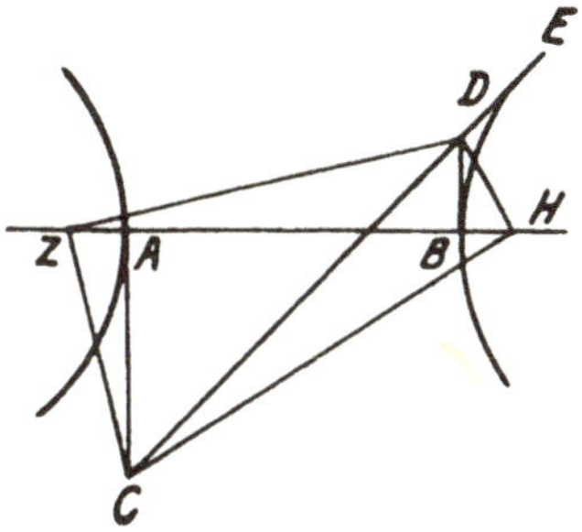 Fig. 46b.

DZH, denn es sind Peripheriewinkel über derselben Sehne. Es war aber (III, § 45) bewiesen worden, daß der Winkel *DZH* gleich dem Winkel *ACZ* ist. Also ist auch der Winkel *DCH* gleich dem Winkel *ACZ*. In gleicher Weise beweist man, daß auch der Winkel *CDZ* gleich dem Winkel *BDH* ist.

§ 47.

Bezeichnet man unter den gleichen Voraussetzungen die Verbindungslinien der Punkte, in denen die Tangente die Lote schneidet, mit den Teilpunkten der Achse als »Verbindungslinien« schlechthin, so haben diese Verbindungslinien außer den auf den Loten gelegenen Punkten und den Teilpunkten der Achse noch zwei andere Schnittpunkte. Verbindet man einen dieser

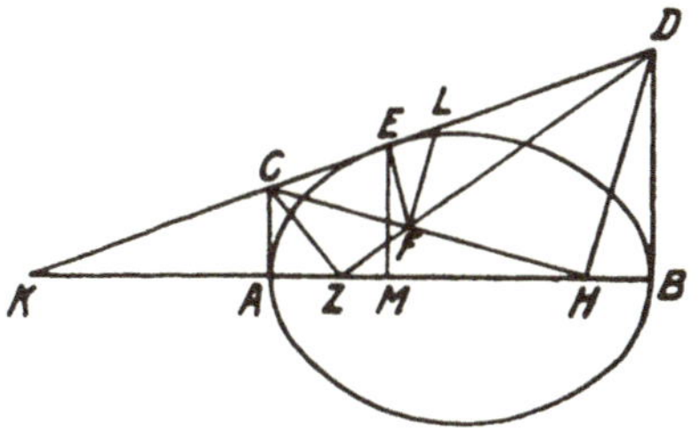

Fig. 47a. 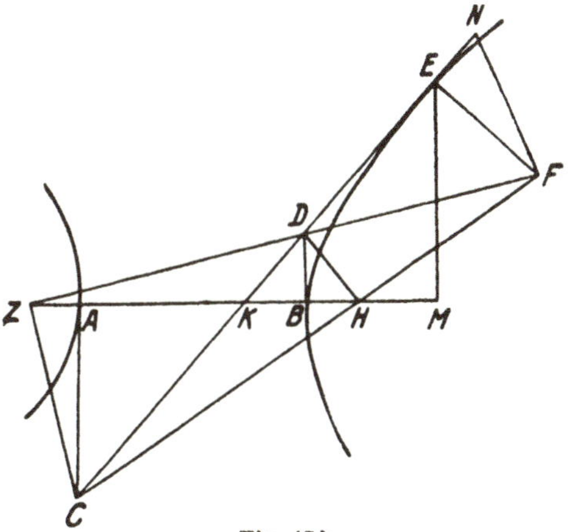 Fig. 47b.

Schnittpunkte mit dem Berührungspunkt der Tangente, so steht diese Verbindungsgerade auf der Tangente senkrecht.

Es möge wie früher konstruiert werden. Der Schnittpunkt von CH mit ZD sei F (Fig. 47a, b). CD und BA mögen einander in K schneiden. Ich behaupte, daß EF auf CD senkrecht steht.

Wenn es nämlich nicht der Fall ist, so fälle man von F auf CD das Lot FL. Da nun $\measuredangle CDZ = \measuredangle HDB$ (III, § 46) ist und die Winkel DBH und DLF als Rechte gleich sind, so ist das Dreieck DHB dem Dreieck LFD ähnlich. Es ist also

$$HD : DF = BD : DL.$$

Andrerseits ist $\qquad HD : DF = CZ : CF,$

weil die Winkel bei Z und H Rechte sind und die Winkel bei F einander gleich sind. Nun ist

$$CZ : CF = AC : CL,$$

weil die Dreiecke AZC und ACF ähnlich sind. Also ist.

$$BD : DL = AC : CL$$
$$BD : AC = DL : CL$$

Es ist nun $\qquad BD : AC = BK : AK$, also

$$DL : CL = BK : AK.$$

Man fälle nun von E auf AB das Lot EM. Es ist zu AB geordnet gezogen. Es ist daher

$$BK : KA = BM : MA \text{ (I, § 36)}.$$

Nun ist $\qquad BM : MA = DE : EC.$

Daher ist $\qquad DL : CL = DE : EC.$

Das ist aber unmöglich. FL ist daher kein Lot auf CE, vielmehr ist FE das Lot.

§ 48.

Die Verbindungslinien des Berührungspunktes einer Tangente mit den angegebenen Teilpunkten der Achse bilden mit der Achse gleiche Winkel.

Fig. 48a.

Es liege im übrigen dieselbe Figur vor. Es werde E mit Z und H verbunden (Fig. 48a, b). Ich behaupte, daß der Winkel CEZ gleich dem Winkel HED ist.

Da nämlich die Winkel DHF und DEF Rechte sind (III, § 45, § 47), so geht der über DF als Durchmesser konstruierte Kreis durch die Punkte

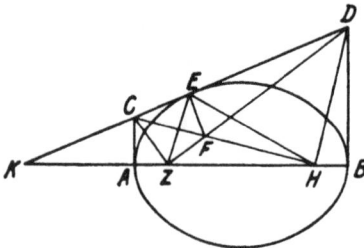

E und *H*. Daher sind die Winkel *DFH* und *DEH* als Peripheriewinkel über demselben Bogen einander gleich. In gleicher Weise beweisen wir die Gleichheit der Winkel *CEZ* und *CFZ*. Es ist aber der Winkel *CFZ*

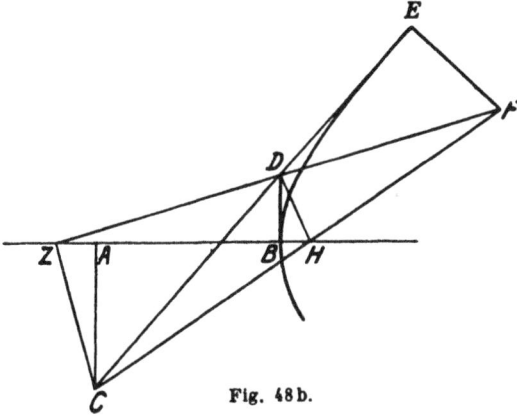

Fig. 48b.

gleich dem Winkel *DFH*, denn diese Winkel sind (entweder identisch oder) Scheitelwinkel. Also ist auch der Winkel *CEZ* gleich dem Winkel *DEH*.

§ 49.

Verbindet man die Endpunkte der Achse mit dem Fußpunkt des von einem der genannten Achsenteilpunkte auf eine Tangente gefällten Lotes, so stehen diese Verbindungslinien aufeinander senkrecht.

Es mögen die bisherigen Voraussetzungen vorliegen. Von *H* (Fig. 49a, b) werde auf die Tangente

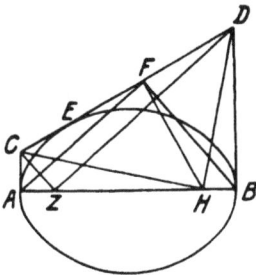

Fig. 49a.

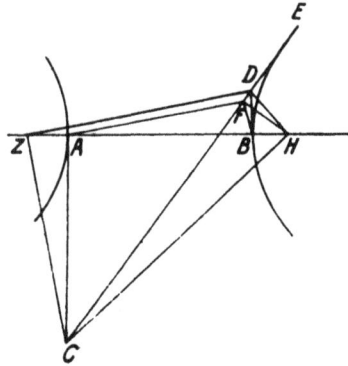

Fig. 49b.

das Lot *HF* gefällt. Es sei *F* mit *A* und *B* verbunden. Ich behaupte, daß der Winkel *AFB* ein Rechter ist.

Da nämlich der Winkel DBH gleich dem Winkel DFH ist, denn beide Winkel sind Rechte, so geht der über dem Durchmesser DH beschriebene Kreis durch F und B, und es ist der Winkel HFB gleich dem Winkel BDH. Es wurde aber gezeigt (III, § 45), daß der Winkel AHC gleich dem Winkel BDH ist. Daher ist der Winkel HFB gleich dem Winkel AHC, d. h. gleich dem Winkel AFC. Somit ist auch der Winkel CFH gleich dem Winkel AFB. Der Winkel CFH ist aber ein Rechter. Somit ist auch der Winkel AFB ein rechter.

§ 50.

Zieht man durch den Mittelpunkt einer Ellipse oder Hyperbel die Parallele zu der Verbindungslinie des Berührungspunktes einer Tangente mit einem der genannten Achsenteilpunkte, so wird auf dieser Parallelen durch die Tangente ein Stück abgeschnitten, das gleich der halben großen Achse ist.

Es mögen die bisherigen Vor-

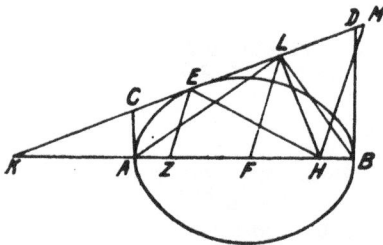

Fig. 50a.

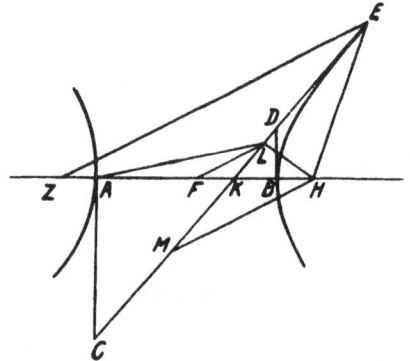

Fig. 50b.

aussetzungen vorliegen. F sei der Mittelpunkt der Kurve (Fig. 50a, b). Es sei E mit Z verbunden. DC und BA mögen einander in K schneiden. Durch F werde FL parallel EZ gezogen. Ich behaupte, daß $FL = FB$ ist. Man ziehe nämlich EH, AL, LH, LB und HM parallel EZ durch H. Da nun

$$AZ \cdot ZB = AH \cdot HB \text{ ist, so ist}$$
$$AZ = HB.$$

Es ist aber auch $\quad AF = FB$, also ist
$$ZF = FH,$$
Daher ist auch $\quad EL = LM.$

Da nun bewiesen wurde (III, § 48), daß der Winkel CEZ gleich dem Winkel DEH ist, da ferner auch der Winkel CEZ gleich dem Winkel EMH ist, so ist auch der Winkel EMH gleich dem Winkel MEH. Demnach ist $EH = HM$. Es wurde aber bewiesen, daß auch $EL = LM$ ist, demnach ist HL ein Lot auf EM. Daher ist wegen des in § 49 gezeigten der Winkel

ALB ein Rechter und der über dem Durchmesser AB beschriebene Kreis geht durch L. Es ist aber auch $FA = FB$. Daher ist FL ein Radius des Kreises und somit gleich FB.

§ 51.

Verbindet man irgendeinen Punkt einer Hyperbel mit den genannten äußeren Teilpunkten der Achse, so ist die größere dieser Verbindungslinien um den Betrag der Hyperbelachse größer als die kleinere.

Es sei eine Hyperbel oder zwei zugehörige Hyperbeln gegeben. Die Achse sei AB (Fig. 51). Der Mittelpunkt sei C. Es sei

$$AD \cdot DB = AE \cdot EB = \tfrac{1}{4} \cdot AB \cdot p.$$

Z sei ein Punkt der Hyperbel. Er werde mit E und D verbunden. Ich behaupte, daß $EZ - ZD = AB$ ist.

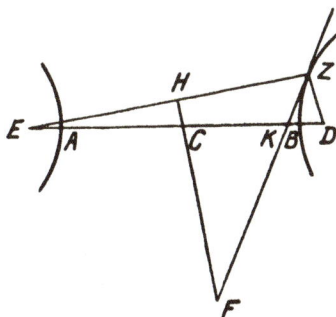

Fig. 51.

Man ziehe nämlich durch Z die Tangente ZKF und durch C die Parallele HCF zu ZD. Dann ist der Winkel KFH gleich dem Winkel KZD, denn diese Winkel sind Wechselwinkel an Parallelen. Es ist aber der Winkel KZD gleich dem Winkel HZF (III, § 48), daher ist der Winkel HZF gleich dem Winkel KFH. Also ist $HZ = HE$. Nun ist aber $ZH = HE$, da $AE = BD$ und $AC = CB$ und somit $EC = CD$ ist. Also ist auch $HF = EH$. Daher ist $ZE = 2HF$. Da nun (III, § 50) bewiesen wurde, daß $CF = CB$ ist, so ist

$$EZ = 2\,[HC + CB].$$

Nun ist
$$ZD = 2\,HC \text{ und}$$
$$AB = 2\,CB, \text{ daher ist}$$
$$EZ = ZD + AB$$
$$EZ - ZD = AB.$$

§ 52.

Verbindet man irgendeinen Punkt einer Ellipse mit den genannten inneren Teilpunkten der Achse, so ist die Summe dieser Verbindungslinien gleich der Achse.

Es sei eine Ellipse gegeben. Die große Achse sei AB (Fig. 52). Es sei

$$AC \cdot CB = AD \cdot DB = \tfrac{1}{4} AB \cdot p.$$

Es werde E mit C und D verbunden. Ich behaupte, daß

$$CE + ED = AB \text{ ist.}$$

Man ziehe nämlich die Tangente ZEF. Es sei H der Mittelpunkt der Ellipse, durch ihn werde HKF parallel CE gezogen. Da nun der Winkel CEZ gleich dem Winkel FEK ist (III, § 48), und da der Winkel ZEC gleich dem Winkel EFK ist, so ist auch der Winkel EFK gleich dem Winkel FEK. Demnach ist $FK = KE$. Da nun $AH = AB$ und $AC = DB$ ist, so ist auch $CH = HD$. Daher ist auch $EK = KD$, daher $ED = 2\,FK$ und $EC = 2\,KH$. Infolgedessen ist

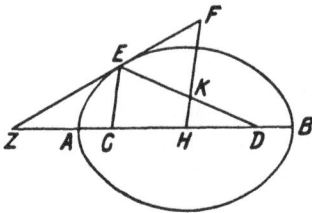

$$CE + ED = 2\,FH.$$

Fig. 52.

Es ist aber auch $\qquad AB = 2\,FH$ (III, § 50).

Daher ist $\qquad\qquad AB = CE + ED$.

§ 53.

Wenn durch die Endpunkte des Durchmessers einer Hyperbel, eines Kreises oder zweier zugeordneter Hyperbeln Gerade geordnet zum Durchmesser gezogen werden, so schneiden die Verbindungslinien der Endpunkte des Durchmessers mit einem beliebigen Punkte der Kurve von diesen Geraden Stücke ab, deren Produkt gleich ist dem zu dem Durchmesser gehörigen Kurvenrechteck.

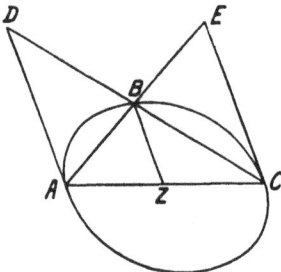

Es sei ABC einer der genannten Kegelschnitte (Fig. 53). AC sei sein Durchmesser. AD und CE seien geordnet gezogen. Es sei ABE und CBD gezogen. Ich behaupte, daß $AD \cdot EC$ gleich dem zum Durchmesser AC gehörigen Kurvenrechteck ist.

Man ziehe nämlich durch B geordnet die Gerade BZ. Dann ist

Fig. 53.

$$AZ \cdot ZC : ZB^2 = AC : p = AC^2 : AC \cdot p \ \text{(I, § 21)},$$

wenn mit p der zum Durchmesser AC gehörige Parameter bezeichnet wird.

Nun ist $\qquad\qquad AZ : ZB = AC : CE$ und

$$CZ : ZB = CA : AD.$$

Also ist $\qquad\qquad AC \cdot p : AC^2 = CE \cdot AD : AC^2$ oder

$$CE \cdot AD = AC \cdot p.$$

§ 54.

Wenn zwei Tangenten eines Kegelschnitts oder eines Kreises einander schneiden, und wenn durch den Berührungspunkt jeder Tangente die Parallele zur anderen Tangente gezogen wird, wenn ferner die Berührungspunkte mit einem und demselben beliebigen Kurvenpunkte verbunden werden und diese Verbindungslinien mit den Parallelen der Tangenten zum Schnitt gebracht werden, so ist das Verhältnis des Produktes aus den auf diesen Parallelen gebildeten Abschnitten zu dem Quadrate der Verbindungslinie der beiden Berührungspunkte gleich dem Produkte aus folgenden zwei Verhältnissen. Das erste derselben erhält man, indem man den Schnittpunkt der beiden Tangenten mit dem Mittelpunkt der Berührungssehne verbindet und das Verhältnis des inneren Abschnitts dieser Verbindungslinie zum äußeren Abschnitt zum Quadrat erhebt. Das zweite ist das Verhältnis des Produktes der beiden Tangenten zum vierten Teile des Quadrats der Berührungssehne.

Es sei ABC ein Kegelschnitt oder ein Kreis (Fig. 54). Es seien AD und CD Tangenten, es werde A mit C verbunden und AC in E halbiert. Es werde DBE gezogen und durch A parallel CD, AZ sowie durch C parallel AD, CH gezogen. Auf der Kurve werde ein beliebiger Punkt F angenommen. Man ziehe AF und CF und verlängere diese Geraden bis H und Z. Ich behaupte, daß

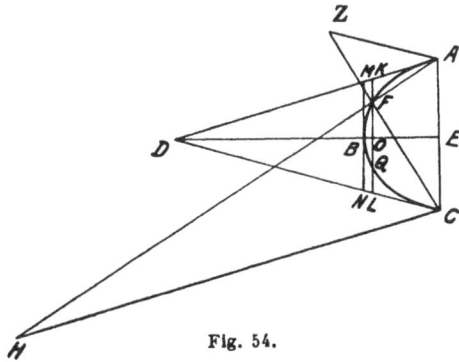
Fig. 54.

$$\frac{AZ \cdot CH}{AC^2} = \frac{EB^2}{BD^2} \cdot \frac{AD \cdot DC}{\frac{1}{4}AC^2} \text{ ist.}$$

Man ziehe nämlich parallel AC durch F die Gerade $KFOQL$ und durch B gleichfalls parallel MBN. Es ist klar, daß MN Tangente ist (I, § 32). Da nun $AE = EC$ ist, so ist auch $MB = BN$ und $KO = OL$ und $FO = OQ$ (II, § 7) und daher auch $KF = QL$. Da nun MB und MA Tangenten sind. und da KFL parallel AB gezogen ist, so ist (III, § 16)

$$AM^2 : MB^2 = AK^2 : QK \cdot FK, \text{ d. h.}$$
$$AM^2 : MB \cdot BN = AK^2 : LF \cdot FK.$$

Nun ist $\quad NC \cdot MA : MA^2 = LC \cdot KA : KA^2$, also
$$NC \cdot MA : MB \cdot BN = LC \cdot KA : LF \cdot FK.$$

Es ist nun $\quad\quad LC : LF = ZA : AC$ und
$$KA : FK = HC : CA, \text{ also}$$
$$NC \cdot MA : MB \cdot BN = HC \cdot ZA : AC^2$$

oder
$$\frac{HC \cdot ZA}{AC^2} = \frac{NC \cdot MA}{ND \cdot DM} \cdot \frac{ND \cdot DM}{BN \cdot MB}.$$

Es ist nun
$$\frac{NC \cdot MA}{ND \cdot DM} = \frac{EB^2}{BD^2} \text{ und}$$

$$\frac{ND \cdot DM}{BN \cdot MB} = \frac{CD \cdot DA}{CE \cdot EA}, \text{ daher}$$

$$\frac{HC \cdot ZA}{AC^2} = \frac{BE^2}{BD^2} \cdot \frac{CD \cdot DA}{CE \cdot EA}.$$

§ 55.

Wenn durch den Schnittpunkt zweier Tangenten von zwei zugehörigen Hyperbeln die Parallele zur Verbindungslinie der Berührungspunkte gezogen wird, wenn ferner durch den Berührungspunkt einer jeden Tangente die Parallele zur anderen Tangente gezogen wird und beide Berührungspunkte mit einem und demselben Kurvenpunkte verbunden werden, so schneiden diese Verbindungslinien auf den Parallelen Stücke ab, deren Produkt sich zu dem Quadrat der Verbindungslinie der Berührungspunkte verhält, wie das Produkt der Tangenten zu dem Stück, das auf der Parallele durchden Schnittpunkt der Tangenten durch diesen Punkt und die Kurve begrenzt wird.

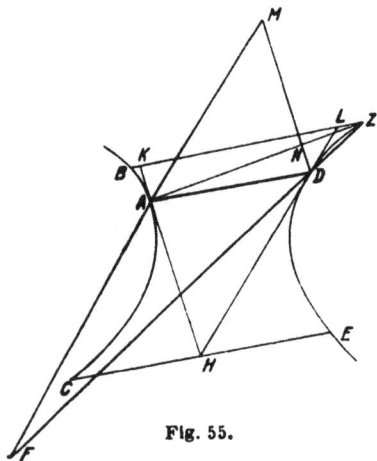

Es seien ABC und DEZ zugehörige Hyperbeln (Fig. 55). AH und HD seien Tangenten. Man ziehe AD und durch H die Parallele CHE zu AD sowie durch A die Parallele AM zu DH und durch D die Parallele DM zu AH. Es sei auf der Hyperbel DZ ein beliebiger Punkt Z gewählt. Es sei ANZ und ZDF gezogen. Ich behaupte, daß

$$AF \cdot ND : AD^2 = AH \cdot HD : CH^2 \text{ ist.}$$

Man ziehe nämlich durch Z die Parallele $ZLKB$ zu AD. Da nun bewiesen worden ist (III, § 20), daß

$$EH^2 : HD^2 = BL \cdot LZ : DL^2 \text{ ist[19]},$$

da ferner $\quad CH = EH$ und $BK = LZ$ (II, § 38) ist, so folgt

$$CH^2 : HD^2 = KZ \cdot ZL : DL^2.$$

Es ist nun $\quad DH^2 : DH \cdot HA = DL^2 : DL \cdot AK.$

Durch Multiplikation folgt

$$CH^2 : DH \cdot HA = KZ \cdot ZL : DL \cdot AK.$$

Fig. 55.

Es ist weiter
$$KZ : AK = AD : DN \text{ und}$$
$$ZL : DL = AD : FA, \text{ also ist}$$
$$CH^2 : DH \cdot HA = AD^2 : DN \cdot FA \text{ oder}$$
$$AF \cdot ND : AD^2 = AH \cdot HD : CH^2.$$

§ 56.

Wenn zwei Tangenten an eine von zwei zugehörigen Hyperbeln einander schneiden und durch den Berührungspunkt einer jeden von ihnen die Parallele zur anderen Tangente gezogen wird, wenn weiter beide Berührungspunkte mit einem und demselben Punkte der anderen Hyperbel verbunden werden, so schneiden diese Verbindungslinien auf den Parallelen Stücke ab, deren Produkt zum Quadrat der Verbindungslinie der Berührungspunkte ein Verhältnis hat, das gleich dem Produkt folgender zweier Verhältnisse ist: Das erste dieser Verhältnisse wird gebildet aus dem Quadrat des Stückes, das auf der Verbindungslinie des Schnittpunktes der Tangenten mit dem Mittelpunkt der Berührungssehne durch diese und die andere Hyperbel begrenzt wird und dem Quadrat des Stückes, das auf derselben Geraden durch den Schnittpunkt der Tangenten und die andere Hyperbel begrenzt wird. Das zweite dieser Verhältnisse wird gebildet aus dem Produkt der Tangenten und dem vierten Teile des Quadrates der Berührungssehne.

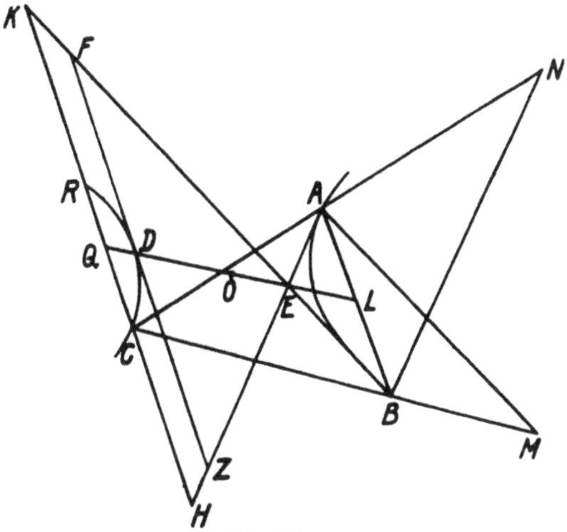

Fig. 56.

Es seien AB und CD zugehörige Hyperbeln (Fig. 56). Es sei O der Mittelpunkt. $AEZH$ und $BEFK$ seien Tangenten. Es sei A mit B verbunden, der Mittelpunkt L von AB werde mit E verbunden. Es sei AM parallel BE und BN parallel AE gezogen. Ein beliebiger Punkt C der Hyperbel CD sei mit B und A verbunden durch die Geraden CBM und CAN. Ich behaupte, daß

$$\frac{BN \cdot AM}{AB^2} = \frac{LD^2}{DE^2} \cdot \frac{AE \cdot EB}{\frac{1}{4} AB^2} \text{ ist.}$$

Man ziehe nämlich durch C und D parallel AB die Geraden HCK und FDZ. Dann ist klar, daß $FD = DZ$ und $KQ = QH$ ist. Es ist aber auch $QC = QR$, daher auch $CK = HR$. Da nun AB und CD zugehörige Hyperbeln sind und BEF und FD Tangenten sind und DF parallel KH ist, so ist

$$BF^2 : FD^2 = BK^2 : RK \cdot KC \quad \text{(III, § 19)}[20]$$

Nun ist
$$FD^2 = FD \cdot DZ \quad \text{und}$$

$$RK \cdot KC = KC \cdot CH.$$

Es ist also
$$BF^2 : FD \cdot DZ = BK^2 : KC \cdot CH.$$

Nun ist ferner
$$ZA \cdot FB : FB^2 = HA \cdot KB : KB^2, \quad \text{also folgt}$$

$$ZA \cdot FB : FD \cdot DZ = HA \cdot KB : KC \cdot CH \quad \text{oder}$$

$$\frac{ZA \cdot FB}{FE \cdot EZ} \cdot \frac{FE \cdot EZ}{FD \cdot DZ} = \frac{HA \cdot KB}{KC \cdot CH}.$$

Nun ist also
$$\frac{ZA \cdot FB}{FE \cdot EZ} = \frac{LD^2}{DE^2}$$

und
$$\frac{FE \cdot EZ}{FD \cdot DZ} = \frac{AE \cdot EB}{AL \cdot LB}.$$

Weiter ist
$$\frac{KB}{KC} = \frac{MA}{AB}$$

und
$$\frac{HA}{CH} = \frac{BN}{AB}.$$

Also ist
$$\frac{BN \cdot AM}{AB^2} = \frac{LD^2}{DE^2} \cdot \frac{AE \cdot EB}{AL \cdot LB}$$

oder
$$\frac{BN \cdot AM}{AB^2} = \frac{LD^2}{DE^2} \cdot \frac{AE \cdot EB}{\frac{1}{4} AB^2}.$$

Anmerkungen zu Buch III.

1. In Fig. 6 war $AIN = KIZL$. Wir lassen nun dem Punkt A der Fig. 6 den Punkt D der Fig. 7 entsprechen, dem Punkt B der Fig. 6 den Punkt C der Fig. 7, dem Punkt K der Fig. 6 den Punkt L der Fig. 7. Es ist also der Unterschied vorhanden, daß in Fig. 6 der Punkt K außerhalb AB liegt, in Fig. 7 dagegen der Punkt L innerhalb DC. Denkt man sich nun in Fig. 6 durch D die Parallele zu WL gezogen, die LT in Γ und CY in G treffe, so entsprechen einander:

Fig. 6 $AEML\ ZKNIB$,

Fig. 7 $DEWY\ GLT\Gamma C$.

Es entspricht also der Gleichung der

Fig. 6 $KIZL = AIN$ die Gleichung der

Fig. 7 $L\Gamma GY = D\Gamma T$. Addiert man hier

$$T\Gamma GY = T\Gamma GE, \quad \text{so folgt}$$

$$LTEY = DGE = EHB.$$

2. Es ist nämlich auch $EZA = EHB$, daher $EA \cdot EZ = EH \cdot EB$ oder

$$EA : EH = EB : EZ.$$

Daher ist HZ parallel AB.

3. Denkt man sich durch C die Parallele zu LT gezogen und schneidet diese Parallele TZ in W und UL in R, so ist nach III, § 6

$$TLRW = \Delta UCR \text{ oder nach Abzug von } YCLR$$
$$TYCW = \Delta YUL, \text{ also}$$
$$\Delta TYE - \Delta CWE = \Delta YUL \text{ oder, da}$$
$$\Delta CWE = \Delta AEZ \text{ ist,}$$
$$\Delta TYE - \Delta AEZ = \Delta YUL.$$

4. Es wird behauptet, daß die Gleichung gilt

$$BZM - KZE = \pm AKL,$$

wobei im Falle der Fig. 11a das obere, im Falle der Fig. 11b das untere Vorzeichen gilt.

5. Trägt man auf FB von F aus $FH' = FH$ ab und verbindet H' mit A, so ist das ΔHFA gleich dem $\Delta H'FA$. Es ist also

$$\Delta H'FA : \Delta FZB = AF \cdot H'F : BF \cdot ZF$$
$$\Delta HFA : \Delta FZB = AF \cdot HF : BF \cdot ZF = 1 : 1,$$

also
$$\Delta HFA = \Delta FZB.$$

6. Man vergleiche die zu I, § 41, gehörige Fig. 44a. Den Punkten $EADC$ entsprechen hier bzw. die Punkte $FBTQ$. Die Parallelogrammseite CH entspricht die Strecke TS, die man sich parallel verschoben denke, so daß sie durch Q geht. Der Seite EZ entspricht die Seite BZ, die man sich parallel verschoben denke, so daß sie durch F geht. Man sollte nun in Fig. 44a sich über ED die zum Parallelogramm AZ ähnliche Figur denken, an ihr wurde bewiesen, daß sie gleich der Summe der Parallelogramme $AZ + DH$ sei. Die Seiten EZ und CH standen dabei, wenn man in Fig. 44a $EA = a'$ den zugehörigen Parameter gleich p' setzt, in der Beziehung

$$\frac{CD}{CH} = \frac{a'}{EZ} \cdot \frac{p'}{2a'}.$$

Die entsprechende Beziehung gilt auch hier, nämlich

$$\frac{QT}{TS} = \frac{FB}{BZ} \cdot \frac{p'}{2a'}.$$

Also gilt auch für unsere Figur der Satz des § 41. Wir wenden ihn für Dreiecke, statt für Parallelogramme an. Dem Parallelogramm AEZ der Fig. 44a entspricht dann das Dreieck FBZ, also dem über ED ähnlich dem Parallelogramm AEZ beschriebenen Parallelogramm das Dreieck TFO. Dem Parallelogramm DH entspricht das Dreieck QTS. Also ist in der Tat

$$\Delta TFO = \Delta QTS + \Delta AHF.$$

7. Man vergleiche wieder mit § 41 und Fig. 44a des ersten Buches. Es entsprechen den Punkten

$$EADCZB \text{ der Fig. 44a}$$

die Punkte $\qquad FHOSIQ \text{ der Fig. 15.}$

In Fig. 44a bestand die Beziehung

$$\frac{CD}{CH} = \frac{AE}{EZ} \cdot \frac{p}{2a},$$

wenn $AB = 2a$ und der zugehörige Parameter gleich p gesetzt wird. Dem entspricht also hier, da $OS = FL$ ist,

$$\frac{FL}{LZ} = \frac{FH}{FI} \cdot \frac{P}{QH}.$$

Diese Gleichung gilt aber in der Tat, wie bewiesen. Man hat also den Strecken EZ und CH der Figur 44a die Strecken FI und LZ der Fig. 15 entsprechen zu lassen. Nun besagte der Lehrsatz I, § 41, daß das über ED konstruierte, dem Parallelogramm AEZ ähnliche Parallelogramm gleich der Summe aus den Parallelogrammen AEZ und DCH ist. Hier haben wir also nunmehr, wenn wir statt der Parallelogramme die halben Parallelogramme, die Dreiecke, wählen, über FO das dem Dreieck FHI ähnliche Dreieck zu konstruieren. Denken wir uns dieses konstruiert und parallel verschoben, so können wir es mit dem Dreieck SLY zur Deckung bringen. Dieses Dreieck SLY ist also gleich der Summe aus dem Dreieck FHI, das aber, wie bewiesen, gleich dem Dreieck CBF ist, und dem Dreieck, das als ein dem Dreieck FHI ähnliches aus den Seiten OS und LZ konstruiert ist. Da nun $OS = FL$ ist, so handelt es sich um das Dreieck FLZ. Es ist also in der Tat $\qquad \Delta SLY = \Delta FLZ + \Delta CBF.$

8. Es müßte eigentlich an zweiter Stelle heißen $LZEM$, an vierter Stelle ΔCAN; aber es ist ja $LZEM = ZDQO$ und $\Delta CAN = \Delta CRB$.

9. Es ist $BL \cdot LA - BN \cdot NA = [BN + NL] \cdot LA - BN \cdot NA$
$$= BN \cdot [LA - NA] + NL \cdot LA = BN \cdot NL + NL \cdot LA$$
$$= NL \cdot [BN + LA] = NL \cdot [ZA + LA] = LN \cdot ZL.$$

10. Es ist $\qquad RQ \cdot QN = PQ \cdot QN - PR \cdot QN$
$$PN \cdot NM = PQ \cdot NM + NM \cdot QN, \text{ also ist}$$
$$RQ \cdot QN + PN \cdot NM = PQ \cdot QM + QN \cdot (NM - PR),$$
aber $\qquad\qquad\qquad NM = PR, \text{ daher ist}$
$$RQ \cdot QN + PN \cdot NM = PQ \cdot QM.$$

11. Nach II, § 22, ist nämlich
$$ST \cdot LT = EC^2 \text{ und nach II, § 23, ist}$$
$$NT \cdot TO = 2 EC^2.$$
Nennt man nun $\qquad\qquad OS = LN = q$
$$ST = KL = r$$
$$TK = s, \text{ so ist also}$$

$$r \cdot (s + r) = EC^2 \text{ und}$$
$$(q + r + s)(q + r) = 2 EC^2, \text{ d. h.}$$
$$q^2 + 2 qr + qs = rs + r^2$$

Andrerseits besagt die Gleichung

$$LO \cdot OS = ST \cdot TL \text{ soviel wie}$$
$$(q + 2 r + s) q = r (r + s) \text{ oder}$$
$$q^2 + 2 qr + qs = rs + r^2, \text{ also dasselbe.}$$

12. Nennt man $TQ = d$, so ist

$$LQ \cdot QS - ST \cdot SL = (r + s - d)(r + d) - r (r + s)$$
$$= ds - d^2 = TQ \cdot QK.$$

13. Es folgt nämlich zunächst

$$\frac{DE^2 + VQ \cdot QS}{EA^2 + KQ \cdot QF} = \frac{DE^2}{EA^2}.$$

Es ist aber
$$VQ \cdot QS = (PQ - PV) \cdot (QH - HS), \text{ also}$$
$$VQ \cdot QS = PQ \cdot QH - PV \cdot QH - PQ \cdot HS + PV \cdot HS$$
$$VQ \cdot QS = PQ \cdot QH - PV \cdot SQ - PQ \cdot HS$$
$$VQ \cdot QS = PQ \cdot QH - PV \cdot (PS - PQ - PQ \cdot HS$$
$$VQ \cdot QS = PQ \cdot QH - PV \cdot PS + PQ (PV - HS)$$

oder weil
$$PV = HS,$$
$$VQ \cdot QS = PQ \cdot QH - PV \cdot PS.$$

Es ist aber nach II, § 23

$$PM \cdot MH = 2 ED^2 \text{ und nach II, § 22,}$$
$$VM \cdot MS = ES^2. \text{ Durch Subtraktion folgt}$$
$$PV \cdot PS = ED^2.$$

Demnach ist $VQ \cdot QS = PQ \cdot QH - ED^2$ und es entsteht die Proportion

$$\frac{PQ \cdot QH}{EA^2 + KQ \cdot QF} = \frac{DE^2}{EA^2}.$$

14. Nennt man zwei konjugierte Ellipsendurchmesser 2 a und 2 b, so ist der zu 2 a gehörige Parameter $\frac{2 b^2}{a}$, das zu 2 a gehörige Ellipsenrechteck $2 a \cdot \frac{2 b^2}{a} = 4 b^2$. Ebenso ist der zu 2 b gehörige Parameter $\frac{2 a^2}{b}$ und das zu 2 b gehörige Ellipsenrechteck $2 b \cdot \frac{2 a^2}{b} = 4 a^2$.

15. Es ist nämlich
$$MZ \cdot DZ = ZN^2 - DN^2 = [ZN + DN] \cdot [ZN - DN]$$
$$MZ \cdot DZ = [ZN + DN] \cdot ZD$$
$$MZ = ZN + DN$$
$$MN = DN.$$

16. In § 41 des ersten Buches wurde bezüglich der Fig. 44a bewiesen

$$ED^2 - EA^2 = CD^2 \cdot \frac{2\,a}{p}.$$

Hieraus folgt, da

$$ED^2 - EA^2 = [ED + EA] \cdot [ED - EA] = BD \cdot AD \text{ ist.}$$
$$BD \cdot AD \cdot CD^2 = 2a : p, \text{ also für Fig. 31}$$
$$NL \cdot KL : LH^2 = KN : p. \text{ Nach II, § 1, ist aber}$$
$$EK^2 : KZ^2 = KN : p. \text{ Also ist}$$
$$KE^2 : KZ^2 = NL \cdot LK : LH^2.$$

17. Es ist $LE^2 - KE^2 = [LE + KE] \cdot [LE - KE] = LN \cdot LK = ML^2$ also $ML^2 + KE^2 = LE^2$.

18. Hierdurch hat Apollonius bewiesen, daß die Berührungssehne die harmonische Polare ist. Wir beweisen diesen Satz heute am einfachsten durch die Projektion des Kreises von einem Punkte aus.

19. Wir sprechen diesen Satz so aus: Die Polare des Mittelpunktes einer Sehne ist die Parallele durch den Pol der Sehne.

20. Nennt man in Fig. 45a, b den Abstand eines der Punkte Z, H vom Mittelpunkt von AB, x, so ist also

$$\pm (a + x)(a - x) = 2\,ap = b^2$$
$$a^2 - x^2 = \pm b^2$$
$$x^2 = a^2 \mp b^2.$$

Es sind also die Punkte Z und H die Brennpunkte. Man kann also dem Satz § 45 die Form geben: Trägt man im Brennpunkt einer Ellipse oder Hyperbel als Scheitel einen rechten Winkel an und bringt seine Schenkel mit den beiden Scheiteltangenten zum Schnitt, so berührt die Verbindungslinie dieser Schnittpunkte den Kegelschnitt.

19. Es ist nämlich $CH = HE$.

20. Wenn man nämlich in III, § 19, die eine Sekante zur Tangente werden läßt. Das Übergehen zu einem solchen Spezialfall ist für die griechische Auffassung allerdings sehr selten. Auf III, § 18, kann man sich nicht stützen, weil hier die Tangenten an denselben Kurvenzweig vorliegen.

IV. Buch.

Apollonios dem Attalos Gruß zuvor!

Vor einiger Zeit gab ich von meinem Werk über die Kegelschnitte in acht Büchern die ersten drei Bücher heraus, indem ich sie an Eudemos aus Pergamus sandte. Nun ist Eudemos aber gestorben. Da beschloß ich, die übrigen Bücher Dir zu senden, weil Du ja mit besonderer Vorliebe an meiner wissenschaftlichen Arbeit Anteil nahmst, und so schicke ich Dir denn hiermit das vierte Buch. Dies Buch enthält die Antwort auf die Frage, in wieviel Punkten Kegelschnitte einander und Kegelschnitte einen Kreis höchstens schneiden können, wenn sie nicht ganz miteinander zusammenfallen; ferner: in wieviel Punkten ein Kegelschnitt und ein Kreis ein Paar zugehörige Hyperbeln höchstens schneiden kann, und außerdem noch manche ähnliche Probleme. Von diesen Problemen hat Konon aus Samos das zuerst genannte in seiner an Thrasydaios gerichteten Abhandlung bearbeitet, doch ist er in seinen Beweisen nicht einwandfrei. Deshalb hat ihn auch Nikoteles aus Kyrene mit Recht getadelt. Was das zweite Problem betrifft, so erwähnt Nikoteles es nur in seiner gegen Konon gerichteten Schrift als ein solches, das gelöst werden könne; jedoch habe ich es weder bei ihm noch bei anderen wirklich gelöst gefunden. Das dritte Problem jedoch und die erwähnten ähnlichen Probleme habe ich nirgends überhaupt nur erwähnt gefunden. Alle genannten Probleme, die ich sonst nirgends gelöst fand, erforderten zu ihrem Beweise viele, mannigfaltige und ungewöhnliche Sätze als Grundlagen, deren meiste ich gerade schon in den ersten drei Büchern bewiesen habe. Die noch fehlenden bringe ich in diesem Buche. Diese Sätze gewähren eine hinreichende Grundlage für die Lösung und Determination der Probleme. Nikoteles sagt zwar, bestimmt durch seine Differenz mit Konon, daß die von Konon gefundenen Sätze überhaupt keinen Wert für die Determinationen hätten, aber darin irrt er. Denn, wenn es auch möglich ist, in den Determinationen ganz ohne diese Sätze auszukommen, so ist doch einiges durch diese Sätze leichter zu beweisen, wie zum Beispiel die Frage, ob eine bestimmte Aufgabe auf mehrfache Art zu lösen sei oder auf wievielfache Art sie zu lösen sei oder ob sie unlösbar sei. Eine solche zuvor gewonnene Kenntnis gewährt einen guten Ausgangspunkt für die Untersuchung, und so sind diese Sätze wohl brauchbar für die

Analysis der Determinationen. Abgesehen von solchen Utilitätsgründen haben aber diese Sätze auch ihren Eigenwert; denn auch vieles andere in der Mathematik ist uns um seiner selbst willen schätzenswert.

§ 1.

Wenn durch einen Punkt außerhalb eines Kegelschnittes oder Kreises eine Tangente und eine Sekante, die die Kurve in zwei Punkten schneidet, gehen, und wenn der Punkt, der die Kurvensehne innerlich nach dem gleichen Verhältnis teilt, wie der Schnittpunkt der Tangente und Sekante äußerlich, mit dem Berührungspunkt der Tangente verbunden wird, so schneidet diese Verbindungslinie die Kurve zum zweiten Male. Wenn der so erhaltene Schnittpunkt mit dem Schnittpunkt der Tangente und Sekante verbunden wird, so ist diese Verbindungslinie eine Tangente.

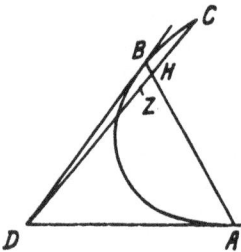

Es sei nämlich ABC ein Kegelschnitt oder Kreis (Fig. 1). Es werde außerhalb der Kurve ein Punkt D gewählt. Von D aus werde eine Tangente DB, die in B berühre, und eine Sekante DEC gezogen, die die Kurve in E und C schneide. Es sei

Fig. 1.

$$CD : DE = CZ : ZE.$$

Ich behaupte, daß die Gerade BZ die Kurve in einem zweiten Punkte A schneidet und daß DA Tangente ist.

Man ziehe nämlich durch A die Tangente DA. Die Verbindungslinie BA schneide EZ, wenn das möglich ist, nicht in Z, sondern in H. Da nun BD und DA Tangenten sind, BA die Verbindungslinie der Berührungspunkte ist, so ist (III, § 37)

$$CD : DE = CH : HE.$$

Dies ist aber unmöglich, denn es ist vorausgesetzt worden, daß

$$CD : DE = CZ : ZE$$

ist. Es kann also BA die Gerade CE in keinem anderen Punkte schneiden als in Z. Sie schneidet also in Z.

§ 2.

Das Bewiesene gilt für alle Kegelschnitte. Für die Hyperbel insbesondere gelten die folgenden (spezialisierenden) Sätze: Wenn DB berührt, DC in zwei Punkten E und C schneidet und der Berührungspunkt B zwischen den Punkten E und C liegt, und wenn D innerhalb des die

Hyperbel einschließenden Asymptotenwinkels liegt, dann wird der Beweis genau so geführt, wie in § 1 an Hand der Fig. 1 geschehen. Denn es ist ja möglich, vom Punkte D aus eine zweite Tangente DA an die Hyperbel zu legen (II, § 25). Und im übrigen führt man den Beweis wie in § 1.

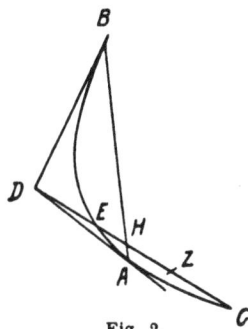

§ 3.

Unter sonst gleichen Voraussetzungen soll der Punkt B nicht zwischen E und C liegen (Fig. 2). Der Punkt D aber liege innerhalb des die Hyperbel umschließenden Asymptotenwinkels. Dann ist es natürlich auch möglich, von D aus eine zweite Tangente DA an die Hyperbel zu legen. Und im übrigen führt man den Beweis wie in § 1.

Fig. 2.

§ 4.

Wenn unter sonst gleichen Voraussetzungen der Berührungspunkt B zwischen den Schnittpunkten E und C liegt, also der Punkt D in einem Nebenwinkel des die Hyperbel einschließenden Asymptotenwinkels liegt (Fig. 3), so wird die Verbindungslinie des Teilpunktes der Sehne mit dem Berührungspunkt der Tangente die zugehörige Hyperbel schneiden und die Verbindungslinie dieses Schnittpunktes mit dem Schnittpunkt der Tangente und Sekante und die zugehörige Hyperbel berühren.

Es seien nämlich B und F zugehörige Hyperbeln. KL und MQN seien die Asymptoten. Der Punkt D liege innerhalb des Wnkels LQN. Durch D gehe die Tangente DB und die Sekante DC. Innerhalb der Schnittpunkte E und C dieser Sekante liege der Berührungspunkt B. Es sei

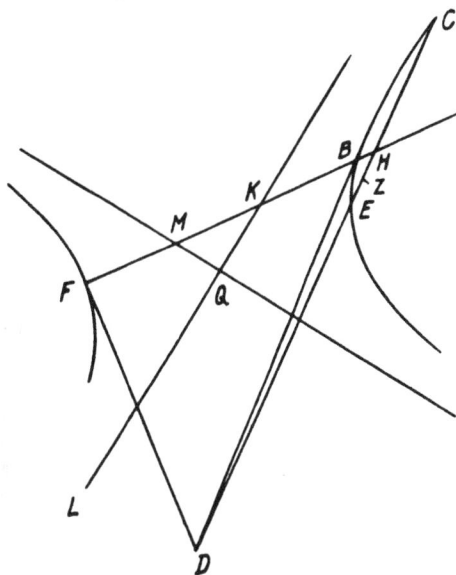

$$CD : DE = CZ : ZE.$$

Fig. 3.

Es ist zu beweisen, daß BZ die Hyperbel F schneidet, und daß die Verbindungslinie dieses Schnittpunktes mit D die Hyperbel berührt.

Man ziehe nämlich durch D die Tangente DT. Die Verbindungslinie FB schneide EZ, wenn dies möglich ist, nicht in Z, sondern in H. Dann ist (III, § 37)
$$CD : DE = CH : HE.$$

Dies ist unmöglich, denn es war vorausgesetzt worden, daß
$$CD : DE = CZ : ZE \text{ ist.}$$

§ 5.

Wenn unter sonst gleichen Voraussetzungen der Punkt D auf einer der Asymptoten liegt, so ist die Verbindungslinie BZ dieser Asymptote parallel.

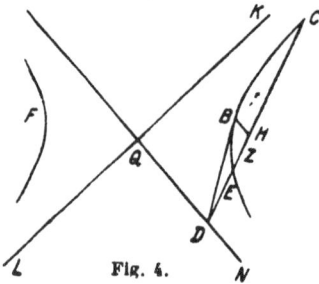

Fig. 4.

Es seien die gleichen Voraussetzungen erfüllt, jedoch liege der Punkt D auf einer Asymptote MN (Fig. 4). Es ist zu beweisen, daß die Parallele durch B zu MN in Z schneidet.

Sie schneide nicht in Z, sondern, wenn dies möglich ist, in H. Dann ist (III, § 35)
$$CD : DE = CH : HE.$$

Dies ist aber unmöglich.

§ 6.

Wenn durch einen Punkt außerhalb einer Hyperbel eine Tangente und eine Parallele zu einer Asymptote geht und die bis zur Kurve gemessene Parallele über die Kurve hinaus um sich selbst verlängert wird, so schneidet die Verbindungslinie des Endpunktes der Verlängerung mit dem Berührungspunkt der Tangente die Kurve. Verbindet man diesen Schnittpunkt mit dem Punkte außerhalb der Hyperbel, so ist diese Verbindungslinie eine Tangente.

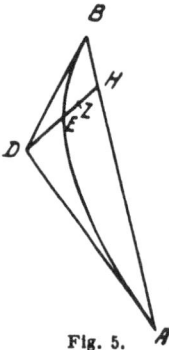

Fig. 5.

Es sei AEB eine Hyperbel (Fig. 5). Es werde ein Punkt D außerhalb der Hyperbel angenommen. Er liege zunächst innerhalb des Asymptotenwinkels, der die Hyperbel einschließt. Von ihm aus werde die Tangente BD an die Kurve gelegt. DEZ sei parallel der einen Asymptote, DE sei gleich EZ. Ich behaupte, daß die Gerade BZ die Kurve schneidet und daß die Verbindungslinie dieses Schnittpunktes mit D die Kurve berührt. Man ziehe nämlich die Tangente DA. Die Verbindungslinie BA soll DE, wenn es möglich ist, nicht in Z, sondern in einem anderen Punkt H schneiden. Dann ist (III, § 30) $DE = EH$. Dies ist aber unmöglich, denn es sollte nach der Voraussetzung $DE = EZ$ sein.

§ 7.

Unter sonst gleichen Voraussetzungen soll der Punkt D innerhalb des Nebenwinkels des die Hyperbel einschließenden Asymptotenwinkels liegen. Ich behaupte, daß auch dann das Gesagte zutrifft.

Man suche nämlich (Fig. 6) die Tangente DF. Die Verbindungslinie DE soll, wenn dies möglich ist, die Gerade DE nicht in Z, sondern in H schneiden. Dann ist also (III, § 31) $DE = EH$. Dies ist aber unmöglich, denn es sollte nach der Voraussetzung $DE = EZ$ sein.

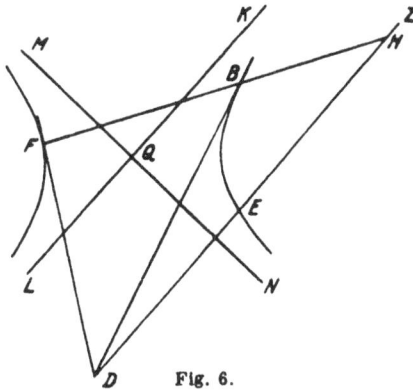

Fig. 6.

§ 8.

Unter sonst gleichen Voraussetzungen liege der Punkt D auf einer Asymptote, das übrige sei dem früher Gesagten entsprechend.

Ich behaupte, daß, wenn ich den Endpunkt der Verlängerung mit dem Berührungspunkt der Tangente verbinde, diese Verbindungslinie der Asymptote, auf der D liegt, parallel ist.

Es seien die angegebenen Voraussetzungen erfüllt und DE sei gleich EZ (Fig. 7). Durch B werde die Parallele zu MN gezogen. Wenn es möglich ist, schneide sie DE in H. Dann wäre (II, § 34) $DE = EH$. Dies ist unmöglich. Denn nach der Voraussetzung ist $DE = EZ$.

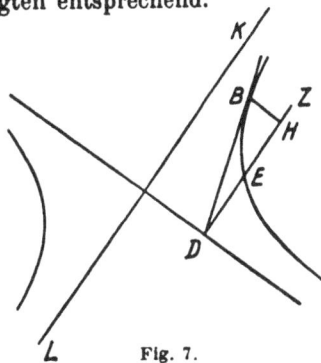

Fig. 7.

§ 9.

Wenn von einem Punkte zwei Sekanten durch einen Kegelschnitt oder einen Kreis gehen, deren jede in zwei Punkten schneidet, und wenn sich die ganzen Sekanten zu den äußeren Abschnitten verhalten wie gewisse innere Abschnitte, und zwar so, daß homologe Glieder der Proportion einen Endpunkt gemeinsam haben, so schneidet die Verbindungslinie der inneren Teilpunkte die Kurve in zwei Punkten. Die Verbindungslinie jeder dieser Punkte mit dem Punkte außerhalb der Kurve berührt die Kurve.

Es sei nämlich AB eine der genannten Kurven (Fig. 8). Von einem Punkte D aus seien die Sekanten DFE und DHZ gezogen. Es sei

$$DE : DF = EL : FL$$
$$\text{und } DZ : DH = ZK : KH.$$

Ich behaupte, daß die Verbindungslinie KL nach beiden Seiten hin die Kurve schneidet, und daß die Verbindungslinie der Schnittpunkte mit D die Kurve berühren.

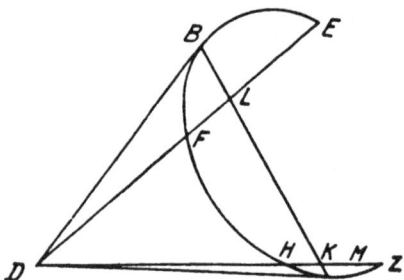

Fig. 8.

Da nämlich sowohl ED als auch ZD die Kurve in zwei Punkten schneidet, so ist es möglich, von D aus einen Durchmesser zu ziehen. Daher ist es auch möglich, nach beiden Seiten hin Tangenten zu konstruieren. Es seien die Tangenten DB und DA gezogen, sowie die Verbindungslinie BA. Wenn es möglich ist, so gehe sie nicht durch beide Punkte L und K, sondern entweder nur durch einen von beiden Punkten oder durch keinen der beiden Punkte.

Es gehe BA zunächst durch einen Punkt L und schneide ZH in M. Dann ist (III, § 37)

$$ZD : DH = ZM : MH.$$

Das ist aber widersinnig, denn nach der Voraussetzung ist ja

$$ZD : DH = ZK : KH.$$

Wenn aber BA weder durch L noch durch K geht, dann geschieht sogar auf beiden Sekanten das Widersinnige.

§ 10.

Die angegebenen Sätze gelten allgemein. Für die Hyperbel allein aber ist noch das Folgende zu bemerken: Wenn die getroffenen Voraussetzungen erfüllt sind und der von der einen Sehne abgeschnittene Bogen den von der anderen Sehne abgeschnittenen Bogen umfaßt, und wenn der Punkt D innerhalb des die Hyperbel umfassenden Asymptotenwinkels liegt, dann ist die Sachlage genau so, wie wir sie erörterten, und wie es auch in § 2 dargetan wurde.

§ 11.

Wenn unter im übrigen gleichen Voraussetzungen der von der einen Sekante abgeschnittene Bogen außerhalb des von der anderen Sekante abgeschnittenen Bogens liegt, dann wird der Punkt D innerhalb des die Hyperbel einschließenden Asymptotenwinkels liegen und die Figur und der Beweis entspricht dem § 9.[1])

§ 12.

Wenn unter sonst gleichen Voraussetzungen der von der einen Sekante abgeschnittene Bogen den von der anderen Sekante abgeschnittenen
Bogen umfaßt und der gewählte Punkt innerhalb des Nebenwinkels des
die Hyperbel einschließenden Asymptotenwinkels liegt, so wird die Gerade, die die inneren Teilpunkte der Sehnen miteinander verbindet,
auch die zugehörige Hyperbel
schneiden und die Verbindungslinien der Schnittpunkte mit
dem Punkt D werden die Hyperbeln berühren.

Es sei EH eine Hyperbel
(Fig. 9). NQ und OR seien die
Asymptoten, P sei der Mittelpunkt. Der Punkt D liege innerhalb des Nebenwinkels des die
Hyperbel einschließenden Asymptotenwinkels. Es seien die Sekanten DE und DZ gezogen,
deren jede die Hyperbel in zwei
Punkten schneide. Es sei der
Bogen EF ganz vom Bogen HZ
umschlossen. Es sei

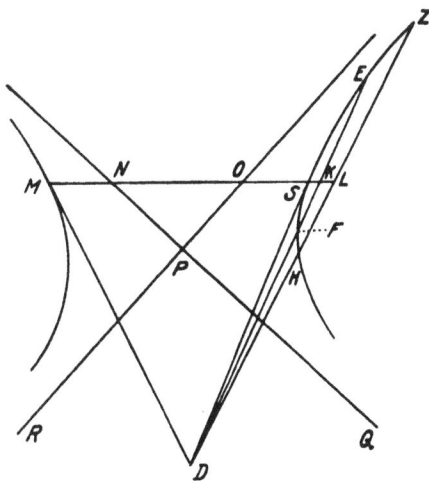

$$ED : DF = EK : KF$$
$$\text{und } ZD : DH = ZL : LH.$$

Fig. 9.

Es ist zu beweisen, daß KL die Kurve EZ und die zugehörige Hyperbel
schneidet und daß die Verbindungslinien der Schnittpunkte mit D die
Hyperbeln berühren.

Die zugehörige Hyperbel sei M. Von D aus seien die Tangenten DM
und DS gezogen. Es werde M mit S verbunden. MS gehe, wenn es möglich ist, nicht durch K und L, sondern entweder nur durch einen oder
durch keinen dieser Punkte.

Es gehe MS zunächst zwar durch K, schneide aber ZH in X. Demnach ist (III, § 37)

$$ZD : DH = XZ : XH.$$

Dies ist aber widersinnig. Denn der Voraussetzung nach war

$$ZD : DH = LZ : LH.$$

Wenn aber MS weder durch K noch durch L ginge, dann würde sich
bei jeder Sekante der Widersinn ergeben.

190

§ 13.

Wenn unter sonst gleichen Voraussetzungen der Punkt D auf einer der Asymptoten liegt, so wird die durch die Teilpunkte gehende Gerade derjenigen Asymptote, auf der der Punkt D liegt, parallel sein. Die verlängerte Verbindungslinie wird die Hyperbel schneiden und die Verbindungslinie dieses Schnittpunktes mit dem Punkte D wird die Hyperbel berühren.

Der Punkt D liege auf einer der Asymptoten (Fig. 10). Es seien die Sekanten gezogen. Die Kurvensehnen seien in der angegebenen Weise geteilt, und von D aus werde die Tangente DB gezogen. Ich behaupte, daß die durch B zu RO gezogene Parallele durch K und L geht.

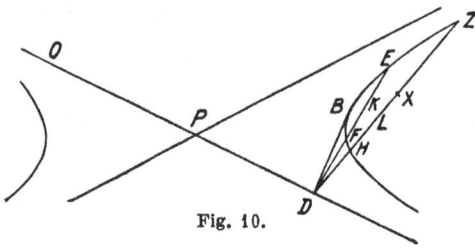
Fig. 10.

Wenn es nämlich nicht der Fall wäre, so wird die Gerade entweder nur durch einen dieser Punkte oder durch keinen gehen.

Die Gerade gehe zunächst nur durch K. Dann ist (III, § 35)

$$ZD : DH = ZX : XH.$$

Dies ist aber widersinnig. Es ist also nicht möglich, daß die Parallele durch B zu RO nur durch K geht. Sie geht also durch beide Punkte.

§ 14.

Wenn unter sonst gleichen Umständen der Punkt D auf einer Asymptote liegt und DE die Kurve in zwei Punkten schneidet, DH aber nur in einem Punkte H schneidet und der anderen Asymptote parallel ist, und wenn (Fig. 11)

$$DE : DF = EK : KF$$

und

$$DH = HL$$

ist, so wird die Gerade LK der Asymptote parallel sein und die Hyperbel schneiden. Die Verbindungslinie dieses Schnittpunktes mit D wird die Hyperbel berühren.

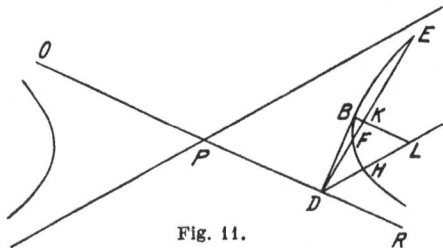
Fig. 11.

Wenn man nämlich in gleicher Weise wie früher die Tangente DB konstruiert, so wird, wie ich behaupte, die durch B zu RO gelegte Parallele durch die Punkte K und L gehen.

Wenn sie nämlich durch K allein ginge, so könnte nicht (III, § 34) $DH = HL$ sein, was widersinnig ist. Wenn sie aber nur durch L ginge, so könnte nicht (III, § 35) $ED : DF : EK : KF$ sein. Wenn sie aber durch keinen dieser Punkte ginge, so würden beide widersinnigen Folgen eintreten. Die Parallele muß also sowohl durch K als auch durch L gehen.

§ 15.

Wenn von einem Punkte, der zwischen zwei zugehörigen Hyperbeln gelegen ist, eine Tangente an die eine Hyperbel geht und eine Gerade, die beide Hyperbeln schneidet, und die Strecke, die auf deren Geraden zwischen den Hyperbeln liegt, außen nach demselben Verhältnis geteilt wird, nach dem sie innen durch jenen Punkt geteilt wird, so wird die Verbindungslinie dieses Teilpunktes mit dem Berührungspunkt der Tangente die Kurve schneiden. Die Verbindungslinie des so erhaltenen Schnittpunktes mit dem anfänglich gewählten Punkt berührt die Hyperbel.

Es seien nämlich A und B zugehörige Hyperbeln (Fig. 12). Es werde zwischen den Hyperbeln ein Punkt D gewählt, der innerhalb des Asymptotenwinkels liegt, der die eine Hyperbel einschließt. Von D aus

Fig. 12.

werde die Tangente DZ gezogen und die Gerade ADB, die beide Hyperbeln schneidet. Es sei

$$AD : DB = AC : CB.$$

Es ist zu beweisen, daß ZC die Kurve schneidet, und daß die Verbindungslinie des so erhaltenen Schnittpunktes mit D die Hyperbel berührt.

Da nämlich der Punkt D innerhalb des Asymptotenwinkels liegt, der die Hyperbel umschließt, so ist es möglich (II, § 49), von D aus eine zweite Tangente an die Hyperbel zu legen. Es werde diese Tangente DE gezogen und E mit Z verbunden. EZ möge, wenn dies möglich ist, nicht durch C gehen, sondern durch H. Dann ist (III, § 37)[2])

$$AD : DB = AH : HB.$$

Dies ist aber unmöglich. Denn es ist der Voraussetzung nach

$$AD : DB = AC : CB.$$

§ 16.

Unter im übrigen gleichen Voraussetzungen liege der Punkt D innerhalb des Nebenwinkels des die Hyperbel einschließenden Asymptotenwinkels.

Ich behaupte, daß die Verlängerung der Geraden CZ die zugehörige Hyperbel schneidet, und daß die Verbindungslinie dieses Schnittpunktes mit D die zugehörige Hyperbel berührt.

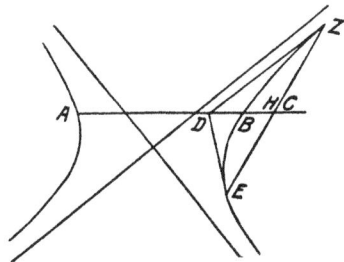

Es liege im übrigen die gleiche Figur wie vorher vor, nur liege der Punkt D im Nebenwinkel des die Hyperbel einschließenden Asymptotenwinkels (Fig. 13). Es werde durch D die Tangente DE an die Hyperbel A gelegt, und es werde E mit Z verbunden. Es werde EZ verlängert. EZ gehe, wenn dies möglich ist, nicht durch C, sondern durch H. Dann ist (III, § 39)

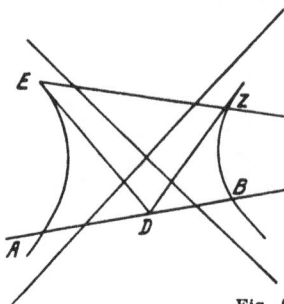

$$AH : HB = AD : DB.$$

Das ist aber unmöglich, denn es ist

$$AD : DB = AC : CB.$$

Fig. 13.

§ 17.

Unter sonst gleichen Voraussetzungen liege der Punkt D auf einer der Asymptoten.

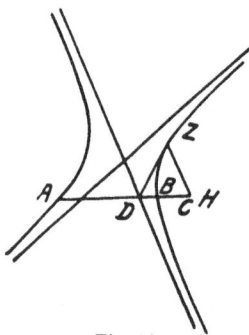

Ich behaupte, daß die Verbindungslinie CZ der Asymptote parallel ist, auf der der Punkt D liegt.

Es liege im übrigen die gleiche Figur wie vorher vor, nur liege der Punkt D auf einer Asymptote (Fig. 14). Es werde durch Z die Parallele gezogen, die, wenn möglich, AB nicht in C, sondern in H schneide. Dann ist (III, § 36)

$$AD : DB = AH : HB.$$

Das ist unmöglich. Die Parallele durch Z zur Asymptote geht also durch C.

Fig. 14.

§ 18.

Wenn ein Punkt zwischen zwei zugehörigen Hyperbeln gewählt wird und durch ihn werden zwei Gerade gezogen, deren jede beide Hyperbeln schneidet, und es werden die zwischen den Hyperbeln liegenden Strecken außen nach demselben Verhältnis geteilt, nach dem sie innen durch den gewählten Punkt geteilt werden, so schneidet die Verbindungslinie dieser äußeren Teilpunkte die Hyperbeln. Wenn man diese Schnittpunkte mit dem gewählten Punkt verbindet, so berühren die Verbindungslinien die Hyperbeln.

Es seien A und B zugehörige Hyperbeln (Fig. 15). D sei ein Punkt zwischen den Hyperbeln. Er liege zunächst innerhalb des die Hyperbel einschließenden Asymptotenwinkels. Durch D seien die Geraden ADB,

CDF gezogen. Es ist also AD größer als DB und CD größer als DF, weil ja $BN = AM$ ist (II, § 16). Es möge sein

$$AD : DB = AK : KB$$
$$\text{und } CD : DF = CH : HF.$$

Ich behaupte, daß KH die Hyperbel schneidet und daß die Verbindungslinien der Schnittpunkte mit D die Hyperbel berühren.

Da nämlich der Punkt D innerhalb des die Hyperbel einschließenden Asymptotenwinkels liegt, so kann man von D aus zwei Tangenten an die Hyperbel legen (II, § 49). Es seien die Tangenten DE und DZ gezogen. Es sei ferner E mit Z verbunden. Es wird dann EZ durch die Punkte K und H gehen. Denn wenn EZ nur durch einen dieser Punkte ginge, so würde die andere Gerade in einem anderen Punkte im gleichen Verhältnis geteilt werden (III, § 37). Dies ist unmöglich.

Fig. 15.

Wenn EZ aber durch keinen der Punkte K und H ginge, so würde sich auf beiden Geraden das Unmögliche ereignen.

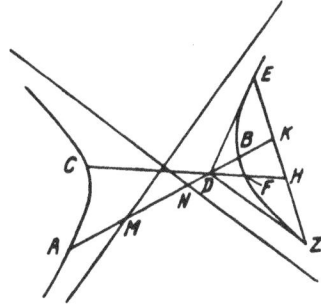

§ 19.

Es sei nunmehr der Punkt D innerhalb des Nebenwinkels des die Hyperbel einschließenden Asymptotenwinkels gewählt. Es seien durch ihn

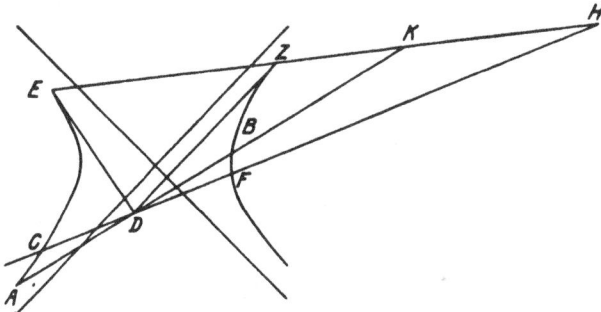

Fig. 16.

die Geraden gezogen, die die beiden Hyperbeln schneiden, und sie seien in der genannten Weise geteilt.

Ich behaupte (Fig. 16), daß die Verlängerung von KH die beiden zugehörigen Hyperbeln schneidet, und daß die Verbindungslinien dieser Schnittpunkte mit D die Hyperbeln berühren.

Man ziehe nämlich von D aus die Tangenten an die beiden Hyperbeln, DE und DZ. Dann wird also die Verbindungslinie EZ durch K und H gehen. Wenn sie es nämlich nicht täte, so würde sie entweder nur durch den einen der beiden Punkte oder durch keinen der beiden Punkte gehen. In jedem Falle würden wir (III, § 39) zu einem Widerspruch gelangen.

<h2 style="text-align:center">§ 20.</h2>

Wenn aber der gewählte Punkt auf einer der beiden Asymptoten liegt, im übrigen aber dieselben Voraussetzungen erfüllt sind, so wird die Verbindungslinie der Teilpunkte der Asymptote, auf der der gewählte Punkt liegt, parallel sein und die Verbindungslinie des Schnittpunktes dieser Parallelen und der Hyperbel mit dem gewählten Punkte wird die Hyperbel berühren.

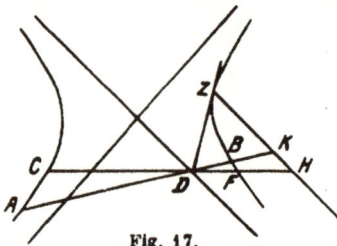

Fig. 17.

Es seien A, B zugehörige Hyperbeln (Fig. 17). Der Punkt D liege auf einer Asymptote. Im übrigen seien die gleichen Konstruktionen ausgeführt wie früher. Ich behaupte, daß die Gerade KH die Hyperbel schneidet, und daß die Verbindungslinie dieses Schnittpunktes mit D die Hyperbel berührt.

Man ziehe nämlich durch D die Tangente DZ. Durch Z ziehe man die Parallele zu der Asymptote, auf der D liegt. Sie wird durch K und H gehen. Wenn dies nämlich nicht der Fall wäre, so würde sie entweder nur durch den einen der beiden Punkte oder durch gar keinen gehen. In jedem Falle würden wir (III, § 36) zu einem Widerspruch gelangen.

<h2 style="text-align:center">§ 21.</h2>

Es seien A, B wiederum zwei zugehörige Hyperbeln (Fig. 18). Der Punkt D liege auf einer Asymptote. Die Gerade DBK möge der anderen Asymptote parallel sein und die Hyperbel nur in einem Punkte schneiden. Die Gerade CDF möge beide Hyperbeln schneiden. Es möge sein

$$CD : DF = CH : HF$$
$$\text{und } DB = BK.$$

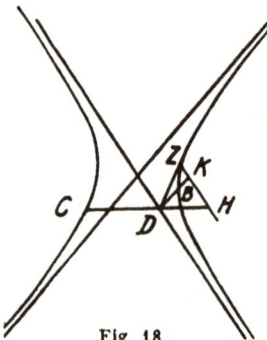

Fig. 18.

Ich behaupte, daß die Gerade KH die Hyperbel schneidet und der Asymptote parallel ist, auf der der Punkt D liegt, und daß die Verbindungslinie des Schnittpunktes dieser Geraden und der Hyperbel mit D die Hyperbel berührt.

Man ziehe nämlich die Tangente DZ. Durch Z ziehe man parallel zur Asymptote, auf der D liegt, eine Gerade. Sie geht durch K und H. Wenn sie es nämlich nicht täte, so würden wir (III, § 36) zu einem Widerspruch gelangen.

§ 22.

Es seien in gleicher Weise zugehörige Hyperbeln mit ihren Asymptoten gegeben. Der Punkt D (Fig. 19) liege innerhalb des Nebenwinkels des die Hyperbel einschließenden Asymptotenwinkels. Die Gerade CDF schneide die Hyperbeln, DB sei parallel der einen Asymptote gezogen, und es sei

$$CD : DF = CH : HF$$
$$\text{und } DB = BK.$$

Ich behaupte, daß KH beide Hyperbeln schneidet und daß die Verbindungslinien der Schnittpunkte mit D die Hyperbeln berühren.

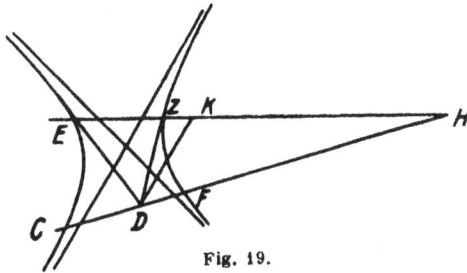

Fig. 19.

Man ziehe die Tangenten DE und DZ und verbinde E mit Z. Es gehe EZ, wenn dies möglich ist, nicht durch K und H, sondern entweder nur durch den einen von beiden Punkten oder durch keinen von ihnen. Wenn EZ nur durch H allein geht, so ist (III, § 31) nicht $DB = BK$, was widersinnig ist. Wenn aber EZ durch K allein geht und nicht durch H, so ist nicht (III, § 39) $CD : DF = CH : HF$. Wenn aber EZ weder durch K noch durch H geht, so würden sich sogar beide Widersprüche ergeben.

§ 23.

Es seien A und B zugehörige Hyperbeln (Fig. 20). Der Punkt D liege innerhalb des Nebenwinkels des die Hyperbeln einschließenden Asymptotenwinkels. BD verlaufe der einen Asymptote parallel und schneide daher die Hyperbel nur in einem Punkte B. Entsprechend verlaufe DA der anderen Asymptote parallel und schneide somit die andere Hyperbel nur in einem Punkte. Es sei $DB = BH$ und $DH = HK$.

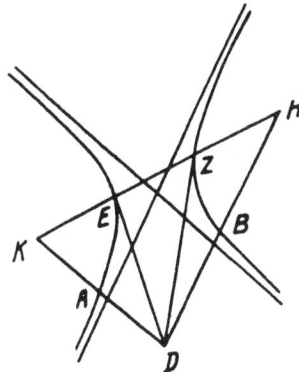

Fig. 20.

Ich behaupte, daß die Gerade KH die Hyperbeln schneidet, und daß die Verbindungslinien der Schnittpunkte mit D die Hyperbeln berühren.

Man ziehe nämlich die Tangenten *DE* und *DZ* und ziehe *EZ*. Wenn es möglich ist, so gehe *EZ* nicht durch *K* und *H*. Dann geht *EZ* entweder nur durch einen der Punkte *K*, *H* oder durch keinen von ihnen, und somit ist entweder *DA* nicht gleich *AK*, was unmöglich ist (III, § 31), oder es ist *DB* nicht gleich *BH*, oder es tritt beides ein. Alles dies ist unmöglich. Es geht also *EZ* durch *K* und *H*.

§ 24.

Ein Kegelschnitt und ein Kreis treffen einander nie so, daß ein Teil ihrer Peripherie gemeinsam ist, ein anderer Teil nicht.

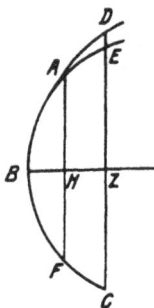

Fig. 21.

Wenn es nämlich möglich wäre, so treffe der Kegelschnitt *DABC* den Kreis *EABC* (Fig. 21), und es sei der Bogen *ABC* gemeinsam, die Bögen *AD* und *AE* seien jedoch nicht gemeinsam. Es werde dann auf der gemeinsamen Peripherie der Punkt *F* angenommen und *F* mit *A* verbunden. Durch einen beliebigen Punkt *E* werde *DEC* parallel *AF* gezogen. Es werde *AF* in *H* halbiert, und es werde durch *H* der Durchmesser *BHZ* gezogen. Dann wird die durch *B* zu *AF* gezogene Parallele beide Kurven berühren (I, § 32) und parallel *DEC* sein. Und es ist in der einen Kurve (I, § 46, § 47) *DZ = ZC*, in der anderen *EZ = ZC*. Daher wäre *DZ = EZ*. Dies ist aber unmöglich.

§ 25.

Ein Kegelschnitt schneidet einen Kegelschnitt oder einen Kreis in nicht mehr als 4 Punkten.

Wenn es nämlich möglich ist, so seien fünf Schnittpunkte *ABCDE* vorhanden (Fig. 22). Es mögen diese fünf Schnittpunkte aufeinander folgen, so daß zwischen ihnen weitere Schnittpunkte nicht liegen. Es sei *AB* und *CD* gezogen und verlängert. Diese beiden Geraden werden sich nun bei der Parabel und Hyperbel außerhalb der Kurve schneiden. Sie mögen einander in *L* schneiden. Die Punkte *O* und *R* seien so gewählt, daß

$$AL : LB = AO : OB \text{ und}$$
$$DL : LC = DR : RC \text{ ist.}$$

Dann schneidet die Gerade *RO* auf beiden Seiten die Kurve (IV, § 9), und die Verbindungslinien der Schnittpunkte mit *L* berühren die Kurven. Die Schnittpunkte seien *F* und *P*. Es werde *L* mit *F* und *P* verbunden. Diese Geraden sind also Tangenten. *EL* schneidet demnach beide Kurven und zwar, da ja zwischen *B* und *C* keine gemeinsamen

Punkte der Kurve vorhanden sein sollten, in zwei Punkten M und N. Dann ist in Hinsicht auf die eine Kurve (III, § 37)

$$EL : LH = EN : NH.$$

In Hinsicht auf die andere Kurve aber folgt

$$EL : LM = EN : NM.$$

Das ist aber unmöglich, daher auch unsere ursprüngliche Annahme.

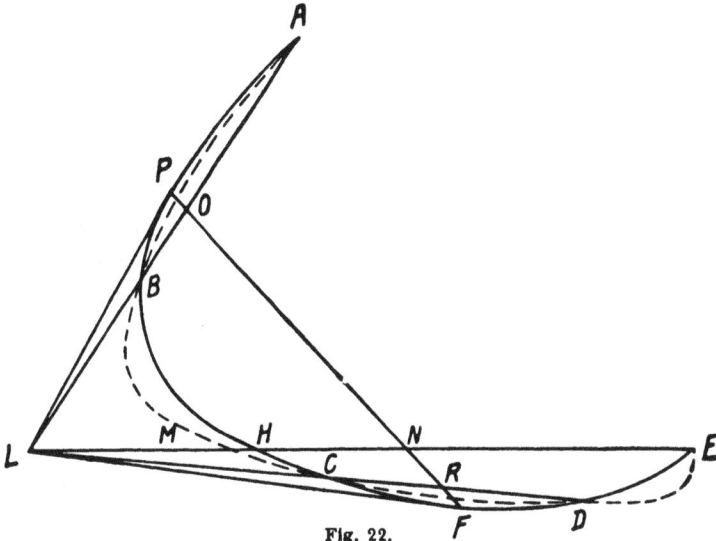

Fig. 22.

Wenn aber AB parallel DC ist, so handelt es sich um Kreise oder Ellipsen. Man halbiere (Fig. 23) AB und CD in O und R. Man verbinde O mit R und verlängere OR nach beiden Seiten. Dann wird OR die Kurven treffen. Die Schnittpunkte seien F und P. Dann ist FP Durchmesser der Kurven und AB und CD sind geordnet zu diesem Durchmesser gezogen. Es werde nun durch E parallel zu AB und CD die Gerade $ENMH$ gezogen. Es wird also EMH die Gerade FP und beide Kurven in verschiedenen Punkten schneiden, weil ja zwischen den Punkten $ABCD$ kein weiterer gemeinsamer Punkt der Kurven liegt. Daher ist in Rücksicht auf die eine Kurve

$$NM = EN,$$

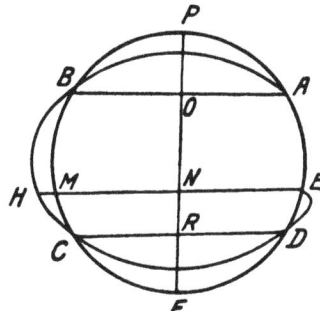

Fig. 23.

in Rücksicht auf die andere Kurve ist
$$EN = NH.$$
Daher ist $\qquad NM = NH.$

Aber dies ist unmöglich.

§ 26.

Wenn zwei Kegelschnitte oder Kreise einander in einem Punkte berühren, so haben sie miteinander nicht mehr als zwei Punkte gemeinsam.

Die beiden Kurven mögen einander in dem
Punkte A berühren (Fig. 24). Ich behaupte, daß
die Kurven außerdem nicht mehr als zwei Punkte
miteinander gemeinsam haben.

Wenn es nämlich möglich wäre, so mögen
die Punkte BCD gemeinsame Punkte sein, und
zwar seien es die aufeinander folgende Schnittpunkte, so daß also kein weiterer Schnittpunkt
zwischen ihnen liegt. Es werde B mit C verbunden. BC werde verlängert. In A werde die
gemeinsame Tangente der beiden Kurven konstruiert. Sie schneide CB in L. Es werde R so gewählt, daß
$$CL : LB = LR : RB$$
ist. Es werde AR gezogen und verlängert. AR
wird beide Kurven schneiden, und die Verbindungslinien der Schnittpunkte mit L werden die
Kurven berühren (IV, § 1). Es möge AR die
Kurven in F und P schneiden, und es werde L
mit F und P verbunden. LF und LP sind
dann also Tangenten an die Kurven. DL schneidet also beide Kurven,
und es ergibt sich der gleiche Widerspruch wie in § 25. Es haben die
Kurven also außer dem Berührungspunkte nicht mehr als zwei Punkte
miteinander gemeinsam.

Fig. 24.

Wenn aber, wie dies beim Kreise oder bei der Ellipse vorkommen
kann, CB und AL einander parallel sind, so können wir entsprechend
§ 25 den Beweis führen, indem wir zeigen, daß AF ein Durchmesser
sein muß.

§ 27.

Wenn zwei der in Rede stehenden Kurven einander in zwei Punkten
berühren, so haben sie keinen weiteren Punkt miteinander gemeinsam.

Es mögen einander zwei der genannten Kurven in den Punkten A
und B berühren (Fig. 25). Ich behaupte, daß sie keinen weiteren Punkt
miteinander gemeinsam haben.

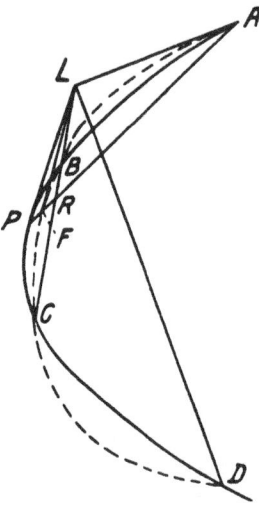

Wenn es nämlich möglich ist, so mögen sie den Punkt C miteinander gemeinsam haben. Es liege zunächst C außerhalb des Bogens, der
A mit B verbindet. Es seien in A und B die Tangenten konstruiert.
Diese werden also beide Kurven berühren. Sie mögen einander in L
schneiden, wie dies in Fig. 25 dar-
gestellt ist. Es werde C mit L verbunden. CL wird beide Kurven schneiden. Die Schnittpunkte seien H
und M. Es werde ANB gezogen.
Dann ist in Rücksicht auf die eine
Kurve (III, § 37)

$$CL : LH = CN : NH$$

und in Rücksicht auf die andere Kurve

$$CL : LM = CN : NM.$$

Das ist unmöglich.

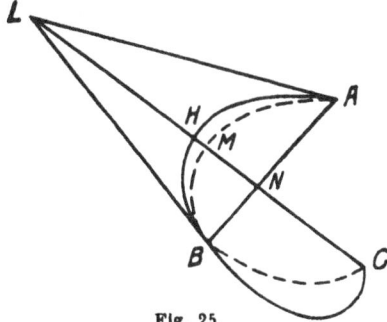

Fig. 25.

§ 28.

Wenn aber CH den Tangenten in A und B parallel ist, wie dies im
Falle der Ellipse (Fig. 26) vorkommen kann, so können wir schließen,
daß AB ein Durchmesser ist (II, § 27). Es muß daher sowohl CH als
auch CM in N halbiert werden. Das ist unmöglich. Also können die Kurven nur die Punkte A und B miteinander gemeinsam haben.

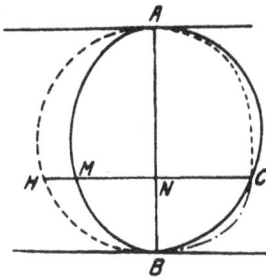

Fig. 26.

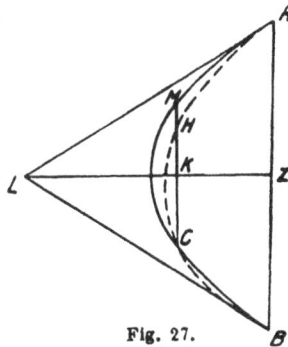

Fig. 27.

§ 29.

Es liege nun C zwischen den Berührungspunkten, wie dies in Fig. 27
gekennzeichnet ist.

Dann ist klar, daß die Kurven einander nicht in C berühren können.
Denn es war vorausgesetzt worden, daß die Kurven einander nur in zwei
Punkten berühren[3]). Sie mögen einander also in C schneiden. Es seien

in A und B die Tangenten AL und BL konstruiert. Es werde A mit B verbunden, und es werde AB in Z halbiert. Dann ist LZ ein Durchmesser (II, § 29). Durch C kann AZ nicht gehen. Denn sonst müßte die durch C zu AE gezogene Parallele beide Kurven berühren (II, § 5, § 6). Dies ist aber unmöglich. Es werde nun durch C die Parallele zu AB gezogen, $CKHM$. Dann wird in Rücksicht auf die eine Kurve $CK = KH$, in Rücksicht auf die andere Kurve $KM = KC$ sein. Daher wäre $KM = KH$. Das ist unmöglich.

In ähnlicher Weise werden wir den Beweis, entsprechend § 28, führen, wenn die Tangenten in A und B parallel sind. Auch dann wird ein Widerspruch konstruiert werden können.

<h2 style="text-align:center">§ 30.</h2>

Eine Parabel kann eine andere Parabel nicht in mehr als einem Punkte berühren.

Wenn es nämlich möglich wäre, so mögen die Parabeln AHB und AMB (Fig. 28) einander in A und B berühren.

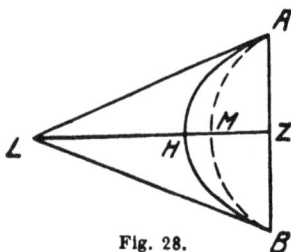

Fig. 28.

Es mögen dann die Tangenten AL und BL gezogen werden. Jede dieser Tangenten berührt also beide Parabeln. Die Tangenten mögen einander in L schneiden.

Man verbinde A mit B und halbiere AB in Z. Man verbinde L mit Z. Da nun die zwei Kurven AHB und AMB einander in A und B berühren, so haben sie (IV, § 27—29) keinen anderen Punkt miteinander gemeinsam. Daher schneidet LZ beide Kurven in verschiedenen Punkten. Die Schnittpunkte seien H und M. In Rücksicht auf die eine Kurve ist nun (I, § 35) $LH = HZ$, in Rücksicht auf die andere Kurve aber $LM = MZ$. Dies ist aber unmöglich. Eine Parabel kann also eine andere nicht in mehr als einem Punkte berühren.

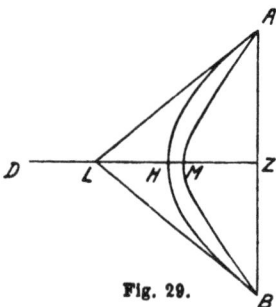

Fig. 29.

<h2 style="text-align:center">§ 31.</h2>

Eine Parabel kann eine Hyperbel nicht in zwei Punkten berühren, falls der zwischen den Berührungspunkten liegende Parabelbogen außerhalb der Hyperbel fällt.

Es sei AHB eine Parabel, AMB eine Hyperbel (Fig. 29). Wenn es möglich ist, mögen die Kurven einander in A und B berühren. Es seien die gemeinsamen Tangenten in A und B konstruiert. Sie mögen einander in L schneiden. Es sei AB gezogen und in Z halbiert. Z werde mit L verbunden.

Da nun die Kurven AHB und AMB einander in A und B berühren, so haben sie keinen weiteren Punkt miteinander gemeinsam. Die Gerade LZ schneidet also die Kurven in zwei verschiedenen Punkten. Die Punkte seien H und M. Es werde ZL verlängert, die Verlängerung geht dann durch den Mittelpunkt der Hyperbel (II, § 29); dieser sei D. Aus den Eigenschaften der Hyperbel (I, § 37) folgt dann, daß

$$ZD : DM = DM : DL = (ZD - DM) : (DM - DL) = ZM : LM.$$

Nun ist ZD größer als DM, daher ist auch ZM größer als LM. Aus den Eigenschaften der Parabel (I, § 35) folgt also $ZH = HL$. Das ist aber unmöglich.

§ 32.

Eine innerhalb einer Ellipse oder eines Kreises fallende Parabel berührt die Ellipse oder den Kreis nicht in zwei Punkten.

Es sei nämlich AHB eine Ellipse oder ein Kreis, AMB eine Parabel (Fig. 30). Wenn es möglich ist, so mögen die Kurven einander in den beiden Punkten A und B berühren. Man konstruiere die Tangenten in A und B. Sie mögen einander in L schneiden. Der Mittelpunkt Z von AB sei mit L verbunden. LZ wird dann die beiden Kurven in verschiedenen Punkten schneiden (IV, § 27—29). Die Schnittpunkte seien H und M. Man verlängere LZ bis zum Mittelpunkt der Ellipse oder des Kreises D (II, § 29). Dann

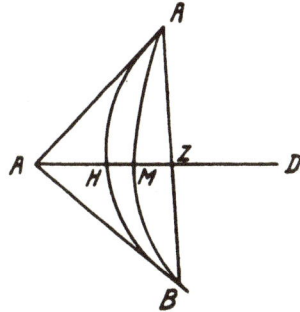

Fig. 30.

ist, wie aus den Eigenschaften der Ellipse bzw. des Kreises folgt (I, § 37),

$$LD : DH = DH : DZ = (LD - DH) : (DH - DZ) = LH : ZH.$$

Es ist nun aber LD größer als DH, daher auch LH größer als ZH. Auf Grund der Parabeleigenschaften (I, § 35) ist aber $LM = MZ$. Das ist unmöglich.

§ 33.

Zwei konzentrische Hyperbeln berühren einander nicht in zwei Punkten.

Es mögen nämlich, wenn es möglich ist, die beiden konzentrischen Hyperbeln AHB und AMB einander in den beiden Punkten A und B berühren (Fig. 31). Man konstruiere alsdann die Tangenten AL und BL und ziehe DL. Es werde A mit B verbunden. DZ halbiert also AB (II, § 30) in Z. DZ wird die Kurven in den

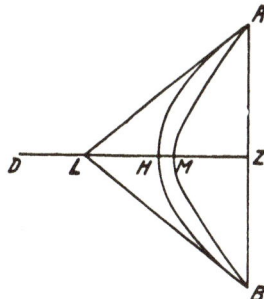

Fig. 31

Punkten H und M schneiden. In Rücksicht auf die Hyperbel AHB folgt dann (I, § 37)
$$ZD \cdot DL = DH^2.$$

In Rücksicht auf die Hyperbel AMB folgt ebenso
$$ZD \cdot DL = DM^2.$$

Also wäre $DH = DM$, was unmöglich ist.

§ 34.

Wenn eine Ellipse eine konzentrische Ellipse oder einen konzentrischen Kreis in zwei Punkten berührt, so geht die Verbindungslinie der Berührungspunkte durch den Mittelpunkt.

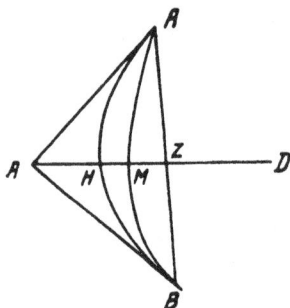

Fig. 32.

Die genannten Kurven mögen einander in den Punkten A und B berühren (Fig. 32). Es werde A mit B verbunden. Durch A und B seien die Tangenten gelegt. Wenn es möglich ist, so mögen sie einander in L schneiden. AB werde in Z halbiert und Z mit L verbunden. Dann ist also LZ ein Durchmesser der Kurven (II, § 29).

Es sei D, wenn dies möglich ist, der Mittelpunkt der Kurven. Dann ist in Rücksicht auf die Kurves AMB (I, § 37)
$$LD \cdot DZ = DH^2.$$

In Rücksicht auf die Kurve AHB folgt ebenso
$$LD \cdot DZ = DM^2.$$

Es wäre also
$$DH^2 = DM^2.$$

Dies aber ist unmöglich. Es können also die Tangenten in A und B einander nicht schneiden. Sie sind also parallel. Deshalb ist AB ein Durchmesser (II, § 27). Daher geht AB durch den Mittelpunkt, was zu beweisen war.

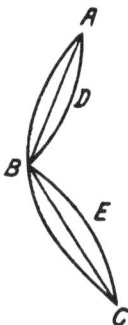

Fig. 33.

§ 35.

Ein Kegelschnitt oder Kreis schneidet einen anderen Kegelschnitt oder Kreis, der nicht nach derselben Seite hin konvex ist, in nicht mehr als zwei Punkten.

Wenn es nämlich möglich ist, so schneide der Kegelschnitt oder Kreis ABC den Kegelschnitt oder Kreis $ADBEC$ in mehr als zwei Punkten, und dabei seien die Kurven nicht nach derselben Seite hin konvex (Fig. 33).

Da nun auf der Kurve ABC drei Punkte ABC liegen, so

ist der Winkel ABC nach derselben Seite hin konkav, nach der auch die Kurve ABC konkav ist. Aus demselben Grunde aber ist der Winkel ABC auch konkav nach derselben Seite hin, nach der $ADBEC$ hohl ist. Also ist der Winkel nach derselben Seite hin sowohl konkav als auch konvex, was unmöglich ist.

§ 36.

Wenn ein Kegelschnitt oder ein Kreis eine von zwei zugehörigen Hyperbeln in zwei Punkten schneidet und die zwischen den Schnittpunkten gelegenen Kurvenbogen sind nach der gleichen Seite hin konkav, so schneidet die Verbindungslinie der Schnittpunkte die andere zugehörige Hyperbel nicht.

Es seien D und $AECZ$ die zugehörigen Hyperbeln (Fig. 34). ABZ sei ein Kegelschnitt oder Kreis, der die eine der beiden zugehörigen Hyperbeln in den Punkten A und Z schneidet. Die Kurven ABZ und ACZ seien nach der gleichen Seite hin konkav. Ich behaupte, daß die Gerade ABZ verlängert die Hyperbel D nicht schneidet.

Man verbinde nämlich A mit Z. Da nun D und ACZ zugehörige Hyperbeln sind und die Gerade AZ in zwei Punkten die Hyperbel schneidet, so schneidet sie die zugehörige Hyperbel nicht (II, § 33). Also kann auch der Kegelschnitt oder der Kreis ABZ die Hyperbel D nicht schneiden.

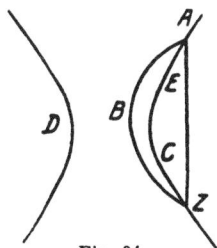

Fig. 34.

§ 37.

Wenn ein Kegelschnitt oder Kreis eine von zwei zugehörigen Hyperbeln schneidet oder berührt, so kann er die andere zugehörige Hyperbel in nicht mehr als zwei Punkten schneiden.

Es seien A, B zwei zugehörige Hyperbeln (Fig. 35). Es schneide der Kegelschnitt oder Kreis ABC die Hyperbel A in A und die Hyperbel B in B und C. Ich behaupte, daß er die Hyperbel B nicht in einem dritten Punkte schneidet.

Wenn es nämlich möglich ist, so schneide er die Hyperbel B auch noch in D. Dann schneidet also der Kegelschnitt BCD die Hyperbel B in mehr als zwei Punkten, während die Kurven doch nicht nach derselben Seite hin konkav sind. Das ist aber unmöglich (IV, § 35).

Fig. 35.

Dasselbe kann bewiesen werden, auch wenn die Kurve ABC die Hyperbel berührt.

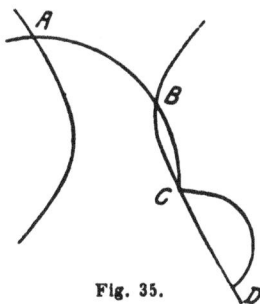

§ 38.

Ein Kegelschnitt oder Kreis schneidet zugehörige Hyperbeln in nicht mehr als vier Punkten.

Dies ist daraus ersichtlich, daß er (IV, § 37), wenn er die eine Hyperbel trifft, die andere in nicht mehr als zwei Punkten schneiden kann.

§ 39.

Wenn ein Kegelschnitt oder Kreis eine von zwei zugehörigen Hyperbeln berührt und wenn die beiden Kurven nach derselben Seite hin konvex sind, so schneidet der Kegelschnitt oder Kreis die zugehörige Hyperbel nicht.

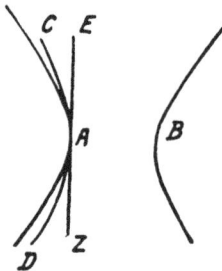

Es seien A, B zwei zugehörige Hyperbeln (Fig. 36). Der Kegelschnitt CAD berühre die Hyperbel A. Ich behaupte, daß CAD die Hyperbel B nicht schneidet.

Man konstruiere nämlich die Tangente in A, sie sei AEZ. Diese Gerade berührt beide Kurven in A. Sie wird daher die Hyperbel B nicht schneiden. Daher kann auch CAD nicht die Hyperbel B schneiden.

Fig. 36.

§ 40.

Wenn ein Kegelschnitt oder Kreis jede von zwei zugehörigen Hyperbeln in einem Punkte berührt, so hat er mit den Hyperbeln keinen weiteren Punkt gemeinsam.

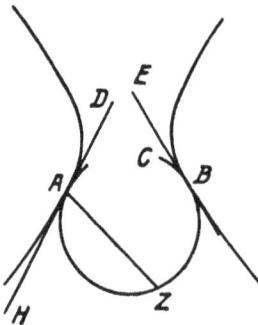

Es seien A, B zwei zugehörige Hyperbeln (Fig. 37). Ein Kegelschnitt oder Kreis berühre jede dieser Hyperbeln in A bzw. B. Ich behaupte, daß die Kurve ABC keinen weiteren Punkt mit den Hyperbeln gemeinsam hat.

Da nämlich die Kurve ABC die Hyperbel A berührt und mit B einen Punkt gemeinsam hat, so berührt sie die Hyperbel A nicht von der Hohlseite. In gleicher Weise läßt sich zeigen, daß die Kurve ABC auch die Hyperbel B nicht von der Hohlseite berührt. Man konstruiere nun in A und B die Hyperbeltangenten AD und BE. Diese werden auch die Kurve ABC berühren. Denn, wenn es möglich ist, so schneide die eine von ihnen, etwa AZ, die Kurve ABC. Dann würde zwischen die Tangente AZ und die Kurve A die Gerade AH fallen, was unmöglich ist (I, § 36). Die Geraden AD und BE berühren also auch die Kurve ABC. Daher ist es klar, daß ABC die zugehörigen Hyperbeln in keinem weiteren Punkte treffen kann.

Fig. 37.

§ 41.

Wenn eine Hyperbel eine von zwei zugehörigen Hyperbeln in zwei Punkten trifft, während die Kurven nach entgegengesetzten Seiten hin konvex sind, so werden die zu diesen Hyperbeln zugehörigen Hyperbeln keinen Punkt gemeinsam haben.

Es seien ABD und Z zugehörige Hyperbeln (Fig. 38). Die Hyperbel ABC schneide die Hyperbel ABD in A und B, während die Kurven nach entgegengesetzten Seiten hin konvex sind. Die zu ABC zugehörige Hyperbel sei E. Ich behaupte, daß E und Z keinen Punkt miteinander gemeinsam haben.

Man verbinde nämlich AB und verlängere AB bis H. Da nun die Gerade ABH die Hyperbel ABD schneidet, so

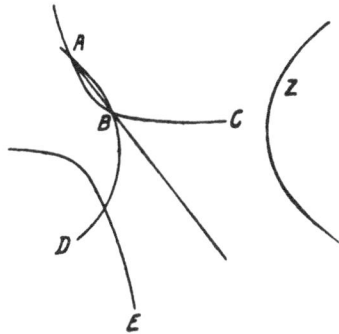

Fig. 38.

fällt sie nach beiden Seiten außerhalb der Hyperbel und schneidet die Hyperbel Z nicht (II, § 33). In gleicher Weise folgt aus der Betrachtung der Hyperbel ABC, daß die Gerade ABH auch die Hyperbel E nicht schneidet. Daher können auch die Hyperbeln E und Z keinen Punkt miteinander gemeinsam haben.

§ 42.

Wenn eine Hyperbel jede von zwei zugehörigen Hyperbeln schneidet, so kann die zu ihr gehörige Hyperbel mit keiner der beiden zugehörigen Hyperbeln zwei Punkte gemeinsam haben.

Es seien A, B zugehörige Hyperbeln (Fig. 39). Die Hyperbel ACB schneide jede der beiden Hyperbeln A, B. Ich behaupte, daß die zu ACB zugehörige Hyperbel keine der Hyperbeln A, B in zwei Punkten schneidet.

Wenn es nämlich möglich ist, so schneide die zu ACB zugehörige Hyperbel die Hyperbel A in den Punkten D und E. Man verbinde DE und verlängere die Verbindungslinie. In Hinsicht auf die Hyperbel DE folgt (II, § 33), daß die Gerade DE die Hyperbel AB nicht schneidet, in Rücksicht auf die Hyperbel DEA

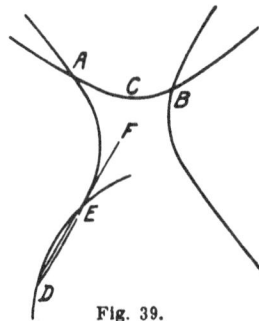

Fig. 39.

folgt, daß die Gerade DE die Hyperbel B nicht schneidet. Denn die Gerade DE durchzieht das Innere des Asymptotenwinkels und das Innere der beiden Nebenwinkel des Asymptotenwinkels, also nicht das Innere des Scheitelwinkels. Es ist aber unmöglich, daß die Gerade DE weder die

Hyperbel B und die Hyperbel AB schneidet. In gleicher Weise wird gezeigt werden, daß die Hyperbel, die zu ACB zugehörig ist, auch die Hyperbel B nicht in zwei Punkten schneidet.

Aus denselben Gründen ist es auch unmöglich, daß die zu AB zugehörige Hyperbel eine der bei den Hyperbeln A und B berührt. Denn wenn wir die Tangente FE ziehen, so berührt sie die beiden Hyperbeln. In Rücksicht auf die Hyperbel DE folgt, daß EF die Hyperbel AC nicht trifft (II, § 33). In Rücksicht auf die Hyperbel AE folgt, daß EF die Hyperbel B nicht trifft. Daher könnte auch die Hyperbel AC die Hyperbel B nicht treffen, was der Voraussetzung widerspricht.

§ 43.

Wenn eine Hyperbel jede von zwei zugehörigen Hyperbeln in zwei Punkten trifft und wenn sie nicht nach der gleichen Seite hin konvex ist, so hat die zu ihr zugehörige Hyperbel mit keiner der beiden zugehörigen Hyperbeln einen Punkt gemeinsam.

Es seien A, B zwei zugehörige Hyperbeln (Fig. 40). Die Hyperbel $CABD$ schneide jede der beiden Hyperbeln A, B in zwei Punkten, und zwar seien die Kurven nach entgegengesetzten Seiten hin konvex. Ich behaupte, daß die zu $CABD$ zugehörige Hyperbel EZ mit keiner der beiden Hyperbeln A, B einen Punkt gemeinsam hat.

Wenn es nämlich möglich ist, so schneide sie die Hyperbel A in E. Man verbinde C mit A, D mit B und verlängere die Verbindungslinien. Sie werden einander schneiden (II,

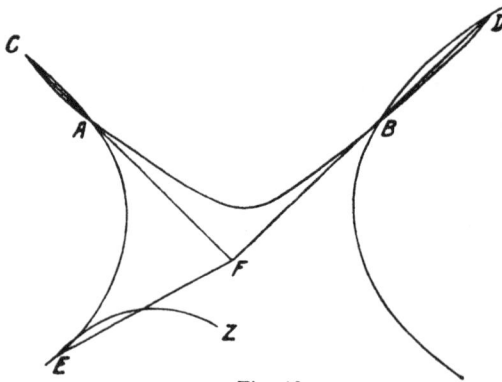

Fig. 40.

§ 25). Der Schnittpunkt sei F. Dann liegt F innerhalb des die Hyperbel $CABD$ einschließenden Asymptotenwinkels. Nun ist EZ die zu $CABD$ zugehörige Hyperbel. Daher muß EF in seiner Verlängerung über EF hinaus innerhalb des Winkels AFB fallen. Wenn anderseits die Hyperbel CAE betrachtet wird, so folgt, da CAF und EF einander schneiden und da der Punkt E nicht zwischen C und A liegt, daß der Punkt F innerhalb des die Hyperbel CAE einschließenden Asymptotenwinkels liegt.[4])

Es ist aber die Hyperbel DB die zu CAE zugehörige Hyperbel. Die Verbindungslinie BF fällt also in ihrer Verlängerung innerhalb des Winkels

CFE. Dies ist unmöglich, denn sie sollte ja innerhalb des Winkels *AFB* fallen.[5]) Also hat *EZ* keinen Punkt mit der Hyperbel *A* oder *B* gemeinsam.

§ 44.

Wenn eine Hyperbel eine von zwei zugehörigen Hyperbeln in vier Punkten schneidet, so schneidet sie die andere Hyperbel nicht.

Es seien *ABMCD* und *E* ein Paar zugehöriger Hyperbeln (Fig. 41). *ABZCD* und *K* sei ein anderes Paar zugehöriger Hyperbeln. Die Hyperbeln *ABMCD* und *ABZCD* mögen einander in vier Punkten schneiden.

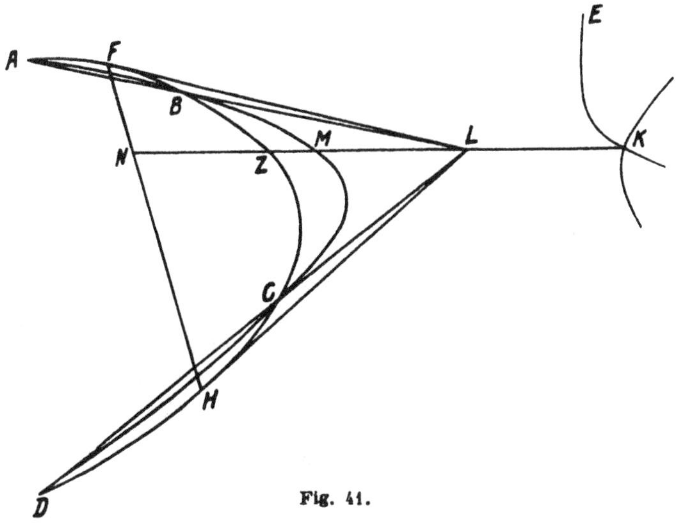

Fig. 41.

Ich behaupte, daß die Hyperbeln *K* und *E* keinen Punkt miteinander gemeinsam haben.

Wenn es nämlich möglich wäre, so mögen sie den Punkt *K* miteinander gemeinsam haben. Man ziehe dann *AB* und *CD* und verlängere die Verbindungslinien. Sie werden einander schneiden (II, § 25). Der Schnittpunkt sei *L*. Es seien die Punkte *R* und *P* so gewählt, daß die Proportionen bestehen:

$$AL : LB = AR : RB$$
$$\text{und } DL : LP = DP : PC.$$

Dann schneidet die Gerade *PR* beide Kurven, und die Verbindungslinien der Schnittpunkte mit *L* berühren die Kurven (IV, § 9). Es werde *K* mit *L* verbunden, und die Verbindungslinie werde verlängert. Die Verlängerung fällt innerhalb des Winkels *BLC* und schneidet die Hyperbeln $ABMCD$ und $ABZCD$ in verschiedenen Punkten M und Z. Dann ist (III, § 39) in Rücksicht auf die Hyperbel $ABZCD$

$$NK : KL = NZ : ZL$$

und in Rücksicht auf die Hyperbel $ABMCD$

$$NK : KL = NM : ML.$$

Das ist aber unmöglich. Es können also die Hyperbeln E und K einander nicht schneiden.

§ 45.

Wenn eine Hyperbel mit der einen von zwei zugehörigen Hyperbeln zwei Punkte gemeinsam hat, während die Kurven nach der gleichen Seite hin konvex sind, mit der anderen von ihnen aber einen Punkt, so wird die zu ihr zugehörige Hyperbel mit keiner der beiden Hyperbeln einen Punkt gemeinsam haben.

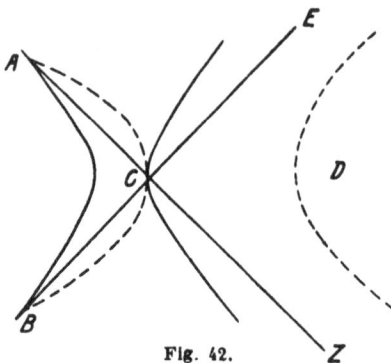

Fig. 42.

Es seien AB und C zwei zugehörige Hyperbeln (Fig. 42). Die Hyperbel ACB schneide die Hyperbel AB in den beiden Punkten A und B und habe mit der Hyperbel C den Punkt C gemeinsam. Zur Hyperbel ACB sei die Hyperbel D zugehörig. Ich behaupte, daß die Hyperbel D mit keiner der Hyperbeln AB, C einen Punkt gemeinsam hat.

Man verbinde nämlich A und B mit C und verlängere die Verbindungslinien. Dann werden AC und BC die Hyperbel D nicht schneiden (II, § 33). Die Geraden werden aber auch die Hyperbel C in keinem anderen Punkte außer C schneiden. Denn, wenn sie in einem zweiten Punkte schnitten, so könnten sie ja mit der zugehörigen Hyperbel AB keinen Punkt gemeinsam haben (II, § 33). Es war aber vorausgesetzt worden, daß sie einen Punkt gemeinsam haben. Es schneiden also die Geraden AC und BC die Hyperbel C nur in dem einen Punkte C. Ferner können sie aber mit der Hyperbel D keinen Punkt gemeinsam haben. Es muß also die Hyperbel D ganz innerhalb des Winkels ECZ liegen. Daher kann die Hyperbel D die Hyperbeln AB und C nicht schneiden.

§ 46.

Wenn eine Hyperbel mit einer von zwei zugehörigen Hyperbeln drei Punkte gemeinsam hat, so kann die zu ihr zugehörige Hyperbel die andere der beiden zugehörigen Hyperbeln höchstens in einem Punkte schneiden.

Es seien *ABC* und *DEZ* zugehörige Hyperbeln (Fig. 43). Die Hyperbel *AMBC* schneide die Hyperbel *ABC* in drei Punkten *A*, *B*, *C*. Es sei *DEK* die zu *AMC* zugehörige Hyperbel und *DEZ* die zu *ABC* zugehörige Hyperbel. Ich behaupte, daß die Hyperbel *DEK* die Hyperbel *DEZ* in nicht mehr als einem Punkte schneiden kann. Wenn es nämlich möglich ist, so schneide sie in *D* und *E*. Es sei *A* mit *B* und *D* mit *E* verbunden.

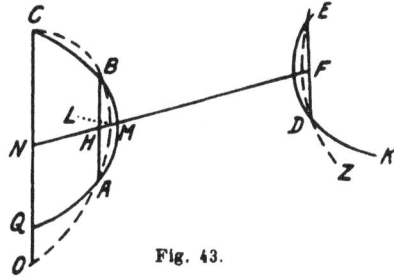

Entweder sind diese beiden Geraden nun parallel oder nicht. Sie seien zunächst parallel. Dann halbiere man *AB* und *DE* in *H* und *F* und verbinde *H* mit *F*. *HF* ist dann der Durchmesser sämtlicher Hyperbeln, und *AB* und *DE* sind geordnet zum Durchmesser *HF* gezogen (II, § 36). Man ziehe nun durch *C* parallel *AB* die Gerade *CNQO*. Dann ist auch *CNQO* geordnet zum Durchmesser *HF* gezogen und schneidet die Kurven in verschiedenen Punkten. Wenn das nämlich nicht der Fall wäre, dann hätten ja die Hyperbeln vier Punkte miteinander gemeinsam (und dann könnten nach § 44 die zugehörigen Hyperbeln einander nicht schneiden). Es ist nun in Rücksicht auf die Hyperbel *AMB*

$$CN = NQ$$

und in Rücksicht auf die Hyperbel *ALB*

$$CN = NO.$$

Also wäre

$$NQ = NO,$$

was unmöglich ist.

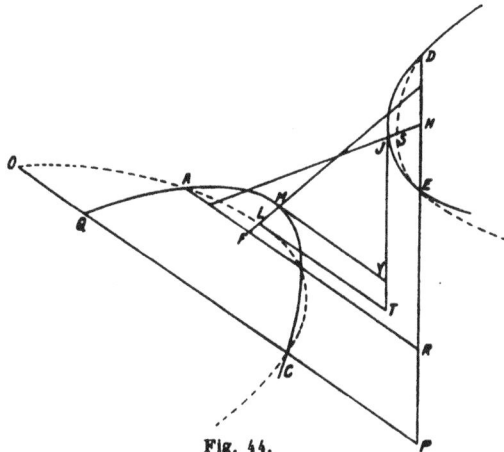

Nunmehr seien *AB* und *DE* einander nicht parallel. Sie mögen einander in *R* schneiden (Fig. 44). Dann werde *CO* parallel *AR* gezogen und treffe die Verlängerung von *DR* in *P*. Man halbiere *AB* und *DE* in *H* und *F* und ziehe durch *H* und *F* die Durchmesser *HSI* und *FLM*. In *I*, *L* und *M* konstruiere man die Tangenten *IYT*, *LT* und *MY*. Dann ist *IT* parallel *DR* (II, § 5) und *LT* und *MY* sind parallel *AR* und *OP*.

Fig. 43.

Fig. 44.

Da nun (III, § 19)

$$MY^2 : YI^2 = AR \cdot RB : DR \cdot RE \text{ ist}$$

und ebenso $\quad LT^2 : TI^2 = AR \cdot RB : DR \cdot RE$, so folgt

$$MY^2 : YI^2 = LT^2 : TI^2.$$

Ebenso ist $\quad MY^2 : YI^2 = QP \cdot PC : DP \cdot PE$ und

$$LT^2 : TI^2 = OP \cdot PC : DP \cdot PE.$$

Also ist $\quad OP \cdot PC = QP \cdot PC.$

Das ist aber unmöglich.

§ 47.

Wenn eine Hyperbel die eine von zwei zugehörigen Hyperbeln berührt, die andere aber in zwei Punkten schneidet, so hat die zugehörige Hyperbel mit keiner der beiden zugehörigen Hyperbeln einen Punkt gemeinsam.

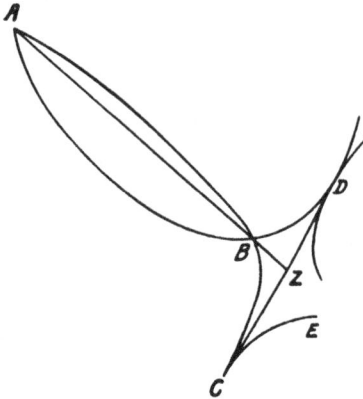

Fig. 45.

Es seien ABC und D zugehörige Hyperbeln (Fig. 45). Eine Hyperbel ABC schneide die Hyperbel ABC in den Punkten A und B und berühre die Hyperbel D im Punkte D. CE sei die zu ABD zugehörige Hyperbel. Ich behaupte, daß die Hyperbel CE mit keiner der beiden zugehörigen Hyperbeln ABC und D einen Punkt gemeinsam hat.

Wenn es nämlich möglich ist, so habe AB mit CE den Punkt C gemeinsam. Man ziehe AB. Durch D lege man die Tangente, die AB in Z trifft. Der Punkt Z liegt also innerhalb des die Hyperbel ABD einschließenden Asymptotenwinkels (II, § 25). Die zu ABD zugehörige Hyperbel ist aber die Hyperbel CE. Die Verlängerung der Verbindungslinie CZ fällt also innerhalb des Winkels BZD. Da nun wiederum ABC eine Hyperbel ist und da AB und CZ einander schneiden, da ferner der Punkt C nicht auf dem A und B verbindenden Bogen liegt, so liegt der Punkt Z innerhalb des die Hyperbel ABC einschließenden Asymptotenwinkels.[6]) Die zu ABC zugehörige Hyperbel ist aber die Hyperbel D. Es fällt also die Verlängerung von DZ innerhalb des Winkels AZC. Das ist unmöglich, denn sie fiel ja innerhalb des Winkels BZD. Es kann also CE nicht mit einer der Hyperbeln ABC und D einen Punkt gemeinsam haben.

§ 48.

Wenn zwei Hyperbeln einander in einem Punkte berühren und außerdem in zwei Punkten einander schneiden, so können die zugehörigen Hyperbeln keinen Punkt mit einander gemeinsam haben.

Es seien ABC und D zugehörige Hyperbeln (Fig. 46). Die Hyperbel AHC berühre ABC in A und schneide sie in B und C. Die zu AHC zugehörige Hyperbel sei E.

Ich behaupte, daß die Hyperbel E mit der Hyperbel D keinen Punkt gemeinsam hat.

Wenn es nämlich möglich ist, so schneide die Hyperbel D die Hyperbel E in D. Man verbinde D mit Z und lege in A die Tangente an die Hyperbeln. Ebenso wie früher (II, § 25) können wir nun zeigen, daß der Punkt Z innerhalb des die Hyperbeln einschließenden Asymptotenwinkels liegt.

Fig. 46.

Nun ist AZ Tangente an beide Hyperbeln; DZ aber schneidet verlängert die Kurven zwischen A und B in H und K. Nun sei der Punkt L so gewählt, daß

$$CZ : ZB = CL : LB$$

ist. Es werde A mit L verbunden und die Verbindungslinie verlängert. Sie wird die beiden Hyperbeln in verschiedenen Punkten schneiden. Sie schneide in N und M. Die Geraden ZN und ZM berühren nun die Hyperbeln (IV, § 1) und es ist genau wie zuvor, in Rücksicht auf die eine Hyperbel (III, § 39)

$$QD : DZ = QK : KZ.$$

In Rücksicht auf die andere Hyperbel aber ist

$$QD : DZ = QH : HZ.$$

Das ist aber unmöglich. Also ist die Behauptung richtig.

§ 49.

Wenn zwei Hyperbeln einander in einem Punkte berühren und in einem anderen schneiden, so können die zugehörigen Hyperbeln nicht mehr als einen Punkt mit einander gemeinsam haben.

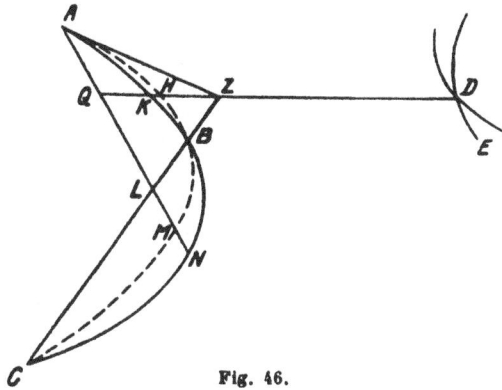

Es seien *ABC* und *EZH* zugehörige Hyperbeln (Fig. 47). Eine Hyperbel *DAC* berühre die Hyperbel *BAC* in *A* und schneide sie in *C*. *EZF* sei die zu *DAC* zugehörige Hyperbel. Ich behaupte, daß die Hyperbel *EZF* mit der zu *BAC* zugehörigen Hyperbel nicht mehr als einen Punkt gemeinsam haben kann.

Wenn es nämlich möglich ist, so seien *E* und *Z* gemeinsame Punkte. Man verbinde *E* mit *Z* und ziehe durch *A* die gemeinsame Tangente *AK*. Diese beiden Geraden werden nun entweder parallel sein oder nicht.

Sie seien zunächst parallel. Es werde dann der Durchmesser gezogen, der *EZ* halbiert. Er wird durch *A* gehen und wird ein Durchmesser der zugehörigen Hyperbeln sein. Durch *C* werde zu *AK* und *EZ*

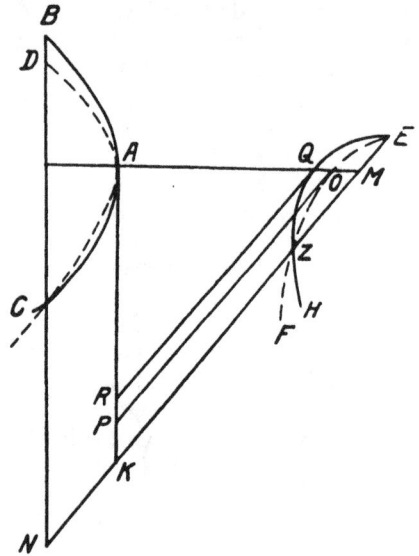

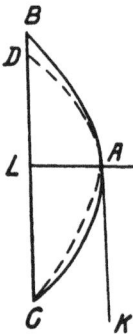

Fig. 47.

Fig. 48.

parallel *CLDB* gezogen. Diese Gerade wird die Kurven in verschiedenen Punkten schneiden. In Rücksicht auf die eine Hyperbel folgt nun $CL = LD$, in Rücksicht auf die andere $CL = LB$. Dies aber ist unmöglich.

Nunmehr seien *AK* und *EZ* einander nicht parallel, sondern sie mögen einander in *K* schneiden (Fig. 48). Man ziehe *CD* parallel *AK*. *CD* schneide *EZ* in *N*. Es sei *M* die Mitte von *EZ*; man ziehe *AM*. *AM* schneidet die Kurven in *Q* und *O*. *QR* und *OP* seien die Tangenten in *Q* und *O*. Dann ist

$$AR^2 : RQ^2 = AP^2 : PO^2.$$

Nun ist (III, § 19) $AR^2 : RQ^2 = BN \cdot NC : EN \cdot NZ$ und

$$AP^2 : PO^2 = DN \cdot NC : EN \cdot NZ.$$

Daher ist $\quad DN \cdot NC : EN \cdot NZ = BN \cdot NC : EN \cdot NZ.$

Es ist also $\quad\quad\quad DN \cdot NC = BN \cdot NC.$

Dies ist aber unmöglich.

§ 50.

Wenn zwei Hyperbeln einander in einem Punkte berühren, so können die zu ihnen zugehörigen Hyperbeln nicht mehr als zwei Punkte mit einander gemeinsam haben.

Es seien AB und EDH zugehörige Hyperbeln (Fig. 49). Die Hyperbel AC berühre die Hyperbel AB in A. Zur Hyperbel AC gehöre die Hyperbel EDZ. Ich behaupte, daß die Hyperbeln EDZ und EDH nicht mehr als zwei Punkte miteinander gemeinsam haben können.

Wenn es nämlich möglich ist, so mögen sie die drei Punkte D, E und F miteinander gemeinsam haben. Man ziehe die gemeinsame Tangente AK der

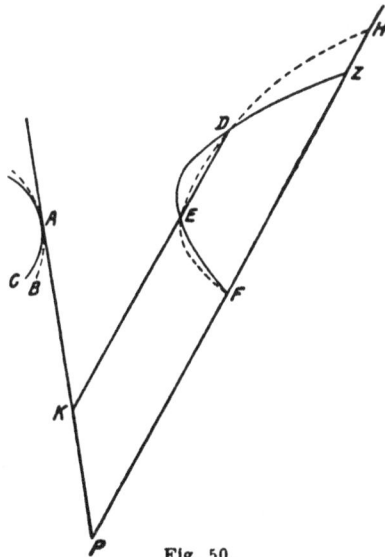

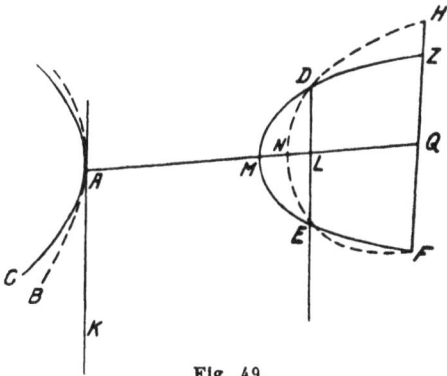

Fig. 49.   Fig. 50.

Hyperbeln AB und AC, man verbinde und verlängere DE. Dann seien zunächst AK und DE einander parallel. Man halbiere DE in L und verbinde A mit L. Dann ist AL ein Durchmesser der zugehörigen Hyperbeln und schneidet die Hyperbeln zwischen D und E in M und N. Man ziehe nun durch F die Parallele FZH zu DE. Dann ist in Rücksicht auf die eine Hyperbel $FQ = QZ$, in Rücksicht auf die andere Hyperbel $FQ = QH$. Daher wäre $QZ = QH$. Das ist unmöglich.

Nunmehr seien AK und DE nicht parallel, sondern sie mögen sich in K schneiden (Fig. 50). Es werde AK verlängert, und die Verlängerung schneide ZF in P. In gleicher Weise wie früher wird nun bewiesen werden, daß in Rücksicht auf die Hyperbel ZDE

$$DK \cdot KE : AK^2 = ZP \cdot PF : PA^2 \text{ ist}$$

und in Rücksicht auf die Hyperbel HDE

$$DK \cdot KE : AK^2 = HP \cdot PF : PA^2.$$

Es folgt also $\qquad HP \cdot PF = ZP \cdot PF.$

Das ist aber unmöglich. Es kann also die Hyperbel *EDZ* die Hyperbel *EDH* nicht in mehr als zwei Punkten schneiden.

§ 51.

Wenn eine Hyperbel jede von zwei zugeordneten Hyperbeln berührt, so hat die zugehörige Hyperbel mit keiner der beiden zugeordneten Hyperbeln einen Punkt gemeinsam.

Es seien *A*, *B* zwei zugehörige Hyperbeln, und die Hyperbel berühre jede von ihnen in den Punkten *A* und *B* (Fig. 51). Die zu *AB* zugehörige Hyperbel sei *E*. Ich behaupte, daß *E* mit keiner der Hyperbeln *A*, *B* einen Punkt gemeinsam hat.

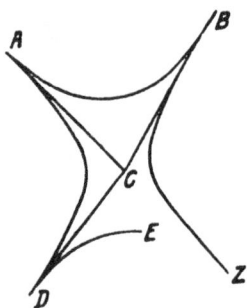

Wenn es nämlich möglich ist, so habe *E* mit *A* den Punkt *D* gemeinsam. Es mögen die Tangenten in *A* und *B* konstruiert werden. Sie treffen einander innerhalb des Asymptotenwinkels, der die Hyperbel *AB* einschließt (II, § 25). Der Schnittpunkt sei *C*. Es werde *C* mit *D* verbunden. Dann fällt die Verlängerung von *DC* über *C* hinaus in das Innere des Winkels *ACB*, aber auch innerhalb des Winkels *BCD*. Das ist unmöglich. Es kann also die Hyperbel *E* mit keiner der Hyperbeln *A*, *B* einen Punkt gemeinsam haben.

Fig. 51.

§ 52.

Wenn jede von zwei zugehörigen Hyperbeln je eine von zwei anderen zugehörigen Hyperbeln in je einem Punkte berührt und die einander berührenden Hyperbeln nach der gleichen Seite konkav sind, so schneiden die Hyperbeln einander in keinem anderen Punkte.

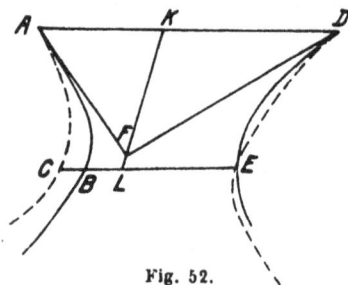

Es mögen die Hyperbeln einander in *A* und *D* berühren (Fig. 52). Ich behaupte, daß sie einander in keinem weiteren Punkte schneiden.

Wenn es nämlich möglich ist, so mögen sie sich noch in *E* schneiden. Da nun die eine der Hyperbeln die andere in *E* berührt und in *E* schneidet, so kann die Hyperbel *AB* mit der Hyperbel *AC* nicht mehr als den einen Punkt *A* gemeinsam haben (IV, § 49). Man ziehe die Tangenten in *A* und *D*,

Fig. 52.

AF und *DF*. Es werde *A* mit *D* verbunden. Man ziehe durch *E* die Parallele *EBC* zu *AD*. Durch *F* ziehe man den zu *AD* konjugierten Durchmesser *LFK*. Er halbiert *AD* in *K*. Dann wird jede der Strecken *BE* und *CE* in *L* halbiert. Es ist also *BL = CL*. Das ist unmöglich. Es kann also kein weiterer gemeinsamer Punkt außer *A* und *D* vorhanden sein.

§ 53.

Wenn eine Hyperbel eine von zwei zugehörigen Hyperbeln in zwei Punkten berührt, so hat die zu ihr zugehörige Hyperbel mit der anderen der beiden zugehörigen Hyperbeln keinen Punkt gemeinsam.

Es seien *ABD* und *E* zugehörige Hyperbeln (Fig. 53). Die Hyperbel *AC* berühre die Hyperbel *ADB* in den beiden Punkten *A* und *B*. Die zu *AC* zugehörige Hyperbel sei die Hyperbel *Z*. Ich behaupte, daß die Hyperbel *Z* die Hyperbel *E* nicht schneidet.

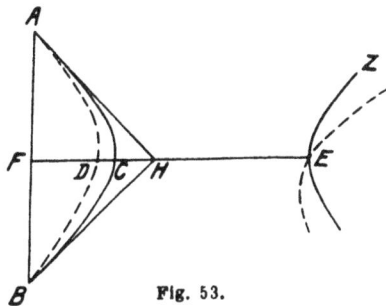

Wenn es nämlich möglich ist, so schneide sie in *E*. Man lege in *A* und *B* die Tangenten *AH* und *BH* an die Hyperbeln und verbinde *A* mit *B* und *E* mit *H*. Es wird *EH* die beiden Hyperbeln *AB* in zwei verschiedenen Punkten schneiden. Es ist die Gerade *EHCDF*. Da nun *AH* und *HB* Tangenten sind und *AB* die Berührungspunkte verbindet, so ist in Rücksicht auf das eine Paar zugehörige Hyperbeln (III, § 39)

$$FE : EH = FD : DH,$$

in Rücksicht auf das andere Paar

$$FE : EH = FC : CH.$$

Das ist unmöglich. Es kann also die Hyperbel *E* die Hyperbel *Z* nicht schneiden.

§ 54.

Wenn eine Hyperbel eine von zwei zugehörigen Hyperbeln berührt, sodaß die Kurven nach entgegengesetzten Seiten konvex sind, so hat die zugehörige Hyperbel mit der anderen der zugehörigen Hyperbeln keinen Punkt gemeinsam.

Es seien *A*, *B* zugehörige Hyperbeln (Fig. 54). Eine Hyperbel *AD* berühre die Hyperbel *A* in *A*. Die zu *AD* zugehörige Hyperbel sei *Z*. Ich be-

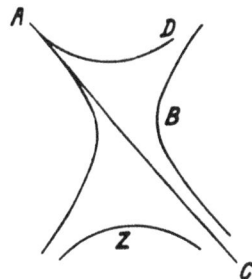

Fig. 53.

Fig. 54.

haupte, daß die Hyperbeln Z und B keinen Punkt miteinander gemeinsam haben.

Man konstruiere nämlich in A die Tangente AC. Die Tangente AC kann in Anbetracht der Hpyerbel AD mit der Hyperbel Z keinen Punkt gemeinsam haben, ebenso in Anbetracht der Hyperbel A nicht mit der Hyperbel B. Daher fällt AC zwischen die Hyperbeln B und Z. Daher ist klar, daß die Hyperbeln B und Z keinen Punkt miteinander gemeinsam haben können.

§ 55.

Ein Paar zugehöriger Hyperbeln kann ein anderes Paar zugehöriger Hyperbeln nicht in mehr als vier Punkten schneiden.

Es seien AB und CD zugehörige Hyperbeln. $ABCD$ und EZ sei ein anderes Paar zugehöriger Hyperbeln. Es schneide zunächst (Fig. 55a) die Hyperbel $ABCD$ jede der Hyperbeln AB und CD in je zwei Punkten

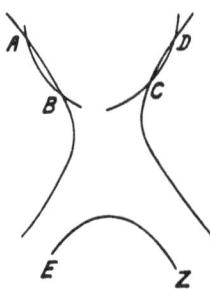 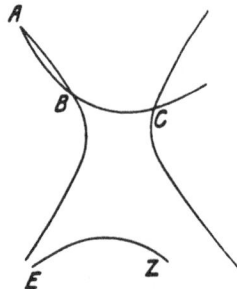 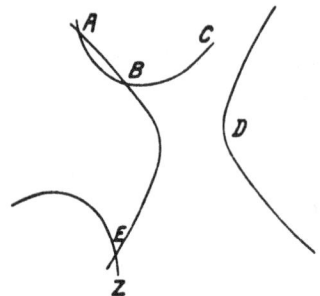

Fig. 55a.   Fig. 55b.   Fig. 55c.

$ABCD$, und zwar so, daß die Kurven nach verschiedenen Seiten konvex sind, wie es in der ersten Figur dargestellt ist. Dann kann die zu $ABCD$ zugehörige Hyperbel, also EZ mit keiner der Hyperbeln AB, CD einen Punkt gemeinsam haben (IV, § 45).

Nunmehr möge $ABCD$ die Hyperbel AB in den beiden Punkten A und B, und die Hyperbel C in dem einen Punkte C schneiden, wie dies in Fig. 55b dargestellt ist. Daher wird die Hyperbel EZ die Hyperbel C nicht schneiden (IV, § 41). Wenn aber EZ die Hyperbel AB schneidet, so kann es nur in einem Punkte sein; wenn es nämlich in zwei Punkten geschähe, so könnte (IV, § 43) die zu EZ zugehörige Hyperbel ABC die zu AB zugehörige Hyperbel C nicht schneiden. Es ist aber vorausgesetzt, daß $ABCD$ und C einander in C schneiden.

Wenn aber, wie dies in Fig. 55c dargestellt ist, die Hyperbel ABC die Hyperbel ABE in zwei Punkten A, B und die Hyperbel EZ die Hyperbel ABE schneidet, so wird EZ die Hyperbel D nicht schneiden und wird ABE höchstens in zwei Punkten schneiden (IV, § 37).

Wenn aber, wie dies in Fig. 55d dargestellt ist, die Hyperbel *ABCD* jede der beiden Hyperbeln *AB*, *CZ* in einem Punkte schneidet, so kann *EZ* keine dieser Hyperbeln in zwei Punkten schneiden (IV, § 42). Im ganzen können also höchstens vier Schnittpunkte vorhanden sein.

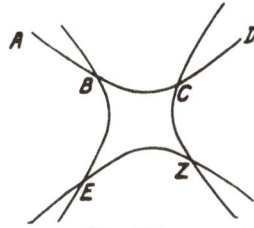

Fig. 55d.

Wenn aber die Kurven nach der gleichen Seite konkav sind und die eine Kurve die andere in vier Punkten *ABCD* schneidet, wie dies in Fig. 55e dargestellt ist, so kann *EZ* die Hyperbel *CD* nicht schneiden (IV, § 44). Aber *EZ* kann auch *AB* nicht schneiden. Denn dann würde die Hyperbel *AB* die beiden zugehörigen Hyperbeln *ABCD* und *EZ* in mehr als vier Punkten schneiden, was IV, § 38 widerspräche.

Wenn aber, wie in Fig. 55f die Hyperbel *ABCD* die eine Hyperbel in drei Punkten schneidet, so wird *EZ* die zugehörige Hyperbel nur in einem Punkte schneiden (IV, § 46).

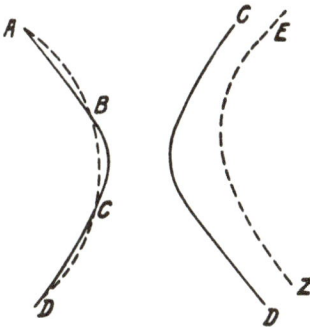

Fig. 55e.

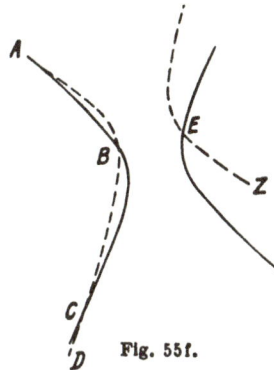

Fig. 55f.

Und auch in den übrigen Fällen werden wir das Entsprechende zeigen können.

Da nun in allen Fällen die Behauptung erwiesen ist, so gilt es in der Tat, daß ein Paar zugehöriger Hyperbeln ein anderes Paar in nicht mehr als vier Punkten schneiden kann.

§ 56.

Wenn ein Paar zugehöriger Hyperbeln ein anderes Paar zugehöriger Hyperbeln in einem Punkte berührt, so können die Paare außerdem einander in nicht mehr als zwei Punkten schneiden.

Es seien (Fig. 56a) *AB* und *DC* zwei zugehörige Hyperbeln. *DCB* und *EZ* sei ein zweites Paar zugehöriger Hyperbeln. Die Hyperbel *BCD* berühre die Hyperbel *AB* im Punkte *B*. Die Hyperbeln mögen nach entgegengesetzten Seiten konkav sein. Es möge *BCD* die Hyperbel *CD* in zwei Punkten *C* und *D* schneiden.

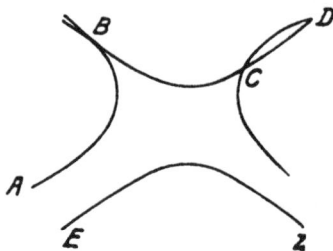 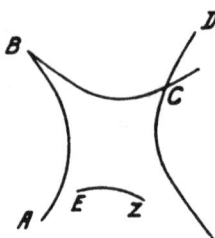 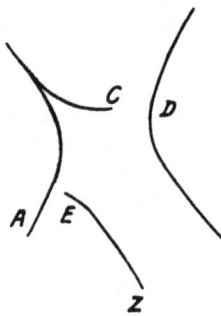

Fig. 56a.   Fig. 56b.   Fig. 56c.

Da nun *BCD* die Hyperbel *CD* in zwei Punkten schneidet, während die Hyperbeln nach entgegengesetzten Seiten hin konkav sind, so kann die Hyperbel *EZ* die Hyperbel *AB* nicht schneiden (IV, § 41). Da weiter die Hyperbel *BCD* die Hyperbel *AB* berührt, während die Kurven nach

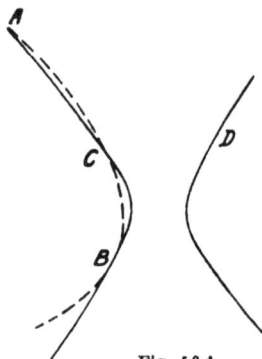 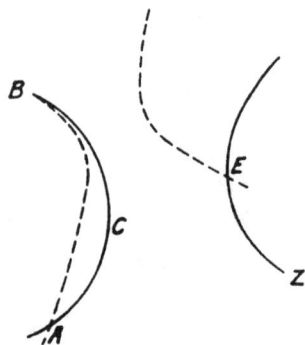

Fig. 56d.   Fig. 56e.

entgegengesetzten Seiten hin konvex sind, so kann (IV, § 44) die Hyperbel *EZ* mit der Hyperbel *CD* keinen Punkt gemeinsam haben. *EZ* hat also weder mit *AB* noch mit *CD* einen Punkt gemeinsam. Die Kurven können also nur die Punkte *C* und *D* gemeinsam haben.

Nun möge die Hyperbel *BC* die Hyperbel *CD* nur in einem Punkte *C* schneiden, wie in Fig. 56b dargestellt ist. Dann kann *EZ* die Hyperbel *CD* nicht schneiden (IV, § 44). Mit *AB* kann aber *EZ* nur einen Punkt gemeinsam haben. Wenn nämlich *EZ* und *AB* zwei Punkte gemeinsam hätten, dann könnte die Hyperbel *BC* die Hyperbel *CD* nicht schneiden (IV, § 41). Es war aber vorausgesetzt worden, daß die Hyperbel *BC* die Hyperbel *CD* in einem Punkte schneidet.

Wenn aber *BC* die Hyperbel *D* nicht schneidet, wie in Fig. 56c, so wird *EZ*, wie oben bemerkt (IV, § 43), die Hyperbel *D* nicht schneiden, *EZ* aber wird mit *AB* nicht mehr als vier Punkte gemeinsam haben (IV, § 37).

Wenn endlich die Kurven nach derselben Seite hin hohl sind (Fig. 56d, e) werden die gleichen Beweise zum Ziel führen.

Es ist also die Behauptung in allen Fällen erwiesen.

§ 57.

Wenn ein Paar zugehöriger Hyperbeln ein anderes Paar in zwei Punkten berührt, so werden die Hyperbelpaare keinen weiteren Schnittpunkt haben.

Es seien *AB* und *CD* zugehörige Hyperbeln, *AC* und *EZ* sei ein anderes Paar zugehöriger Hyperbeln. Sie mögen zuerst einander wie in Fig. 57a in *A* und *C* berühren.

 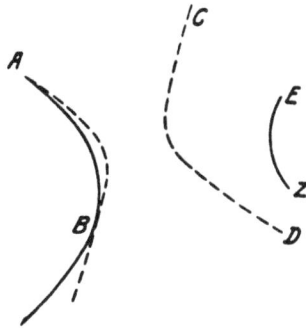 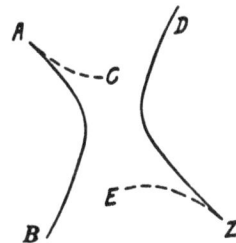

Fig. 57a. Fig. 57b. Fig. 57c.

Da nun *AC* jede der beiden Hyperbeln *AB* und *CD* in *A* bzw. *C* berührt, so kann *EZ* weder mit *AB* noch mit *CD* einen Punkt gemeinsam haben (IV, § 51).

Es geschehe die Berührung nun wie in Fig. 57b. In gleicher Weise wird dann bewiesen werden, daß *CD* die Hyperbel *EZ* nicht schneiden kann (IV, § 53).

Weiterhin geschehe die Berührung wie in Fig. 57c. Es berühre die Hyperbel *CA* die Hyperbel *AB* in *A*, die Hyperbel *D* die Hyperbel *EZ* in Z. Da nun die Hyperbel AC die Hyperbel AB berührt, während die Hyperbeln nach entgegengesetzter Seite hin konvex sind, so kann EZ die Hyperbel AB nicht schneiden (IV, § 54). Ebenso kann, da die Hyperbel ZD die Hyperbel EZ berührt, die Hyperbel CA die Hyperbel DZ nicht schneiden.[7]

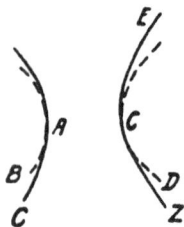

Wenn aber die Hyperbel AC die Hyperbel AB in A und die Hyperbel EC die Hyperbel CD in C berührt, und wenn die Kurven nach der gleichen Seite hin konkav sind, wie in Fig. 57d, so werden die Kurven einander in einem weiteren Punkte nicht schneiden (IV, § 52).

Es ist somit klar, daß die Behauptung in allen Fällen gilt.

Fig. 57d.

Anmerkungen zu Buch IV.

1. Vgl. II, § 25.

2. In III, § 37, ist in den Figuren freilich nicht des Falles gedacht, daß die Schnittpunkte der durch den Tangentenschnittpunkt gehenden Geraden mit der Kurve durch den Tangentenschnittpunkt getrennt sind. Der Satz § 37 gilt aber natürlich auch für diesen Fall.

3. Hier hätte auch geschlossen werden können, daß, wenn eine Berührung in C stattfindet, nach § 27 die Kurven außer den Berührungspunkten A und C nicht noch den Punkt B gemeinsam haben können.

4. Diese Folgerung wäre nur richtig, wenn FE die Hyperbel AE berühren oder in zwei Punkten schneiden würde, was aber nicht vorausgesetzt ist.

5. Es ist völlig unklar, was hiermit gemeint ist. Der ganze Beweis ist völlig verfehlt.

6. Hier liegt der gleiche Fehler vor wie der in Anm. 4 vermerkte. In der überlieferten Figur liegen C, Z, D auf einer Geraden, was natürlich nicht notwendig ist.

7. Ein alter Kommentator bemerkt hier bereits, daß wegen IV, § 54, dieser Fall überhaupt nicht eintreten kann.

Druck: R. Oldenbourg, München.

www.ingramcontent.com/pod-product-compliance
Lightning Source LLC
Chambersburg PA
CBHW031439180326
41458CB00002B/589